LES FEMMES,

L'ENSEIGNEMENT ET LES SCIENCES

Un long cheminement

(XIXe-XXe siècle)

Nicole HULIN

5-7, rue de l'Ecole polytechnique ; 75005 Paris

http://www.librairieharmattan.com
diffusion.harmattan@wanadoo.fr
harmattan1@wanadoo.fr

ISBN : 978-2-296-05606-0
EAN : 9782296056060

Nicole HULIN

LES FEMMES, L'ENSEIGNEMENT ET LES SCIENCES

Un long cheminement

(XIXe-XIXe siècle)

Postface de Claudine Hermann

Nouvelle édition revue et complétée

L'Harmattan
5-7 rue de l'École Polytechnique
75005 Paris
FRANCE

L'Harmattan Hongrie
Hargita u.3
1026 Budapest
HONGRIE

L'Harmattan Italia
Via degli Artisti, 15
10124 Torino
ITALIE

Illustration de couverture : Cours de physique au Lycée Racine, Paris, vers 1900, photographie anonyme, Musée national de l'Éducation-INRP, Rouen.

Avertissement

La question de l'orientation des filles vers les carrières scientifiques demeure d'une grande actualité. Replacer cette question dans le contexte historique de l'évolution de l'enseignement scientifique destiné aux femmes, tel était l'objet de l'ouvrage publié en 2002 sous le titre *Les Femmes et l'enseignement scientifique* [1], dont nous proposons ici une nouvelle édition.

Le parcours historique, qui met en lumière les progrès accomplis pour atteindre l'égalité dans l'enseignement, intègre, en particulier, les résultats d'une nouvelle investigation sur l'accès des femmes aux responsabilités dans les sociétés savantes ou les associations de spécialistes ainsi qu'à l'inspection générale, dans le domaine des mathématiques, des sciences physiques et des sciences de la nature. Peu changé dans sa structuration générale, l'exposé comporte des éléments et développements nouveaux, insérés au sein des différentes sections. De plus, outre l'ajout d'une annexe supplémentaire, il a paru judicieux de présenter un récapitulatif des différents tableaux pour faciliter la lecture et, par exemple, suivre précisément l'évolution parallèle des agrégations scientifiques féminines et masculines. D'autre part Claudine Hermann, qui est la première femme nommée (1992) aux fonctions de professeur à l'École polytechnique et qui a été fonctionnaire nationale « Femmes et sciences » auprès de la Direction générale Recherche de l'Union Européenne [2], a procédé à l'actualisation de la postface qu'elle avait rédigée et qui présente un bilan sur la situation en ce début du XXIe siècle.

---

1. Cet ouvrage avait été élaboré avec la collaboration de Bénédicte Bilodeau pour réunir de la documentation.

2. Elle a d'abord été la représentante française dans le groupe d'expertes qui a produit le « rapport ETAN » concernant la place des femmes dans la recherche publique en Europe occidentale (1998-1999), avant d'être l'une des l'une des deux représentantes françaises dans le groupe des fonctionnaires nationaux « Femmes et sciences » (dit « groupe d'Helsinski ») de fin 1999 à fin 2005.

Avant-propos

Le constat d'une certaine désaffection pour les études scientifiques supérieures a induit une focalisation de l'intérêt sur le vivier féminin. Mais pour attirer plus de jeunes filles dans la voie scientifique il convient de vaincre certains blocages, blocages dus en partie, pensons-nous, à l'atavisme des générations auxquelles on déniait de bonnes capacités pour les sciences. Pour atteindre ce but il peut être déterminant de souligner la progression indéniable et régulière accomplie en un siècle ayant, d'une part conduit à la fusion complète des deux enseignements masculin et féminin et, d'autre part amené les femmes à des fonctions de responsabilité dans le milieu scientifique. En effet, cette histoire, trop souvent méconnue ou mal connue, devrait inciter les générations nouvelles à s'investir pour poursuivre la progression et à se mobiliser pour gommer le dernier décalage existant, celui de l'orientation vers les carrières scientifiques. Faire connaître l'histoire du long chemin déjà parcouru, tel est l'objet de cet ouvrage.

En France les femmes ne représentaient en 1996 que 23% des étudiants des écoles d'ingénieurs ; ce chiffre est cependant en progrès constant, mais lent, avec 9% en 1973 et 19% en 1988[1]. Toutefois il faut bien mesurer le chemin parcouru en quelques décennies : en 1933, une seule femme était admise au concours d'entrée de l'École centrale et deux femmes en sortaient avec le diplôme d'ingénieur ; toujours en 1933, à l'École supérieure d'optique une femme recevait le diplôme d'ingénieur opticien[2]. D'ailleurs ce n'est que peu à peu que les Grandes Écoles ont introduit la mixité : l'École polytechnique, fondée en 1794, l'a introduite en 1972, mais en 2000 on n'y comptait encore que 15% de filles admises.

---

1. Jacqueline Feldman et Annie Morelle, « "Les femmes savantes" in France : Under the glass ceiling », dans *The Gender Gap in Higher Education* (World year book of education), Suzanne Stiver Lie, Lynda Malik, Duncan Harris dir., Londres, Kogan, 1994, p. 56-69.

2. Jeanne P. Crouzet-Ben Aben, « Succès féminins dans les concours mixtes », *Revue universitaire*, n° 2, 1933, p. 240-241.

La faiblesse du pourcentage d'options pour les études scientifiques ne résulte pas d'une inaptitude féminine pour les sciences, mais des choix d'orientation. Il est bon de souligner, comme le fait Stephen G. Brush[1], que les femmes ont apporté leur contribution au développement de la science moderne. On peut citer les lauréates du prix Nobel de physique ou de chimie : Marie Curie (physique 1903 avec Pierre Curie, chimie 1911) ; Irène Joliot-Curie (chimie 1935 avec Frédéric Joliot-Curie) ; Maria Goeppert Mayer (physique 1963 avec J.H.D. Jensen) ; Dorothy Mary Crowfoot Hodgkin (chimie 1964). On peut y ajouter trois lauréates du prix Nobel de physiologie ou de médecine : Gerty Cori (1947), Rosalyn Yalow (1977), Barbara McClintock (1983). Mais d'autres femmes ont aussi contribué aux progrès des sciences au XXe siècle : Emmy Noether (mathématiques), Cecilia Payne-Gaposchkin (astrophysique), Kathleen Lonsdale (cristallographie), Inge Lehmann (sismologie), Lise Meitner (physique nucléaire), Chien-Shiung Wu (physique des particules), Florence Rena Sabin (immunologie), Mary Douglas Leakey (paléontologie), Nettie Maria Stevens (génétique). Et la liste n'est pas exhaustive. Certaines de ces femmes se sont illustrées par leurs contributions théoriques (Noether, Mayer, Payne, Lehmann, Meitner), d'autres par leur travail expérimental (Marie Curie, Irène Joliot-Curie, Lonsdale, Hodgkin, Wu).

Les raisons de la désaffection des femmes pour les carrières scientifiques ont fait l'objet de diverses analyses. À aptitudes égales les jeunes filles s'orientent moins volontiers que les garçons vers les filières scientifiques. Au niveau secondaire doit se constituer un vivier suffisant, ce qui constitue un premier objectif à atteindre. Mais, si d'une manière générale, la terminale S représente un passage obligé vers les carrières scientifiques, elle n'est pas choisie dans cette seule perspective. Il s'agit donc de « promouvoir l'image de la science chez les femmes et l'image des femmes dans les sciences et inciter les jeunes filles à s'engager dans les carrières scientifiques et techniques »[2].

---

1. Stephen G. Brush, « Women in physical science : From drudges to discoverers », *The physics teacher,* january 1985, p. 11-19 ; « Women, science, and universities », dans *Women's contributions to chemistry and chemical engineering,* ACS National meeting, Anaheim California, USA, 1995, p. 2-26.

2. Tel est l'objectif de l'association « Femmes et sciences » (régie par la loi de 1901), qui a été constituée en 2000.Voir, par exemple, *Bulletin de l'Union des physiciens,* n° 831, février 2001, p. 459. Quant à l'association « Femmes et mathématiques », elle a été fondée en 1987.

Introduction

Une notion tout à fait pertinente à introduire pour traiter de l'histoire de l'enseignement est celle de décalage, le décalage ayant des formes variées. Ainsi, à une époque donnée, peut-on considérer le décalage entre science enseignée et science savante (ou encore l'actualité des connaissances enseignées), le décalage entre les mesures décidées pour l'enseignement et la formation des maîtres, le décalage entre les mesures adoptées et leur réelle application, le décalage entre les projets de mesure et les choix faits, etc. Mais un décalage tout à fait essentiel est celui existant entre l'enseignement féminin et l'enseignement masculin, relatif à tous les ordres d'enseignement et se situant à différents niveaux : organisation, conception, programmes, horaires, etc.

Des exemples pris dans l'enseignement primaire à ses différents niveaux (école primaire élémentaire, école primaire supérieure, école normale) nous permettront, dans un premier temps, d'illustrer la diversité des décalages pouvant exister entre les deux enseignements masculin et féminin. Ainsi, les dispositions de la loi Guizot[1] sur l'instruction primaire du 28 juin 1833 sont étendues aux écoles de filles par l'ordonnance du 23 juin 1836, sauf celle qui impose aux communes d'entretenir une école primaire élémentaire et aux départements une école normale[2]. Décalage dans le temps donc, et avec certaines restrictions.

Les différences peuvent se situer au niveau des programmes. Par exemple, les instructions de 1881 sur l'enseignement dans les écoles normales primaires soulignent des allégements pour les programmes des disciplines scientifiques quand on passe des écoles de garçons aux écoles de filles[3]. En mathématiques :

> « Le programme des élèves-maîtresses est un peu moins étendu, en ce qui concerne l'arithmétique, dont on a retranché, outre

---

1. *Bulletin universitaire,* t. 3, 1832-1834, p. 231-243..

2. *Ibid.,* t. 5, 1836, p. 143-148. Les dispositions des articles 9 et 11 du Titre III de la loi de 1833 ne sont pas reprises dans cette ordonnance.

3. *Bulletin administratif,* t. 24, 1881, p. 1640-1666 (voir p. 1652, 1655-1656, 1664).

> l'algèbre, les racines cubiques, les progressions et l'usage des tables de logarithmes ; mais on a cru pouvoir y faire entrer des notions très élémentaires de géométrie plane, pour arriver à la mesure des surfaces. Il est inutile d'expliquer les motifs des retranchements : ils apparaissent d'eux-mêmes ; quant aux notions de géométrie plane, ce sont, à proprement parler, des applications du système métrique que des institutrices ne doivent pas ignorer et qui se peuvent enseigner, à l'aide de quelques formules et sans démonstration théorique ».

En physique on précise : « Le programme de physique destiné aux élèves-maîtresses est moins complet ; il renferme néanmoins tout ce qu'il est nécessaire que des institutrices sachent de cette science ; mais c'est pour elles surtout que l'enseignement doit avoir un caractère simple et expérimental [...] ». De même en sciences naturelles des allégements sont opérés :

> « Le temps consacré aux sciences naturelles dans les deux catégories d'écoles normales n'est point tout à fait le même, et les programmes destinés aux élèves maîtresses, à l'exception de celui de botanique, ne sont pas aussi étendus que ceux que doivent suivre les élèves-maîtres ; d'autre part, le programme d'hygiène, qui, dans les écoles normales d'institutrices, est rattaché à l'économie domestique, fait partie du programme de sciences naturelles dans les écoles normales d'instituteurs. De là une répartition quelque peu différente des matières à enseigner ».

Ainsi dans les programmes concernant les élèves-maîtresses on trouve l'enseignement de l'économie domestique et de l'hygiène alors que pour les élèves-maîtres figure l'enseignement agricole. Bien évidemment des différences apparaissent aussi au niveau des exercices corporels :

> « [Le Conseil supérieur] a recommandé les promenades, les herborisations, les excursions pratiques, les travaux agricoles pour les élèves-maîtres, les travaux de jardinage pour les élèves-maîtresses ; il a fait un programme détaillé de gymnastique et d'exercices militaires pour les premiers ; enfin, il a introduit la gymnastique dans les écoles normales d'institutrices. Il est inutile d'ajouter – car le programme lui-même le dit – que cet enseignement doit être donné avec mesure dans les établissements de cette seconde catégorie, et seulement autant qu'il est utile pour assouplir méthodiquement les membres, développer les organes, procurer une fatigue physique qui repose de la fatigue intellectuelle, et combatte l'influence souvent pernicieuse de la vie de rêverie ou des habitudes de nonchalance ».

Des décalages apparaissent encore au niveau des horaires impartis aux disciplines. Lorsque l'arrêté du 10 août 1885 indique que le nombre d'heures consacrées chaque semaine aux leçons de sciences physiques et naturelles est porté de 2 à 3 heures en première année des écoles normales d'instituteurs, il précise que ce nombre est porté de une à deux heures dans les écoles normales d'institutrices[1]. Dans les écoles primaires supérieures[2], on peut de même noter un décalage dans les horaires consacrés à un même enseignement. En 1ère année, ainsi qu'en 2e et 3e années dans la section d'enseignement général, l'arrêté du 26 juillet 1909 fixe à 3h pour les filles et 4h pour les garçons le temps consacré à la rubrique « arithmétique appliquée, calcul rapide, algèbre et géométrie » ; si pour la rubrique « notions de sciences physiques et naturelles, chimie et notions pratiques d'hygiène », l'horaire est le même (fixé à 3h) en 1re année pour les deux catégories d'établissements, il subit ensuite une réduction de une heure (avec passage de 3h à 2h) dans la section d'enseignement général des filles[3]. Mais des alignements vont s'opérer. L'arrêté du 18 août 1920[4] identifie, pour les écoles primaires supérieures de filles et de garçons, les programmes de la 1ère année ainsi que ceux de la section d'enseignement général dans toutes les matières (sauf l'économie domestique et les travaux manuels[5]).

Même dans les programmes d'examen, il existe des éléments propres à chacun des deux enseignements masculin et féminin ; lorsque l'arrêté du 19 juillet 1917[6] introduit au CEP une composition sur « les connaissances scientifiques usuelles »[7], il est précisé : « Application élémentaire des sciences à l'agriculture, à l'industrie, au commerce, à la pêche maritime (selon les centres), pour les garçons ; à la vie ménagère, pour les filles ; à l'hygiène, pour les deux sexes ». C'est ainsi que, dans un centre d'examen du certificat d'études primaires appartenant à une région industrielle, le sujet retenu pour les garçons porte sur la dynamo alors que les filles ont à traiter comme sujet : « Squelette ; description. Hygiène du développement osseux »[8].

De son côté, l'enseignement secondaire féminin s'est constitué avec un double décalage par rapport à son homologue masculin organisé au

---

1. *Ibid.*, t. 38, 1885, p. 388-389, art. 1.

2. Après une première année d'enseignement commun s'ouvrent, en deuxième et troisième années, diverses sections dont une section d'enseignement général et une section commerciale, une section agricole et une section industrielle pour les garçons, une section ménagère pour les filles.

3. *Bulletin administratif,* t. 86, 1909, p. 473-486 (voir p. 474-475).

4. *Ibid.*, t. 109, 1920, p. 727-728.

5. Sont maintenues des spécificités concernant l'enseignement de la morale et de l'hygiène (Instructions relatives à l'organisation des cours complémentaires, des écoles primaires supérieures et des écoles normales du 30 septembre 1920, *ibid.*, p. 1426-1497, voir p. 1456).

6. *Bulletin administratif,* t. 102, 1917, p. 226-227.

7. Cette composition est introduite en alternative avec une composition sur l'histoire et la géographie, au choix de l'inspecteur d'académie.

8. « Du choix des sujets de compositions scientifiques à l'examen des certificats d'études primaires », *Revue pédagogique,* n° 1, 1921, p. 56-57.

début du XIXe siècle, décalage dans le temps et décalage dans la conception même. Après la tentative – au succès limité – de Victor Duruy, c'est la loi Sée qui marque en 1880 le début de l'enseignement secondaire féminin, entraînant à sa suite la création de l'École normale de Sèvres et la constitution d'agrégations féminines spécifiques. Cet enseignement secondaire féminin, dont les trois premières années sont couronnées par le certificat d'études secondaires, est sanctionné en fin de cursus par le diplôme de fin d'études, et non par le baccalauréat. Il ne donne donc pas accès aux facultés. Lorsque le décret du 21 février 1921 précise les conditions pour se présenter au brevet supérieur, permettant d'entrer dans la vie professionnelle, pour établir un pont entre les ordres primaire et secondaire l'exigence se porte sur la première partie du baccalauréat et, pour les jeunes filles, sur le certificat d'études secondaires ou le diplôme de fin d'études.

La réforme initiée par le ministre Léon Bérard en 1924 conduit à l'assimilation de l'enseignement secondaire féminin à l'enseignement secondaire masculin. Au cours du XXe siècle, un long cheminement va mener à l'identification totale des enseignements ainsi que des épreuves d'examen et de concours. Dans le domaine scientifique, l'agrégation de sciences naturelles [1] devient mixte à partir du concours de 1931, une quarantaine d'années avant que s'opère la fusion des agrégations masculines et féminines de sciences physiques et de mathématiques (classement unique sur des épreuves identiques). L'ultime péripétie de cette évolution est la fusion en 1985 des deux Écoles normales de la rue d'Ulm et de Sèvres en l'École normale supérieure.

Cependant, dès la fin du XIXe siècle, se manifestent des pionnières qui obtiennent l'agrégation masculine (de mathématiques dès 1885) et des doctorats à la faculté des sciences de Paris (ès sciences naturelles en 1888 et 1889, ès sciences mathématiques en 1893). Par ailleurs, des femmes vont demander leur admission dans des sociétés savantes. Ainsi le Conseil de la Société française de physique [2] est saisi d'une demande en février 1880, mais considère qu'il n'y a pas lieu de modifier les statuts qui ne prévoient que des candidats hommes ; toutefois la personne est admise à assister aux séances de la Société. À une nouvelle demande formulée en février 1901 est adressée la même réponse ; en février 1902, à l'unanimité moins une voix, il est décidé que « le règlement sera interprété dans le sens libéral et que les dames pourront être admises comme membres de la Société » et ainsi, à la prochaine séance, Mme Curie sera présentée par le Conseil de la Société. Cette décision intervient trois ans après la présentation, à l'Académie des sciences, de la note sur la découverte du radium. Lors de la célébration du 25e anniversaire de la décou-

---

1. Nicole Hulin et Bénédicte Bilodeau, « Les sciences naturelles à l'agrégation », *Revue de synthèse,* 4e série, octobre-décembre 1999, p. 545-579.

2. Registre des comptes-rendus de séances du Conseil de la Société française de physique, Archives de la Société française de physique.

verte, en décembre 1923, *L'illustration* publie un article [1] où il est fait état de la présence de plusieurs jeunes filles dans la quarantaine d'élèves assistant aux leçons données par Marie Curie avec pour commentaire :

> « Par son étrangeté, par les horizons très lointains qu'elle nous ouvre sur les mystères de la constitution de la matière, la radioactivité, plus que beaucoup d'autres sciences peut-être, s'imprègne d'une poésie bien propre à séduire les imaginations féminines ; les théories mathématiques qu'elle comporte deviennent chaque jour plus accessible aux cerveaux de nos compagnes, qui, sans doute, n'y sont pas plus rebelles que les nôtres, mais qui se trouvent momentanément handicapées par l'atavisme des générations auxquelles ce genre d'études fut pratiquement interdit ».

L'exemple d'Emmy Noether est la preuve, s'il en faut une, des capacités féminines pour les mathématiques. Après avoir étudié les mathématiques aux universités d'Erlangen et Göttingen comme auditrice libre, les femmes n'étant pas admises comme étudiants réguliers, elle passe son doctorat en 1907. Entre autres travaux [2], elle a établi le lien entre les lois de conservation fondamentales de la dynamique (conservation de l'énergie, de la quantité de mouvement, du moment cinétique), valables pour un système isolé, et les propriétés de l'espace et du temps d'un univers idéal caractérisé par l'homogénéité du temps ainsi que l'homogénéité et l'isotropie de l'espace.

Dans les premières décennies du XXe siècle les jeunes filles vont se présenter, en nombre croissant, au baccalauréat. Certaines sont reçues à l'École normale de la rue d'Ulm, deux d'entre elles seront reçues premières à l'agrégation masculine de mathématiques en 1920 et 1939. Les thèses soutenues à la faculté des sciences de Paris dans les trois premières décennies du XXe siècle attestent d'une poussée féminine, avec cependant des orientations disciplinaires privilégiées : sur soixante sept thèses, une seule est soutenue en mathématiques et les thèses de sciences naturelles représentent un peu plus du double de celles de sciences physiques [3].

En centrant notre intérêt sur la partie scientifique de l'enseignement, qui a sa spécificité propre, nous nous proposons de retracer les étapes qui ont conduit à la fusion complète des deux enseignements masculin et féminin, marquée par l'identité des cursus, des contenus et des épreuves, l'unicité des concours et des classements, la mixité.

---

1. F. Honoré, « Le jubilé du radium », *L'illustration*, n° 4217, 29 décembre 1923, p. 676-677.

2. Voir, par exemple, les références qui y sont faites dans Nicolas Bourbaki, *Éléments d'histoire des mathématiques*, Paris, Hermann, 1974.

3. Bénédicte Bilodeau et Nicole Hulin, « Les premiers doctorats féminins à la faculté des sciences de Paris (1888-1920) à travers les rapports de thèses », *Archives internationales d'histoire des sciences*, vol. 47, n° 139, 1997, p. 295-315.

Dans une première partie nous traiterons de l'enseignement secondaire et de son évolution avant d'aborder, dans une seconde partie, la question du recrutement des professeurs et du concours d'agrégation, qu'on ne peut d'ailleurs totalement dissocier de la formation à l'École normale supérieure.

Une spécificité des agrégations scientifiques féminines réside dans la présence d'une composition littéraire. Aussi, il nous a paru judicieux de rassembler dans une annexe, l'ensemble des sujets posés, jusqu'à la disparition de l'épreuve, de 1884 à 1937, en les accompagnant éventuellement de commentaires figurant dans les rapports de concours.

Toujours en annexe, nous produisons deux textes fondateurs sur l'éducation des femmes : d'une part, le rapport de Condorcet à la Convention nationale (1791) [1] où celui-ci explique que « l'instruction doit être la même pour les femmes et pour les hommes » et que « les femmes ont le même droit que les hommes à l'instruction publique » ; d'autre part, un discours de Jules Ferry (1870) où il revendique l'égalité d'éducation pour les deux sexes, soulignant que les femmes ont « les mêmes facultés que les hommes ». Mais des préjugés vont persister sur l'aptitude des femmes pour les sciences, comme le montrent quelques textes postérieurs au vote de la loi Sée que nous présentons dans une autre annexe.

---

1. Sur ce rapport et son impact voir Dominique Julia, *Les Trois Couleurs du tableau noir*, Paris, Belin, 1981 (p. 377-331).

Première partie

L'enseignement secondaire des jeunes filles : constitution et évolution

Chapitre I

DES COURS DURUY À LA LOI SÉE

Si les cours créés à l'instigation de Victor Duruy ont eu un succès limité et n'ont guère survécu à la chute de ce ministre en 1869, ils constituent néanmoins une étape dans l'établissement d'un enseignement secondaire féminin et la reconnaissance d'une place pour les sciences dans les études des jeunes filles. L'organisation de ces cours Duruy est laissée à l'initiative des pouvoirs locaux et l'enseignement dispensé n'est pas uniforme sur tout le territoire. C'est grâce à l'engagement du député républicain Camille Sée que vont être créés les lycées de jeunes filles par la loi de 1880, huit décennies après l'établissement des lycées pour les garçons.

Les cours secondaires de jeunes filles établis par Victor Duruy

Quelques jours après son arrivée au ministère de l'Instruction publique Victor Duruy [1] expose, dans une lettre adressée à l'Empereur et datée du 6 août 1863, « le projet de réformes à accomplir »[2]. Tous les ordres d'enseignement sont concernés, et Victor Duruy souligne la nécessité de songer à « organiser l'*éducation des filles* » qui jusque là échappait à l'État.

Dans la circulaire du 30 octobre 1867, Victor Duruy présente sa conception de l'enseignement secondaire des filles[3] qu'il faudrait fonder. Il explique : « L'enseignement secondaire des filles est et ne peut être que

---

1. Victor Duruy (1811-1894), normalien de la promotion 1830, est ministre de l'Instruction publique de 1863 à 1869.

2. Victor Duruy, *Notes et souvenirs,* Paris, Hachette, 1901, t. 1, p. 196-198.

3. « Instructions relatives aux dispositions complémentaires de la loi du 10 avril 1867 en ce qui concerne l'enseignement des filles », *L'Administration de l'Instruction publique de 1863 à 1869,* Paris, Delalain, 1869, p. 515-525 (voir p. 523-525).

l'enseignement spécial[1] qui vient d'être constitué pour les garçons par la loi du 21 juin 1865, et dont les langues mortes sont exclues ». Cet enseignement, qui comporte « la démonstration pratique des vérités scientifiques », peut être adapté pour les jeunes filles, précise Duruy. Ainsi, l'enseignement secondaire des filles comprendrait trois ou quatre années d'études, d'une durée de six ou sept mois, avec une ou deux leçons par jour, des devoirs remis par les élèves et corrigés par le maître, des compositions mensuelles. Le cours complet serait sanctionné et couronné par la délivrance d'un diplôme. Victor Duruy ajoute que « les cours ne seraient pas publics ; mais la jeune fille y serait conduite par sa mère, sa gouvernante ou sa maîtresse de pension, qui assisteraient aux leçons ».

Pour l'organisation matérielle Victor Duruy indique : « Ces cours, s'adressant aux familles aisées ou riches, seraient nécessairement payants : 15 ou 20 francs par mois [...] Le local serait une salle de l'hôtel de ville ou de quelque édifice communal ; car cet enseignement devrait être établi sous le patronage, le contrôle et la direction des autorités municipales [...] ». Quant aux maîtres, on pourrait faire appel aux membres de l'enseignement secondaire et peut-être même à quelques membres des facultés, et ils seraient autorisés à utiliser le matériel scientifique des lycées.

Les cours de la Sorbonne

Pour répondre à l'appel du ministre, se crée une Association[2] pour l'enseignement secondaire des jeunes filles comprenant des professeurs éminents et des membres de l'Institut[3]. L'article 2 des statuts de l'Association précise : « L'Association a pour but de compléter l'instruction des jeunes filles et de leur procurer les moyens de s'élever au-dessus des connaissances primaires par un enseignement analogue à celui des établissements d'enseignement secondaire spécial pour les garçons »[4].

Les cours de l'Association, donnés à la Sorbonne, sont prévus pour être répartis sur trois années et porter sur la littérature, l'histoire, la géographie, l'économie domestique, les éléments de droit usuel, les sciences naturelles et physiques, « certaines notions de sciences mathématiques ». La durée des cours doit être de six mois, du 1er décembre au 31 mai, avec trois fois par semaine une leçon de lettres et une leçon de sciences d'une durée ne dépassant pas une heure. Les devoirs écrits doivent consister soit

---

1. Au sujet de cet enseignement, voir par exemple N. Hulin-Jung, *L'Organisation de l'enseignement des sciences,* Paris, Comité des travaux historiques et scientifiques, 1989, p. 286-291.

2. *Bulletin administratif,* t. 8, 1867, p. 515-519.

3. Pierre Duchartre, Henri Milne-Edwards, Adolphe Wurtz.

4. Cité par Octave Gréard, « L'enseignement secondaire des filles » (juin 1882), dans *Éducation et instruction. Enseignement secondaire,* Paris, Hachette, 1887, t. 1, p. 91-233 (voir p. 148).

à résumer la leçon du professeur soit à traiter un sujet désigné par lui ; tous les devoirs remis doivent être corrigés et annotés.

TABLEAU 1
Programme du cours de 1ère année
(ouvert en décembre 1867)

1er trimestre			
Mardi	1h-2h	Économie domestique	Mme Pape-Carpantier (directrice du cours normal des salles d'asile)
	2h-3h	Mathématiques	Philippon (secrétaire de la faculté des sciences)
Jeudi	1h-2h	Littérature	Albert (professeur au lycée Charlemagne)
	2h-3h	Histoire naturelle (La Terre)	Hébert (professeur de géologie à la faculté des sciences)
Samedi	1h-2h	Histoire de France	Gérardin (professeur au lycée Saint-Louis)
	2h-3h	Chimie	Cahours (professeur à l'École centrale)
2e trimestre			
Mardi	1h-2h	Géographie de France	Levasseur (professeur au lycée Napoléon)
	2h-3h	Mathématiques	Salicis (répétiteur à l'École polytechnique)
Jeudi	1h-2h	Littérature	Albert
	2h-3h	Physique	Jamin (professeur de physique à la faculté des sciences et à l'École polytechnique)
Samedi	1h-2h	Histoire de France	Gérardin
	2h-3h	Histoire naturelle (Les plantes)	Duchartre (professeur de botanique à la faculté des sciences)

Au début du mois de décembre 1867 commence le cours [1] de première année (cf. programme tableau 1). Le *Bulletin administratif* publie un compte-rendu de la séance d'ouverture [2], qui s'est déroulée devant quelque 220 dames et jeunes filles : « Le légitime succès des deux cours [d'Albert et d'Hébert] a été complet. Ce début est d'un heureux augure pour l'avenir du nouvel ordre d'enseignement institué à la Sorbonne ». Le *Bulletin administratif* donne un résumé de la leçon d'Hébert qui « a été écoutée avec une attention soutenue ». Avant de donner une esquisse rapide du programme de son cours, Edmond Hébert a souligné la nécessaire alliance des lettres et des sciences dans l'éducation et la complémentarité des différentes disciplines scientifiques :

1. Le coût en est de 75 francs par trimestre.
2. *Bulletin administratif*, t. 8, 1867, p. 693-694.

> « L'homme a le devoir de développer ses facultés. Les lettres fécondent l'imagination, forment le goût, inspirent l'amour du beau et du bien. Les sciences exactes, par leurs méthodes rigoureuses, éclairent et fortifient la raison ; elles sont d'ailleurs la clef de toutes les applications, des plus simples comme de celles qui donnent la plus haute idée de la puissance humaine.
> Mais le perfectionnement de nos facultés n'a pas seulement pour but l'intelligence et l'admiration des œuvres de l'homme. Il y a autour de nous un monde extérieur, soumis à des lois indépendantes de nous. Il n'est pas permis de traverser ce monde sans chercher à le comprendre : c'est là l'objet de l'*histoire naturelle* ou étude de la nature ».

Plus loin le *Bulletin administratif* se fait l'écho d'un article du *Moniteur* du 27 décembre[1], consacré aux cours de la Sorbonne, et rappelle le but des nouveaux cours :

> « Combler les lacunes du système actuel de l'enseignement des filles et préparer pour l'avenir, parmi les filles elles-mêmes, un personnel de professeurs capables de porter plus tard, dans les pensionnats de jeunes filles, des connaissances qu'elles auront puisées à la source la plus sûre. Les cours de la Sorbonne sont en effet les seuls, à cette heure, où l'on puisse, par exemple, étudier les sciences qui nécessitent l'emploi d'instruments délicats ou puissants, et de tous ces appareils de démonstration qui ne sauraient se trouver dans les maisons particulières ».

Ouverture des cours dans les départements

Le *Bulletin administratif*, qui publie les textes officiels organisant l'enseignement, accompagne la mise en route des cours secondaires de jeunes filles en publiant, dès le dernier trimestre 1867, des informations sur ce qui se passe dans les différentes villes des départements[2] : dates d'inauguration des cours, personnalités présentes, locaux utilisés, prix des cours et possibilités de bourses, allocutions d'ouverture, programmes des cours, échos de presse. Tout ceci témoigne de l'intérêt porté par le ministre à l'institution.

Ainsi l'inauguration des cours a lieu le 7 novembre à Limoges, le 20 novembre à Orléans, le 27 novembre à Saint-Quentin, le 4 décembre à Tours, le 5 décembre à Valenciennes, le 16 décembre à Amiens, etc. Cette inauguration est faite en présence de l'inspecteur d'académie à

---

1. *Ibid.*, p. 848.

2. *Ibid.* : Limoges, p. 519 ; Troyes, p. 552-553 et 697 ; Beauvais, p. 553 ; Orléans, p. 553 ; Auxerre, p. 635-636 et 894-898 ; Tours, p. 695-697 ; Saint-Quentin, p. 697 ; Amiens, p. 745-746, 781 et 887-893 ; Valenciennes, p. 747 ; Chalons-sur-Saône, p. 781 ; Mont-deMarsan, p. 781 et 882-887 ; Rouen et Dieppe, p. 898.

Limoges, du préfet et du maire à Troyes, du préfet, de l'inspecteur d'académie et du maire à Tours. Les locaux utilisés sont divers : salle de la mairie à Auxerre, Beauvais ou Orléans, salle de la préfecture à Tours, salle des audiences du tribunal de commerce à Amiens. Le nombre des leçons prévues et les matières traitées varient d'une ville à l'autre

Les discours d'ouverture sont l'occasion de souligner l'importance de ces cours qui permettent à la France de combler son retard par rapport aux nations voisines Allemagne, Suisse, Hollande (allocution du maire d'Auxerre), et de répondre à ceux qui jugent l'institution inutile ou dangereuse (discours de l'inspecteur d'académie Bertrand à Amiens). Ainsi à Tours, avant de commencer ses leçons qui portent sur la physiologie, le professeur de sciences naturelles Tastes prononce une allocution pour rassurer son auditoire. Il s'agit, dit-il, d'« entretiens familiers », même « paternels », « où ne saurait trouver place rien de ce qui peut blesser votre délicatesse et alarmer vos consciences ». Et il ajoute : « Il est permis de supposer que je n'aurai pas consacré tant des meilleures années de ma vie à l'enseignement public, pour en être réduit à ignorer les ménagements et les réserves que m'imposent aujourd'hui le fond même du sujet et la nature tendre et impressionnable de mon nouvel auditoire ». Tastes commence ensuite l'exposé de son cours « avec une convenance, un tact parfait, et dans un langage aussi élégant que mesuré », écrit le *Journal d'Indre et Loire* du 4 décembre.

Dans son discours d'ouverture Fierville, professeur de morale au lycée de Mont-de-Marsan, présente les différentes matières abordées dans les cours et insiste sur l'importance de l'enseignement des sciences :

> « Aujourd'hui, les sciences et l'industrie ont pris un développement tel que nous ne trouvons rien de pareil dans le passé. Vous devez donc vous initier aux éléments de ces sciences qui nous permettent de découvrir les lois de la nature, lois immuables, trouvées par les plus grands génies dont s'honore l'humanité, et établies par le Créateur. Telles sont les sublimes pensées que feront naître en vous, si jeunes que vous soyez, les notions de physique et de chimie ».

L'histoire naturelle « vous révélera les mystères de ce monde au milieu duquel nous vivons ». Quant à l'arithmétique, « elle forme l'esprit, elle le règle, elle l'habitue à l'exactitude la plus méticuleuse, elle lui permet d'embrasser les choses de la vie d'un coup d'œil assuré. Vous vous occuperez donc d'arithmétique, et surtout de l'arithmétique usuelle, celle dont vous aurez besoin tous les jours ». Et de son côté, la géométrie a un « intérêt pratique qui la rend indispensable » ; ses déductions rigoureuses contribuent à « donner de la précision et de la netteté à la pensée comme à l'expression ».

La presse se fait l'écho des premières leçons des professeurs. Ainsi, Le *Moniteur du soir* écrit à propos de la première leçon de Pernet, professeur de physique au lycée de Troyes :

> « Excellente leçon, faite avec clarté, avec simplicité sur les sciences en général, leurs définitions, leurs divisions. Il s'est attaché à donner une idée de l'ensemble de son cours par des expériences très-intéressantes. Celles de l'acoustique et de l'électricité, au moyen de la machine de Ruhmkorff, ont particulièrement piqué la curiosité. On a prié le professeur de recommencer l'une d'elles. Tout l'auditoire écoutait avec une attention marquée ; les jeunes filles avaient des cahiers et prenaient des notes ».

De même *Le Constitutionnel* écrit à propos de la première leçon de Poiré, professeur de sciences physiques et naturelles à Amiens :

> « [Il] a ouvert son cours par quelques réflexions judicieuses et spirituelles sur l'utilité des sciences physiques et naturelles pour les femmes, pour les mères surtout, qui se trouvent embarrassées à chaque instant par les questions les plus simples de leurs enfants et qui sont obligées de s'en tirer par des réponses évasives. Il a ensuite abordé son sujet en indiquant les caractères propres et les différences des solides, des liquides et des gaz. Enfin, il a établi la distinction qui existe ente la physique et la chimie, et marqué nettement l'objet particulier de chacune des deux sciences. Cette leçon, faite dans un langage clair et élégant, a été entrecoupée d'expériences qui ont vivement intéressé l'auditoire ».

Une satisfaction affichée

Un premier bilan est présenté dans le *Bulletin administratif* du 24 janvier 1868 [1]. En deux mois, des cours secondaires de jeunes filles ont été organisés dans vingt-huit villes, et quinze autres sont sur le point d'en être dotées ; et, est-il ajouté, on peut espérer que « ce succès ira croissant, à mesure que des préventions injustes se dissiperont, que l'institution actuelle ne sera plus suspectée d'être un danger pour la religion ». Certes dans certaines villes le chiffre des élèves est considérable alors que dans d'autres il est encore faible, mais « ce qui importe, c'est de constituer [...] un enseignement municipal capable de servir de modèle » et qui contribue à perfectionner les méthodes, à développer des « enseignements nouveaux et, nécessaires, l'enseignement scientifique, par exemple, auquel les femmes ne peuvent plus demeurer étrangères ».

Après avoir rappelé les termes de la circulaire du 30 octobre 1867, le texte indique que « dans quelques villes, les professeurs se sont constitués en associations libres [...] mais c'est la très-rare exception ». Le rôle moteur joué par les maires est souligné : « publicité par des avis envoyés aux journaux », inauguration de la nouvelle institution « par des discours qui en expliquaient l'esprit », et même pour quelques-uns assistance à toutes les leçons.

---

1. *Bulletin administratif,* t. 9, 1868, p. 23-26.

Le *Bulletin administratif* de 1868 continue à publier des documents divers sur les cours : lettre au ministre adressée par l'inspecteur d'académie ou le recteur, discours d'inauguration, etc. Le discours du maire de Beauvais, publié dans le *Bulletin* du 14 février, est une vive défense des cours et de l'Université [1]. Il souligne d'abord le retard de la France sus ses voisins et insiste sur la nécessité d'une « instruction du degré supérieur » pour les femmes, « afin qu'elle se tienne au niveau du mari dans la vie commune ; afin qu'elle ne reste point étrangère aux sujets et aux questions qui se traitent devant elle, et surtout afin qu'elle puisse présider elle-même aux premières leçons, aux premières études des enfants, garçons ou filles [...] ». Puis il entreprend de chasser « les sujets d'inquiétude mis en avant à l'occasion de ces cours » en soulignant « l'esprit de devoir, d'abnégation, d'intégrité morale que [les] professeurs apportent à l'exercice de leurs délicates et laborieuses fonctions » ; aussi ne doit-on pas « craindre qu'ils ne sachent pas s'élever à la hauteur du respect que commande l'enseignement de la jeune fille », ni « craindre qu'il ne sorte jamais de leur bouche quelque parole de nature à blesser la délicatesse et à troubler les consciences ». Enfin, passant en revue les matières des leçons proposées aux jeunes filles, il souligne l'intérêt d'« ouvrir leur esprit aux notions de la science, afin d'en mieux comprendre les applications à l'industrie, aux arts, aux besoins journaliers de la vie ».

Le *Bulletin administratif* ne manque pas d'attirer l'attention sur l'intérêt qui a été suscité à l'étranger par les nouveaux cours. Ainsi trouve-t-on la lettre [2] adressée à Milne-Edwards, président de l'Association pour l'enseignement secondaire des jeunes filles, par W.-B. Carpenter, secrétaire de l'université de Londres :

> « Notre attention a été dernièrement excitée par le récent mouvement qui s'est produit pour étendre l'instruction des femmes et leur donner une culture plus élevée dans les matières qui constituent une éducation libérale, mouvement qui a été inauguré en France sous la direction du ministre de l'Instruction publique, ainsi que nous l'avons appris.
> Je vous serai très-obligé, si vous pouviez faire en sorte que je reçoive [...] les règlements, documents, programmes etc., qui montreront ce qui se fait à Paris et ailleurs pour l'instruction des femmes ».

Le *Bulletin* fait aussi état de la demande formulée par le ministre des affaires étrangères du Danemark [3] pour recevoir « les documents relatifs à l'enseignement secondaire des jeunes filles en France ». Parallèlement on

---

1. *Ibid.*, p. 140-143.
2. *Ibid.*, p. 144.
3. *Ibid.*, p. 272.

signale des réalisations accomplies à l'étranger [1] : en Hollande à Harlem, en Grèce, en Suisse à Genève, Zurich et Berne.

Une grande satisfaction est affichée quant au déroulement des premiers cours. Ainsi lit-on dans le compte rendu sur le fonctionnement des cours à Metz [2] :

> « [Il y a] près de quarante jeunes filles, studieuses écolières, écoutant avec une scrupuleuse attention la parole des maîtres, prenant des notes, remettant des devoirs, animées de la louable ardeur d'apprendre et emportant de chaque leçon le désir de revenir à la suivante. Leur zèle n'a pas faibli un instant pendant tout ce trimestre d'hiver ».

Et conjointement on insiste sur le « tact », la « délicatesse », la « sûreté de jugement » avec lesquels les professeurs « ont approprié leur enseignement à la nature de leur auditoire ».

Un bilan

Dans un rapport présenté à l'Impératrice [3] le 25 octobre 1868, Victor Duruy dresse un bilan de la première année de fonctionnement des cours. Il souligne particulièrement l'intérêt des élèves pour les matières scientifiques : « [...] les professeurs de mathématiques, de sciences physiques et naturelles, se louent beaucoup de l'empressement que ces jeunes filles ont mis à les écouter, de l'ardeur avec laquelle leurs élèves s'initient aux merveilles, pour elles inconnues, de la science moderne ». Victor Duruy se montre confiant dans l'avenir de l'institution :

> « Le tact, la convenance, le savoir de nos professeurs [...] étaient une garantie sérieuse de succès ; ils le seront encore pour l'année qui va commencer. Sans exposer leurs croyances à aucun danger, les jeunes filles françaises pourront à l'avenir, sous la direction constante de leurs mères, exercer et fortifier leur intelligence par ce même enseignement que reçoivent leurs frères au lycée ».

Et il conclut en rappelant les objectifs recherchés : « [...] une instruction plus sévère relèvera la dignité de l'épouse, accroîtra l'autorité de la mère sur ses enfants et agrandira la légitime influence de l'honnête femme dans notre société ».

Victor Duruy ne manquera d'ailleurs pas de souligner [4] que les cours faits aux jeunes filles à la Sorbonne « ont révélé en elles une surprenante

---

1. *Ibid.*, p. 228-233, 311-312.

2. *Ibid.*, p. 377-379.

3. *L'Administration de l'Instruction publique..., op. cit.*, p. 668-673.

4. Victor Duruy, *Notes et souvenirs*, Paris, Hachette, 1901, t. 2, p. 204.

vocation pour les sciences naturelles [1], une finesse d'analyse, une fermeté d'observation qui ont étonné les professeurs habitués à trouver, dans les lycées, des résultats souvent moins heureux ».

TABLEAU 2

1re année	
1er trimestre	2e trimestre
Zoologie : Paul Bert, chargé de cours de physiologie au Muséum	*Botanique* : Philippe Van Tieghem, maître de conférences à l'École normale supérieure
Chimie : de Luynes, chef du laboratoire de chimie à la faculté des sciences	*Chimie* : Cahours, membre de l'Institut, examinateur à l'École polytechnique
Arithmétique : Philippon, secrétaire de la faculté des sciences	*Arithmétique et géométrie* . Salicis, répétiteur à l'École polytechnique
2e année	
1er trimestre	2e trimestre
Zoologie : Paul Bert	*Botanique* : Duchartre, membre de l'Institut, professeur à la faculté des sciences
Physique : Émile Fernet, professeur de physique au lycée Saint-Louis, répétiteur à l'École polytechnique	*Physique* : Jules Jamin, professeur à la faculté des sciences et à l'École polytechnique
Géométrie : Salicis	*Astronomie* : Delaunay, membre de l'Institut, professeur à la faculté des sciences

Pour sa deuxième année de fonctionnement les cours de l'Association pour l'enseignement secondaire des jeunes filles à la Sorbonne va comprendre deux niveaux, les enseignements de chaque niveau étant répartis en deux trimestres avec autant de leçons scientifiques (cf. tableau 2) que de leçons littéraires. Paul Bert [2] va ainsi enseigner, pendant dix ans, la zoologie. Lorsqu'il publie [3] ses leçons en 1881, il explicite les objectifs : « Instruire les femmes, fortifier leur jugement, discipliner leur imagination, ouvrir leur esprit aux vérités naturelles. C'est le plus sûr moyen de les mettre à l'abri des exagérations mystiques, c'est travailler à la fois à la paix intérieure des familles et au progrès général de la société ». Et, avec beaucoup de satisfaction il souligne la réussite de son enseignement,

---

1. C'est d'ailleurs le domaine privilégié des premières thèses féminines à la faculté des sciences de Paris. Voir Bénédicte Bilodeau et Nicole Hulin, « Les premiers doctorats féminins à la faculté des sciences de Paris... », *op. cit.*

2. Paul Bert, 1833-1886.

3. Paul Bert, *Leçons de zoologie,* Paris, Masson, 1881, Préface, (voir les extraits présentés en annexe 2). On trouve un compte rendu de l'ouvrage, dû à Gaston Bonnier, dans le *Bulletin pédagogique d'enseignement secondaire,* 2 juin 1881, p. 336.

prouvée par les « excellentes compositions » remises en correction par ses élèves. Puis il explique avec objectivité :

> « [...] nous sommes [...], les hommes, entraînés à nous tromper régulièrement sur la force intellectuelle, ou pour mieux dire, sur la maturité d'esprit des jeunes filles [...] l'expérience de l'enseignement mixte [1] chez les peuples étrangers nous [les] montre, le plus souvent, à la tête des classes où les deux sexes sont réunis ».

Mais l'institution fut fortement combattu par le clergé, qui souhaitait conserver le monopole de l'enseignement des jeunes filles, ainsi que le notera Camille Sée [2] en 1884. Celui-ci souligne aussi l'échec de la tentative, les cours ne subsistant que dans quatorze villes en janvier 1870 et dans cinq villes dont Paris en 1879 et, avec un succès tout relatif à Paris puisqu'on ne comptait que 128 élèves en 1879. Après avoir analysé les défauts de l'institution, il conclut sur « la détresse, ou plutôt sur la nullité de l'enseignement secondaire pour les jeunes filles » au moment où sa proposition de loi a été déposée en octobre 1878. Un article de *La Revue scientifique*, publié en 1879, dresse un constat d'échec pour les cours fondés par Duruy et en explique les causes [3] :

> « Si grands que fussent le zèle et le mérite des professeurs distingués de nos facultés ou de nos lycées qui avaient accepté de seconder le ministre dans sa tentative, des cours isolés, indépendants, ne peuvent pas former un ensemble, une école, un enseignement terre à terre, direct, du professeur à l'élève comme doit être l'enseignement secondaire. Au surplus, il ne suffit pas d'avoir d'excellents professeurs, il faut une administration de l'enseignement, une direction, une responsabilité ».

Toutefois, soulignera Émile Levasseur en 1895, « quelque différents par la forme qu'ils soient du plan conçu par M. Duruy [les lycées de jeunes filles] ont été inspirés par la même pensée : « [...] dans notre société moderne, l'instruction secondaire, réglé par des programmes appropriés à chaque sexe, convient aussi bien aux femmes qu'aux hommes » [4].

---

1. Des établissements mixtes existent en Suisse dans les cantons de Berne et de Zurich ; aux États-Unis « la coéducation des sexes » est l'éducation préférée. « Rapport de M. Camille Sée », dans *La Loi Camille Sée - Documents, rapports et discours relatifs à la loi sur l'enseignement secondaire des jeunes filles*, Paris, J. Hetzel et Cie, 1881 (voir p. 37, 44, 59).

2. Camille Sée, « Préface », dans *Lycées et collèges de jeunes filles*, Paris, Cerf (1884), 3e éd. 1888, p. 3-5.

3. F. V., « L'enseignement secondaire des filles », *La Revue scientifique*, n° 17, juillet-décembre 1879, p. 433-436 (voir p. 434).

4. Émile Levasseur, « L'enseignement des jeunes filles et M. Duruy », *Revue internationale de l'enseignement*, t. 30, 1895, p. 549-556.

Par ailleurs des jeunes filles commencent à obtenir des diplômes délivrés par la Sorbonne et les facultés des départements. De 1866 à 1882 on peut compter, par exemple, 52 baccalauréats ès sciences dont 19 à Paris et 3 licences ès sciences dont 2 à Paris [1]. Les conclusions qu'en tire Octave Gréard [2] sont révélatrices de l'état d'esprit ambiant :

> « Les grades établis pour les jeunes gens ne nous semblent pas, tant s'en faut, l'idéal qu'il y ait lieu de poursuivre pour les jeunes filles. Nous ne croyons pas davantage qu'elles soient destinées soit à exercer des fonctions publiques autres que celle de l'enseignement, soit à remplir des offices de pratique juridique ou médicale : à notre avis, leur place est dans la famille, au foyer, place considérable, utile entre toutes, et qu'elles occuperont avec d'autant plus d'autorité qu'elles auront reçu une éducation plus saine. La seule conclusion que nous entendions tirer de ces résultats, c'est qu'ils témoignent du goût des études sérieuses et de l'aptitude à en recueillir le profit ».

La loi Sée et l'enseignement secondaire des jeunes filles

Dans une conférence [3] prononcée en 1870, Jules Ferry insistait sur la nécessité d'établir l'égalité d'éducation pour les deux sexes et citait en exemple la situation en Amérique. Et c'est en octobre 1878 que Camille Sée [4] dépose un projet de loi sur l'enseignement secondaire des jeunes filles. Dans l'exposé des motifs [5], il souligne que l'astreinte imposée aux communes de plus de 500 habitants à pourvoir à l'éducation des filles date seulement de 1867, puis il dénonce l'injustice à limiter l'éducation des femmes à l'instruction primaire. En ce qui concerne le programme d'enseignement, explique Sée, s'il ne peut être fait par la loi, il suffit d'en indiquer les bases. Citant le cas de la Suisse, il ajoute que les programmes pour les jeunes filles s'y sont peu écartés de ceux pour les garçons, avant d'exposer sa position :

> « Tout ce qui, dans les mathématiques, est préparation aux écoles spéciales, doit naturellement disparaître ; mais il est nécessaire aux femmes de savoir très bien compter, et avec une bonne préparation, elles y excellent. La physique, la chimie, l'histoire naturelle, l'histoire, la géographie peuvent être conservées sans modifications ; il en est de même des études littéraires. Nous n'irons pas jusqu'à bannir le latin et le grec. [...] le cours de philosophie

---

1. D'après Octave Gréard, *op. cit.*, p. 153.

2. *Ibid.*, p. 153-154.

3. Voir l'extrait présenté en annexe 1.

4. Camille Sée, 1827-1919.

5. *La Loi Camille Sée...*, *op. cit.*, p. 21-31.

comprendra, comme dans les collèges de garçons, la psychologie, la logique et la morale ».

Le vote de la loi Sée

Camille Sée est le rapporteur de la Commission nommée pour l'examen de la proposition de loi et à laquelle appartient, entre autres, Paul Bert[1]. « L'article premier consacre le principe de la fondation, par l'État, d'écoles secondaires pour le jeunes filles ». Le rapport[2] précise que la durée des études des jeunes filles y « sera la même que celle des jeunes gens dans les lycées » et indique : « On peut utilement initier les jeunes filles à l'étude des sciences mathématiques, physiques et naturelles, et ne leur laisser ignorer ni les lois de la nature, ni les découvertes qui ont transformé le monde ».

Aussi l'article du projet de loi, qui énumère les matières à enseigner, adopte-t-il pour libellé : « Les sciences mathématiques, physiques et naturelles ». Par ailleurs un autre article prévoit que « l'enseignement est donné par des professeurs hommes ou femmes, munis de diplômes réguliers ».

TABLEAU 3
Ministres de l'Instruction publique
(février 1879 - juillet 1882)

Jules Ferry	4 février 1879 - 26 décembre 1879
Jules Ferry	18 décembre 1879 - 19 septembre 1880
Jules Ferry	23 septembre 1880 - 10 novembre 1881
Paul Bert	14 novembre 1881 - 27 janvier 1882
Jules Ferry	30 janvier 1882 - 29 juillet 1882

Une première délibération de la Chambre des députés a lieu le 15 décembre 1879, une seconde les 19 et 20 janvier 1880, au cours desquelles opposants et défenseurs du projet s'affrontent. Camille Sée, à la séance du 20 janvier, prononce un discours[3] au cours duquel il précise sa position :

> « Je ne dis pas qu'il faille comme aux États-Unis, organiser l'enseignement supérieur des femmes. L'enseignement supérieur

---

1. Paul Bert succédera à Jules Ferry au ministère de l'Instruction publique en novembre 1881, ce dernier y revenant en janvier 1882 (cf. tableau 3).

2. *La Loi Camille Sée..., op. cit.*, p. 32-169 (voir p. 148, 163-164, 167-169).

3. *Ibid.*, p. 181-204 (voir p. 188, 202-203).

s'adresse à des jeunes gens qui en général veulent embrasser une carrière [...] Je sais qu'il est des jeunes filles qui ont leur diplôme de docteur en médecine [1] ; mais ce sont de rares exceptions, et s'il faut dire toute ma pensée, je crois que nous aurons toujours trop peu de sages-femmes et assez de docteurs femelles ».

Puis il rappelle que Condorcet[2] demandait que l'instruction fût la même pour l'homme et pour la femme, et que cette instruction leur fût donnée en commun dans les mêmes écoles, principe qui est appliqué aux États-Unis et dans un grand nombre de cantons de la Suisse. Et il ne manque pas d'affirmer de nouveau : « L'enseignement qui se donnera dans les lycées de jeunes filles correspondra à l'enseignement donné dans les lycées de garçons. Il sera dégagé, bien entendu, de tout ce qui, dans les lycées, est enseigné en vue de préparer les jeunes gens à des carrières spéciales [...] ».

Parmi les interventions des opposants nous citerons, celle assez savoureuse d'un député légitimiste de Vendée, Bourgeois [3] :

« Quand nos filles auront appris la théologie, la philosophie, l'embryologie, l'histologie, l'économie politique, je demande qu'elles aient le droit de voter et de venir siéger parmi nous.
Quel sera le bonheur d'un pauvre médecin de campagne qui, rentrant trempé de pluie, trouve sa femme occupée à observer les astres, ou lisant un traité de métaphysique tandis que le rôt brûle ou que le feu s'éteint ?
Dans ces conditions, vous aurez beaucoup de partisans du divorce.
Soyons sérieux. Laissons à l'homme sa vie de travail et ne lui enlevons pas le calme et le bonheur de son foyer domestique ».

La Chambre des députés adopte, par 347 voix contre 123, le projet de loi qui est alors transmis au Sénat où Paul Broca [4] est le rapporteur de la Commission chargée de l'examiner. Cette Commission, présidée par Carnot, comprend entre autres Jules Simon et Barthélemy-Saint-Hilaire. Dans son rapport[5] Paul Broca indique les limites des programmes et les différences à établir par rapport à ceux des garçons :

---

1. En 1866 Victor Duruy écrit : « [...] une dame Brès, déjà reçue sage-femme, me demande à se présenter aux examens pour le doctorat en médecine à Paris : je crois répondre [...] aux droits du bon sens et de la justice, en accordant, malgré les résistances qui m'entourent [...] l'autorisation demandée », *Notes et souvenirs*, t. 2, *op. cit.*, p. 196.

2. On trouvera en annexe 1 un extrait du rapport de Condorcet à la Convention nationale sur l'instruction à donner aux femmes.

3. *La Loi Camille Sée...*, *op. cit.*, p. 206.

4. Paul Broca, 1824-1880. Il décède en juillet 1880 et Henri Martin lui succède comme rapporteur.

5. *La Loi Camille Sée...*, *op. cit.*, p. 248-272 (voir p. 256, 258). Le rapport est déposé le 21 juin 1880.

> « [Pour les jeunes filles] il faut choisir ce qui peut leur être le plus utile, insister sur ce qui convient le mieux à la nature de leur esprit et à leur future condition de mère de famille, et les dispenser de certaines études pour faire place aux travaux et occupations de leur sexe. Les langues mortes sont exclues ; le cours de philosophie est réduit au cours de morale, et l'enseignement scientifique est rendu plus élémentaire ; on peut ainsi donner de l'extension à l'étude de la langue française, des langues vivantes, de la littérature et de l'histoire, tout en restreignant le nombre des années de scolarité ».

Paul Broca en vient alors au libellé retenu par la Chambre des députés pour les matières scientifiques : « les sciences mathématiques, physiques et naturelles » :

> « Cet énoncé général donnerait au programme une extension illimitée. Trop vaste en ce qui concerne la plupart des sciences, il laisse au milieu d'elles et sur le même pied l'arithmétique qui est beaucoup plus importante, et qui doit être l'objet d'un soin particulier. Il ne suffit pas de donner aux femmes de simples notions de calcul qui font déjà partie de l'enseignement primaire ; pour administrer leur maison, pour seconder leurs maris dans l'industrie ou dans le commerce, pour trouver, au besoin, un emploi de caissière ou de teneur de livres, elles ont besoin de connaître toute l'arithmétique que l'on enseigne dans les lycées de garçons pour le baccalauréat. Mais il suffit de leur enseigner les éléments des autres sciences ».

Aussi propose-t-il un nouveau libellé : « L'arithmétique, les éléments de la géométrie, de la physique, de la chimie et de l'histoire naturelle ».

Après une première délibération les 20 et 22 novembre 1880, puis une deuxième les 9 et 10 décembre, le projet amendé est adopté par le Sénat par 164 voix contre 121 et revient devant la Chambre des députés le 16 décembre 1880. Dans son rapport Camille Sée explique [1] alors : « La formule un peu ambitieuse peut-être [...] "Les sciences mathématiques, physiques et naturelles" a été remplacée par la formule plus modeste : "L'arithmétique, les éléments de la géométrie, de la chimie, de la physique et de l'histoire naturelle" ».

La loi est adoptée le 21 décembre 1880 [2].

1. *Ibid.*, p. 399-400.

2. Voir le tableau comparatif des projets de loi, proposés par Camille Sée et la Commission de la Chambre des députés, adoptés par la Chambre des députés et le Sénat, que présente Octave Gréard (*Éducation et instruction. Enseignement supérieur,* Paris, Hachette, 1887, p. 288-293).

L'organisation de l'enseignement

La loi votée, il restait à en régler le mode d'exécution. Ce fut l'œuvre du Conseil supérieur de l'Instruction publique.

Le décret [1] du 14 janvier 1882 définit un cursus de cinq années, divisé en deux périodes successives. La première d'une durée de trois années (élèves de 12 à 15 ans), ne comportant que des cours obligatoires, est couronnée par un certificat d'études secondaires ; la deuxième période d'une durée de deux années (élèves de 15 à 17 ans), comportant des cours obligatoires et des cours facultatifs, est sanctionnée par le diplôme de fin d'études. Le cursus secondaire des jeunes filles est donc plus court que celui des garçons et ne conduit pas au baccalauréat.

Camille Sée soulignera [2] « l'antagonisme entre l'œuvre du législateur et celle du Conseil supérieur » :

> « Le Conseil, chargé seulement de régler l'application de la loi, a fait toute autre chose ; il en a changé le caractère [...] Le législateur a créé un programme d'enseignement *obligatoire commun* [...], il a voulu que ce programme fût réparti sur un nombre d'années égal au nombre d'années d'études dans les lycées et collèges de jeunes gens ».

L'enseignement féminin, qui est ainsi constitué, est un enseignement de type « moderne ». Toutefois l'arrêté du 14 janvier 1882 [3], qui détermine la répartition des matières dans les cinq années du cours d'études, prévoit que « les éléments de la langue latine » soient enseignés dans des cours facultatifs en 4e et 5e années (1h par semaine). Les programmes sont fixés par l'arrêté du 28 juillet 1882 [4]. L'enseignement de la physique et de la chimie, débute en 3e année et ne comporte que des cours obligatoires. Les cours de mathématiques et de sciences naturelles sont répartis sur les cinq années, une partie étant des cours facultatifs (cf. tableau 4).

Une spécificité de cet enseignement féminin est l'importance accordée à l'enseignement de la morale et aux sujets concernant l'éducation :

> « Morale pratique » en 3e année (1h) ;
> « Morale théorique et notions historiques » en 4e année (1h) ;
> « Éléments de psychologie appliquée à l'éducation » en 5e année (1h).

Une autre particularité est la recommandation de mêler la lecture à haute voix à toutes le autres études sur les cinq années, avec en 1re année un travail technique (prononciation, articulation, respiration) auquel s'ajoute en 2e et 3e années l'art de la diction. Nous retrouverons ces deux

---

1. *Bulletin administratif,* t. 25, 1882, p. 187-188.
2. *Lycées et collèges..., op. cit.*, p. 39-41.
3. *Bulletin administratif,* t. 25, 1882, p. 188-191.
4. *Bulletin administratif,* t. 28, 1882, p. 944-983.

éléments au niveau des agrégations scientifiques féminines (cf. 2e partie du présent ouvrage).

TABLEAU 4
Répartition des matières scientifiques
(28 juillet 1882)

	mathématiques	physique	chimie	histoire naturelle
1re année	2h : calcul et géométrie			1h (1er semestre) : zoologie 1h (2e semestre) : botanique
2e année	2h : arithmétique			1h (1er semestre) : géologie 1h (2e semestre) : zoologie et botanique
3e année	1h : géométrie plane	3h un semestre 2h un semestre pesanteur, notions élémentaires de mécanique	1h un semestre	notions de physiologie, introduction au cours d'économie domestique et d'hygiène
4e année	*cours obligatoire* 1h : cosmographie *cours facultatif* 3h : arithmétique, algèbre, géométrie plane	*cours obligatoire* 1h : chaleur, acoustique		*cours obligatoire* 1h (1er semestre) : physiologie animale 1h (2e semestre) : physiologie végétale
5e année	*cours facultatif* 2h : géométrie dans l'espace et courbes usuelles, cosmographie, révision des théories d'arithmétique et d'algèbre de 4e année	*cours obligatoire* 1h : magnétisme, électricité, optique	*cours obligatoire* 1h (dont chimie organique)	*cours facultatif* 2h : physiologie animale et végétale

La question des programmes

En juin 1882 Octave Gréard, vice-recteur de l'académie de Paris, souligne le nécessaire décalage que doit présenter l'enseignement secondaire féminin par rapport à celui des garçons [1]. Après avoir distingué deux éléments dans l'éducation, l'acquisition des connaissances et le développement des facultés, il explique :

> « Indépendamment d'un esprit bien fait, – ce que rien ne remplace, – l'homme a besoin d'un fonds de savoir solidement établi [...] qu'il applique à ses fonctions, à ses affaires, à toute la conduite de la vie. Il n'en est pas ainsi au même degré pour la femme. Ce

1. Octave Gréard, *Éducation et instruction. Enseignement secondaire, op. cit.*, p. 221-224.

> qui lui est le plus utile à elle-même et aux autres [...] c'est l'esprit même que ce savoir a contribué à former ».

Dans le domaine des sciences il précise : « [Il n'est pas] question de faire pour les filles une science moins exacte, une science à leur usage, *ad usum puellarum,* mais seulement de leur rendre la science, la vraie science, plus assimilable, en la dégageant de tout ce qui n'est pas indispensable à l'éducation de l'esprit ». Aussi demande-t-il pour les filles « un enseignement sobre, bien dépouillé, un enseignement de résultats et de conclusions, qui mette avec exactitude [...] les idées, les inventions, les découvertes, les grands gains de la civilisation humaine en pleine lumière ».

Le thème de la nécessaire différence entre les deux enseignements féminin et masculin est régulièrement repris. Certains arguent de la différence d'aptitudes des jeunes filles et des jeunes gens. Ainsi Alfred Croiset, président de la Société d'enseignement secondaire, dans un discours [1] prononcé le 31 mars 1888 à l'Assemblée générale de ladite société, demande d'adapter les programmes à « une éducation féminine bien entendue » :

> « [La femme] n'a pas à composer des livres ou des discours ; il lui suffit, dans l'ordre intellectuel, de savoir lire et causer. [Son esprit est] plus ordonné et pratique que spéculatif et créateur ; plus capable d'assimilation que d'invention. Elle apprend le piano dès l'enfance, et compose rarement une œuvre originale ; elle étudie le dessin, et ne devient que par exception un artiste qui compte. Elle manque souvent d'esprit géométrique ; mais a l'esprit de finesse. Elle ne sait pas découvrir ni démontrer méthodiquement la vérité ; mais elle la devine et l'insinue. Pourquoi donc, dans nos lycées, vouloir traiter les filles en garçons ? »

Le reproche est fait aux programmes établis en 1882 d'être trop élevés, et ceci malgré la peine prise par le Conseil supérieur de l'Instruction publique pour « les alléger et les approprier aux filles ». Henri Marion [2], secrétaire dudit Conseil, justifie les choix opérés ; ainsi pour l'enseignement des sciences :

> « [...] les sciences naturelles (géologie, botanique, zoologie), s'enseignent depuis longtemps dans la plupart des pensionnats [...] La physique et la chimie seront enseignées d'une façon très simple et purement expérimentale. Quelques notions de physiologie n'étaient-elles pas indispensables si l'on voulait que l'enseignement de l'hygiène fût autre chose qu'un simple énoncé

---

1. « Société d'enseignement secondaire », *Revue internationale de l'enseignement,* t. 15, n° 1, 1888, p. 435-436.

2. Henri Marion, « La session d'été du Conseil supérieur de l'Instruction publique », *Revue internationale de l'enseignement,* t. 4, n° 2, 1882, p. 164-167.

de prescriptions empiriques ? [...] Enfin, si quelques parties de tel ou tel programme, par exemple du programme de mathématiques, paraissent un peu élevés, il faut considérer qu'elles se rapportent aux cours facultatifs de la 4e et de la 5e année ».

Dans un discours prononcé le 20 octobre 1882 pour l'inauguration du lycée de jeunes filles de Rouen, Jules Ferry [1] aborde le problème des programmes :

> « Nos programmes vous paraîtront peut-être un peu développés ; rassurez-vous. Nous avons pensé qu'il ne fallait pas laisser nos jeunes filles prendre seulement une teinture superficielle des connaissances sérieuses ; rien n'est dangereux comme ces notions incomplètes et mal vérifiées qui nourrissent dans un jeune esprit la légèreté et la présomption [...] »

Lorsqu'en 1884 Camille Sée rédige la préface d'un ouvrage qui réunit les textes officiels concernant le vote de la loi sur l'enseignement secondaire des jeunes filles, il reproche au Conseil supérieur de l'Instruction publique d'avoir « surchargé outre mesure le programme des classes » [2]. On a, écrit-il, écrasé les jeunes filles de besogne comme les jeunes gens ; mais pour ces derniers on peut invoquer la préparation aux écoles spéciales. Quant aux filles :

> « On ne comprend pas ce qu'elles feront de tant de chimie, de tant de physique et de tant d'histoire naturelle ; les éléments leur suffisaient pour les mettre en état de lire les beaux ouvrages et admirer les belles découvertes.
> Que feront-elles surtout de ces règles compliquées d'arithmétique, de cette géométrie et plane et dans l'espace, de cet algèbre ? »

Aussi demande-t-il que non seulement les programmes soient allégés dans le sens de la loi, mais aussi qu'ils soient appropriés à l'esprit et à la vocation des jeunes filles. « Il y a, pour ainsi dire, un "programme féminin" à substituer à toutes ces sciences abstraites dont elles ne feront jamais aucun usage, dont il faut souhaiter qu'elles ne fassent jamais aucun usage ». Reprenant l'expression d'Ernest Legouvé il demande de réaliser « l'égalité dans la différence ».

Pour les programmes de l'enseignement des sciences, Ernest Legouvé [3] recommandait en 1882 que les mathématiques ne figurent pour les jeunes filles que « comme auxiliaire des autres sciences » et il ajoutait :

---

1. *Bulletin administratif,* t. 28,1882, p. 57-62 (voir p. 61).

2. *Lycées et collèges..., op. cit.*, p. 44-48.

3. Ernest Legouvé, « Comment faut-il instruire les femmes ? », *Bulletin administratif,* t. 25, 1882, p. 475-487 (voir p. 477). Un très large extrait de ce texte est présenté dans l'annexe 2. Voir son changement d'opinion à l'issue du premier concours d'agrégation féminine de sciences en 1883, chapitre VI.

> « En physique, en chimie, en astronomie, à côté des démonstrations, il y a les faits ; à côté des preuves, il y a les résultats ; à côté des calculs qui sont le chemin, il y a les découvertes qui sont le but ; à côté des abstractions, il y a les inventions et les inventeurs. Or, autant les femmes sont généralement inhabiles à comprendre et impropres à utiliser les spéculations scientifiques, autant leur intelligence se prête à saisir et à admirer tout ce qui, dans les sciences, se présente sous une forme vivante : les faits et les hommes : Apprenez-leur donc assez de mathématiques pour apprécier et comprendre les résultats de la science, les bienfaits de la science, les héros de la science ».

Par contre Ernest Legouvé demandait que l'enseignement de l'histoire naturelle ait un plus large développement pour les jeunes filles que pour les jeunes gens, car cette science est celle qui convient le mieux aux femmes : « Toutes leurs qualités de perspicacité, de délicatesse, de goût [...] y trouvent leur place ».

La préface de Camille Sée va retenir l'attention de divers commentateurs : présentation de son contenu par Eugène Stropeno [1], analyse critique par Paul Dupuy [2] ou réponse au sujet des programmes de sciences par J. Desparmet-Ruello [3].

---

1. Eugène Stropeno, « L'enseignement secondaire des jeunes filles d'après quelques documents récents », *Revue internationale de l'enseignement,* t. 15, n° 1, 1888, p. 574-593.

2. Paul Dupuy, « Une préface de M. Camille Sée », *L'enseignement secondaire des jeunes filles,* mai 1884, p. 193-204.

3. J. Desparmet-Ruello, « Les programmes de sciences dans les lycées de jeunes filles », *L'enseignement secondaire des jeunes filles,* juillet 1884, p. 33-41

Chapitre II

L'ENSEIGNEMENT DES SCIENCES DANS LES LYCÉES DE JEUNES FILLES

Avec l'arrêté du 14 janvier 1882, qui fixait la répartition des matières dans les cinq années d'études, en 4e année l'enseignement de la physique était inscrit dans les cours facultatifs et 2 heures étaient réservées à l'enseignement obligatoire de cosmographie [1]. Un arrêté [2], pris le même jour (28 juillet 1882) que celui qui fixe les programmes, va inclure la physique dans les cours obligatoires de 4e année et réduire à 1 heure l'enseignement de cosmographie (voir tableau 4). Ces fluctuations en six mois traduisent une certaine indécision pour l'organisation de l'enseignement. Par ailleurs, si on compare les horaires consacrés aux sciences dans l'enseignement secondaire de jeunes filles à ceux établis par un autre arrêté du 28 juillet 1882 dans l'enseignement secondaire spécial [3] des garçons – qui lui aussi comporte cinq années d'études –, on constate que par année les horaires féminins sont situés entre le tiers et la moitié de ceux des garçons. La réduction touche principalement l'enseignement des mathématiques ainsi que celui de la physique et de la chimie ; globalement sur les cinq années, l'horaire de l'histoire naturelle est identique si on inclut les cours facultatifs.

Les orientations de l'enseignement scientifique féminin

Le contenu des programmes de 1882

Dans l'arrêté du 28 juillet 1882 qui fixe les programmes, seuls ceux de sciences naturelles sont accompagnés de recommandations très précises. En introduction à l'ensemble du programme de zoologie et de botanique de 1re année, un paragraphe explicite les modalités de l'enseignement :

1. *Bulletin administratif,* t. 25, 1882, p. 188-191.
2. *Ibid.,* t. 29, 1882, p. 366.
3. *Ibid.,* t. 28, 1882, p. 889-937.

> « L'étude des sciences naturelles commence, en 1re année, par des notions élémentaires sur les animaux et les plantes. Ces notions seront données à l'aide d'objets mis entre les mains des élèves, et avec des dessins exécutés sous leurs yeux. Elles seront utilement accompagnées d'excursions. On exercera les élèves à l'usage du microscope. Le premier semestre est consacré à l'étude des animaux et le second est réservé à la botanique, afin qu'on puisse examiner des plantes vivantes dans l'ordre de leur floraison ».

Et avant de détailler le programme de botanique il est encore spécifié : « *On devra étudier la botanique avec des plantes vivantes* ».

Il s'agit d'un enseignement très concret, cadré par un programme détaillé, ayant une orientation utilitaire manifeste en 2e année avec le cours de zoologie et botanique structuré en quatre parties : animaux utiles, animaux nuisibles, plantes utiles, plantes nuisibles. Plusieurs éléments originaux distinguent ces programmes féminins de ceux établis le 2 août 1880 dans l'enseignement secondaire classique et de ceux établis le 28 juillet 1882 dans l'enseignement spécial : la place faite à la botanique au second semestre pour disposer de « plantes vivantes », le remplacement des termes « phanérogames » et « cryptogames » par « plantes à fleurs » et « plantes sans fleurs », la recommandation de mettre les objets dans les mains des élèves et de faire des excursions. Cette dernière recommandation figurera dans les programmes de 1902 pour les lycées de garçons ; les deux premières prescriptions seront l'objet des revendications d'Émile Brucker[1] pour l'enseignement secondaire masculin lors de la mise en place de la réforme de 1902 et seront adoptées vingt ans plus tard lors de la réforme Bérard du plan d'études.

L'enseignement de la physique et de la chimie, qui ne commence qu'en 3e année, ne figure en deuxième période que dans des cours obligatoires. La physique est présentée de manière traditionnelle avec, après un exposé sur les propriétés générales, la pesanteur et des notions élémentaires de mécanique, un découpage en quatre parties disjointes à savoir : chaleur, acoustique, magnétisme-électricité, optique. L'enseignement de la chimie, réparti sur deux années, comprend l'étude des métalloïdes, des métaux et des sels ainsi que des « notions sommaires » de chimie organique.

En mathématiques, pendant les trois années de la première période, on enseigne l'arithmétique usuelle et les éléments de la géométrie plane. Dans la deuxième période seul le cours de cosmographie de 4e année est obligatoire ; dans les cours facultatifs on complète les théories de l'arithmétique, de la géométrie plane, et on expose la géométrie dans l'espace ainsi que l'algèbre élémentaire.

---

1. Nicole Hulin et Bénédicte Bilodeau, « Émile Brucker et l'enseignement des sciences naturelles », *Archives internationales d'histoire des sciences*, vol. 50, n° 144, 2000, p. 130-151 (voir p. 143-147).

Les programmes de mathématiques des différentes classes sont méthodiquement analysés par Alphonse Rebière[1], professeur au lycée Saint-Louis. Il explique, en particulier : « Les mathématiques facultatives s'adressant à une élite, qui aime ces sévères études, on peut aborder sans crainte des branches nouvelles et en même temps serrer la chaîne logique, laissée jusqu'alors un peu lâche ». Puis il souligne que le programme du « cours d'algèbre, assez limité », introduit en 4e année, inclut, non sans quelque hardiesse, la « représentation des fonctions simples par des courbes »[2]. Enfin, ayant noté que le cours de géométrie plane « finit par un léger aperçu de trigonométrie ». Alphonse Rebière conclut que les jeunes filles, qui auront suivi l'ensemble des cours, « posséderont des connaissances assez étendues en mathématiques élémentaires ».

La part faite aux sciences dans l'enseignement féminin est réduite. Marie Lacharrière[3] souligne que, sur vingt-quatre heures et demie de cours, en 1re ou 2e années on en compte trois pour les sciences, ce nombre passant à cinq en 3e année ; en 4e année sur dix-sept heures et demie on trouve trois heures de sciences et en 5e année deux heures seulement sur seize heures et demie. Toutefois, nous venons de le voir, des innovations apparaissent dans les programmes qui sont établis.

La défense de l'enseignement scientifique

Cependant certains jugent trop large la place faite aux sciences dans l'enseignement féminin. Nous avons vu, par exemple, Camille Sée dénoncer la surcharge des programmes[4] en 1884.

Peut-on dire que les matières enseignées dépassent la portée d'un esprit féminin ou ne sont d'aucune utilité pratique, demande Marie Lacharrière[5]. Elle passe en revue les matières enseignées dans les cours obligatoires :

> l'arithmétique, il n'y a personne qui ne juge son étude indispensable ;
> la zoologie, la botanique, la géologie « sont des sciences attrayantes qui développent chez les enfants l'esprit d'observation ;
> l'hygiène, sa connaissance est utile à tout le monde et encore plus à de futures mères de famille ;

---

1. Alphonse Rebière, « Les mathématiques des jeunes filles », *L'enseignement secondaire des jeunes filles,* novembre 1882, p. 306-313.

2. Ceci ne figure ni dans les programmes de l'enseignement secondaire classique du 2 août 1880 ni dans ceux de l'enseignement secondaire spécial du 28 juillet 1882, et sera introduit dans les programmes masculins lors de la réforme de 1902.

3. Marie Lacharrière, « Discours de distribution de prix », *L'enseignement secondaire des jeunes filles,* septembre 1884, p. 126-129. Marie Lacharrière est une Sévrienne, reçue agrégée de l'ordre des sciences en 1883. Au sujet des agrégations féminines voir la deuxième partie de l'ouvrage.

4. Cf. chapitre I.

5. Marie Lacharrière, « Discours de distribution de prix », *op. cit.*

la physiologie et la chimie ne peuvent être séparées de l'hygiène pour comprendre le fonctionnement des divers organes et l'action des divers éléments ;
la cosmographie a toujours figuré dans l'enseignement des jeunes filles ;
la physique permet de comprendre les phénomènes observés journellement ;
la géométrie, enfin, est « un moyen précieux d'habituer l'esprit à ne rien avancer qui ne repose sur des preuves solidement établies, à marcher de déductions en déductions, à suivre un raisonnement tout abstrait ».

Répondant aussi à ceux qui dénoncent une surcharge des programmes et justifiant l'intérêt des différentes matières abordées, y compris dans les cours facultatifs, J. Desparmet-Ruello [1] explique « qu'il n'y a pas lieu de diminuer la somme des connaissances mathématiques votées par le Conseil supérieur », souligne le caractère vague du mot « éléments » utilisé dans le libellé de la loi et précise : « Posséder les éléments d'une science ne veut point dire en avoir quelques notions vagues, sans lien entre elles, comme on en peut acquérir dans l'enseignement primaire ».

Commentant le texte de Camille Sée de 1884, Paul Dupuy manifeste son désaccord en ce qui concerne le développement à donner à l'enseignement des sciences [2] :

> « Les sciences conviennent [...] à merveille à l'esprit féminin, et les sciences abstraites toutes les premières. N'est-ce point un vrai chagrin de penser à tout le profit qu'a fait perdre à la science cet interdit jeté sur la moitié des forces intellectuelles de l'humanité ? Ne devons-nous pas penser à l'avenir et souhaiter que l'enseignement scientifique du lycée mette toutes les jeunes filles qui le reçoivent à même de comprendre les belles découvertes, mais encore éveille chez quelques-unes d'entre elles le goût de la recherche personnelle et l'ambition même de la découverte. Ce domaine dont on les a tenues éloignées de parti préconçu, c'est, à vrai dire, leur terre promise : du jour qu'on aura cessé de les en écarter par dégoûts imaginaires, beaucoup auront le désir d'y pénétrer. Pourquoi leur en défendre l'accès et ne leur en permettre qu'une vue lointaine et confuse ? »

---

1. J. Desparmet-Ruello, « Les programmes de sciences dans les lycées de jeunes filles. Réponse à M. Camille Sée », *L'enseignement secondaire des jeunes filles*, juillet 1884, p. 33-41. J. Desparmet-Ruello, licenciée ès sciences, est directrice du lycée de Lyon.

2. Paul Dupuy, « Une préface de M. Camille Sée », *op. cit.*, p. 193-204.

L'analyse des programmes de sciences naturelles par Edmond Perrier

Edmond Perrier[1], dans deux longs articles, analyse le contenu et la distribution de l'enseignement des sciences naturelles ainsi que la méthode tracée par le Conseil supérieur de l'Instruction publique. Le premier article[2], publié en 1883, concerne plus spécialement les enseignements de botanique, zoologie et géologie de la première période, le second[3], paru en 1884, est consacré à l'enseignement de la physiologie dans la deuxième période.

Edmond Perrier commence par faire l'éloge des programmes, qui règlent l'enseignement des sciences naturelles dans les cinq années du cycle complet d'études des jeunes filles. Il juge rationnelle la distribution de l'enseignement entre les diverses branches de l'histoire naturelle, avec « une part suffisante – légèrement léonine peut-être pour la physiologie ». Il apprécie « l'innovation heureuse, qui consiste à fixer de bonne heure l'attention de l'enfant sur les objets qui l'entourent et qu'il voit le plus souvent sans les regarder ou qu'il regarde sans les examiner ».

Dans l'enseignement de 1re année il convient de fixer l'attention des élèves et « la mise en scène matérielle est tout indiquée dans les programmes » : « les grands dessins imprimés disposés pour l'exposition murale, rendront de réels services » ; il en est de même de l'usage fréquent du microscope, indiqué par le programme, bien qu'il puisse paraître excessif ; l'emploi des animaux ou des végétaux vivants, surtout s'ils ont été recueillis par les élèves elles-mêmes retiendra mieux l'intérêt que l'utilisation des échantillons de collection ; les excursions bien préparées et conduites par le professeur seront profitables. S'il est intéressant de faire connaître l'exacte signification des mots, « ce n'est pas une raison non plus, ajoute Edmond Perrier, pour exagérer dans ce sens et bourrer la tête des enfants de tout le vocabulaire zoologique ou botanique ». Et, il résume les indications du Conseil supérieur pour les professeurs :

> « Enseignez aussi simplement que possible ; allez du connu à l'inconnu, de l'observation vulgaire à l'observation plus difficile ; mettez vos élèves en présence des faits ; faites naître chez eux des idées et épargnez-leur les mots inutiles [...] laissez à la fin de cette 1re année une idée nette des grands types généraux auxquels peuvent être ramenés les animaux et les plantes [...] »

Les notions à acquérir en zoologie et botanique durant la 1re année sont de même nature, explique Edmond Perrier, aussi il y aurait le plus

---

1. Edmond Perrier (1844-1921) est professeur de zoologie au Muséum d'histoire naturelle.

2. Edmond Perrier, « Questions du programme. L'enseignement de l'histoire naturelle dans les lycées de jeunes filles », *L'enseignement secondaire des jeunes filles,* mai 1883, p. 209-220.

3. Edmond Perrier, « L'enseignement de la physiologie dans les lycées de jeunes filles », *L'enseignement secondaire des jeunes filles,* février 1884, p. 49-60.

grand avantage à suivre la même méthode pour l'enseignement des premiers principes de ces deux sciences. Par contre « l'étude de la géologie est nécessairement plus indépendante ; elle se décompose en deux parties : 1° l'étude des minéraux les plus répandus et des usages auxquels l'industrie les emploie ; 2° l'étude de l'histoire de la Terre ».

En 2e année, après l'étude de la géologie, le second semestre est consacré aux applications de la zoologie et de la botanique. Edmond Perrier se dit ici « tenté de chercher une petite querelle aux programmes officiels » :

> « [...] pourquoi s'être placé au point de vue tout pratique de l'enseignement *spécial*, dans les lycées de garçons, pour la rédaction de ces programmes ? Pourquoi s'être exposé, en restreignant le programme à l'étude des animaux et des plantes utiles ou nuisibles, à laisser croire aux jeunes filles qui seront obligées de quitter le lycée à l'âge de quinze ans, qu'il y a des animaux et des plantes créés tout exprès pour les besoins de l'homme, d'autres qui ont été imaginés pour exercer sa patience ou le punir de ses méfaits ? »

Pour faire disparaître tout anthropomorphisme il propose une présentation, qu'il juge plus conforme à l'esprit de l'enseignement secondaire, visant « à faire l'éducation de l'esprit, bien plus qu'à armer la mémoire pour les besoins les plus immédiats de la vie ». Le programme qu'il suggère contient toute l'histoire des classifications jusqu'aux ordres inclusivement :

> « Considérons plus particulièrement les animaux : ces êtres, de type différent, sont variés dans chaque type de toutes les manières possibles ; mais les variations, et notamment celles qui caractérisent les grandes divisions du règne animal, se lient étroitement, pour chaque type, aux diverses modifications que peut présenter le milieu ambiant. Il y a deux milieux où la respiration est possible, l'air et l'eau ; dans ces milieux la locomotion peut s'effectuer, soit en se servant du sol comme point d'appui, soit en prenant pour point d'appui le fluide même dans lequel la respiration, s'accomplit ; quels que soient leur mode de respiration et leur mode de locomotion, les animaux sont entourés de matières alimentaires de nature végétale et de nature animale ; ils peuvent choisir l'un de ces deux régimes ou s'accommoder indifféremment de l'un et de l'autre. Tout cela peut également avoir lieu sous un climat chaud et sous un climat froid ; certains animaux préfèrent les régions torrides de l'équateur, d'autres les rigueurs des pôles ; quelques-uns passent par dessus toutes les questions de température et savent vivre en tous pays ».

Dans cette présentation, animaux et plantes utiles arriveraient à leur rang, l'enfant étant bien pénétré de l'idée que les animaux et les plantes sont faits pour eux-mêmes et non pour nous.

Avant d'aborder l'enseignement de la physiologie Edmond Perrier répond aux différentes objections qui ont été faites à son introduction : la physiologie est une préface de la médecine et doit être laissée aux médecins, elle est compliquée, elle a recours à la vivisection, elle peut nuire au développement de l'imagination, elle « touche de trop près à des problèmes qu'il convient d'écarter complètement de l'esprit des jeunes filles ». Puis, centrant son intérêt sur la physiologie animale, il indique la direction à donner à l'enseignement. En 3e année, « tout doit se borner à constituer une préface au cours d'hygiène » : description succincte des divers appareils organiques, exposé des rapports réciproques des organes, indication des fonctions importantes que remplissent les organes dans un même appareil. Le cours de 4e année est destiné à faire comprendre comment fonctionne un être vivant, ainsi le programme est structuré en deux parties : les fonctions de nutrition (digestion, circulation, respiration) et les fonctions de relation (mouvements, voix, organes des sens).

Quant au programme de 5e année, qui ne comporte que des indications générales, s'il est « pris à la lettre, [il] contient toute l'anatomie comparée, toute l'embryogénie, toute la physiologie comparée, toute la zoologie descriptive ». Edmond Perrier prône le rejet de l'enseignement d'une « zoologie descriptive et aride » :

> « Il faut se pénétrer de l'idée que l'étude d'un être vivant ne saurait être séparée de celle du milieu dans lequel il vit. À ce point qu'on pourrait définir l'histoire d'un groupe zoologique : l'histoire des modifications qu'un organisme de type déterminé doit subir, pour se mettre en harmonie avec les différents milieux dans lesquels il peut être placé. La zoologie [...] saisit l'animal en pleine vie, et nous le montre agissant au lieu de ne nous dépeindre que des cadavres ou des peaux bourrés ».

Cet enseignement, dirigé dans un sens évolutionniste, consistant à suivre « les modifications d'un même type organique parallèlement aux modifications du milieu », sera plus vivant, plus instructif, plus philosophique, plus fécond.

Et, lorsque Edmond Perrier publie en 1885 ses leçons sur la physiologie animale [1], il rassemble les enseignements de 3e et 4e années. Il termine son cours par l'étude de la fonction de locomotion, où l'examen du squelette dans la série des vertébrés le conduit à introduire l'idée

---

1. *Précis de physiologie animale* (Enseignement des jeunes filles 3e et 4e années), Paris, Hachette, 1885. Lorsque Edmond Perrier publie ce cours il enseigne aussi à l'École de Sèvres.

d'adaptation. En conclusion [1], Perrier annonce l'orientation du cours de 5e année et précise sa conception de la zoologie [2] :

> « Ainsi de simples modifications de détail d'un même type nous ont permis de passer du Reptile à l'Oiseau, d'une classe de Vertébrés à une autre [...] Il est du plus haut intérêt de suivre ces modifications non seulement dans une catégorie d'organes comme les organes locomoteurs, mais dans toutes les catégories d'organes [...] C'est là l'étude, pleine d'enseignements, qui est réservée à l'année prochaine, et cette étude qui nous montre l'organisme animal fonctionnant dans les conditions si variées que présente notre globe et se prêtant à toutes les modifications exigées par ces conditions d'existence, cette étude c'est la *Zoologie*, dans le sens le plus large qu'on puisse donner à ce mot ».

Le Congrès international de l'enseignement de 1889

Ce Congrès international s'est tenu du 6 au 10 août à la Sorbonne, et le comité d'organisation, présidé par Octave Gréard, avait mis cinq questions à l'ordre du jour dont l'une concernait « la méthode à suivre dans l'instruction secondaire des jeunes filles, en particulier pour l'enseignement des langues vivantes et pour l'enseignement des sciences » [3]. Pour ces dernières, les rapporteurs étaient Gaston Darboux et Edmond Perrier [4].

Dans son rapport sur l'enseignement des sciences mathématiques, Gaston Darboux souligne la nécessité, reconnue de tous, de revenir à plusieurs reprises sur l'enseignement de l'arithmétique en introduisant peu à peu les raisonnements. Joindre à l'enseignement de l'arithmétique quelques notions d'algèbre se justifie car « un peu d'algèbre remplace souvent des raisonnements bien compliqués, et peut d'ailleurs rendre de grands services dans l'étude des sciences physiques ». En géométrie, pour certaines parties relativement faciles de la géométrie plane, il est bon de ne point omettre les raisonnements, mais l'utilité de suivre cette marche est moins évidente pour les chapitres plus difficiles ou la géométrie dans l'espace. L'enseignement de la cosmographie a toujours été regardé comme très difficile, c'est pourquoi dans les établissements français il est « séparé en deux cours dont le caractère est nettement tranché : dans un

---

1. *Ibid.*, p. 307-308.

2. Edmond Perrier a publié en 1884 *La Philosophie zoologique avant Darwin* (Paris, Alcan).

3. Ed. Dreyfus-Brisac, « Le Congrès international de l'enseignement supérieur et de l'enseignement secondaire », *Revue internationale de l'enseignement*, t. 18, n° 2, 1889, p. 157-165.

4. On trouve leurs rapports dans *L'enseignement secondaire des jeunes filles*, septembre 1889, p. 134-137.

premier on expose « l'ordre général du monde », dans le second « toutes les théories difficiles ».

Edmond Perrier présente deux rapports, l'un sur les sciences physiques, l'autre sur les sciences naturelles. En ce qui concerne les sciences naturelles, il expose le point de vue qu'il a développé en commentant[1] le programme de 5e année ; il explique :

> « [...] depuis une trentaine d'années, la façon dont on envisage les animaux, ou même les êtres vivants en général, a sensiblement changé. Sous l'influence des classificateurs, on s'était habitué à ne les considérer qu'en eux-mêmes. On s'efforce aujourd'hui de les placer dans le milieu où ils vivent qui est, en grande partie, la raison d'être de leur organisation ».

Abordant l'enseignement des sciences physiques, Edmond Perrier souligne l'utilité de le maintenir dans l'enseignement des jeunes filles, cette utilité pouvant être envisagée de deux points de vue : soit comme un moyen d'éducation psychologique (il s'agit alors d'exciter la curiosité de l'esprit, de faire naître l'habitude de l'attention, de rendre plus ferme le jugement, de perfectionner le sens critique) ; soit comme une sorte de résumé de connaissances pratiques. Edmond Perrier considère que l'accord se fera sur le fait que « l'enseignement des sciences physiques doit être avant tout expérimental ». En physique un choix est à peu près impossible entre les différentes parties, en chimie la délimitation est plus aisée mais la question se pose de la nécessité ou même de l'utilité d'aborder, par exemple, « la question de la rivalité des équivalents et des atomes ».

Le rapport de synthèse de Marie Mourgues[2] sur les décisions prises dans la section d'enseignement secondaire du Congrès reprend les éléments présentés par Gaston Darboux pour les mathématiques. Pour les sciences physiques son rapport précise : « [...] la méthode sera inductive et expérimentale, elle permettra d'initier l'élève à toutes les branches de la physique [...] les démonstrations mathématiques seront nécessairement proscrites et toute théorie hors de portée de jeunes intelligences sera écartée avec soin ».

Enfin, il est noté que l'histoire naturelle est la science la plus goûtée des jeunes filles. Les conclusions du rapport sont adoptées après sa présentation au Congrès : introduction de l'algèbre, enseignement de la géométrie comme moyen de discipliner l'esprit, division de la cosmographie en deux parties, constitution d'un enseignement de sciences physiques avant tout expérimental.

---

1. Edmond Perrier, « L'enseignement de la physiologie... », *op. cit.*, 1884.

2. *L'enseignement secondaire des jeunes filles,* septembre 1889, p. 138-139 et Ed. Dreyfus-Brisac, « Le Congrès international de l'enseignement supérieur... », *op. cit.* Marie Mourgues est agrégée de sciences féminine (1884).

Les programmes de 1897

En 1897 les horaires et les programmes [1] subissent une réduction générale puisqu'en 1re et 2e années il ne reste que vingt heures et demie de cours, en 3e année vingt et une heures, en 4e et 5e années treize heures et demie [2]. Cependant les sciences, dont la part était modeste en 1882, sont plutôt avantagées dans le nouveau partage avec un accroissement global d'une heure des cours obligatoires (augmentation d'une heure en sciences naturelles et une demie heure en mathématiques, perte d'une demie heure en sciences physiques). La diminution s'opère au niveau des cours facultatifs : une heure en mathématiques et deux heures en sciences naturelles. Mais désormais tous les cours de sciences naturelles sont obligatoires et, dans la première période, l'horaire total des matières scientifiques est inchangé année par année, seule une redistribution est opérée.

TABLEAU 5
Répartition des matières scientifiques
(juillet 1897)

	mathématiques	physique et chimie	histoire naturelle
1re année	2h : arithmétique géométrie		1h (1er semestre) : zoologie 1h (2e semestre) : botanique
2e année	2h : arithmétique		1h (1er semestre) : géologie 1h (2e semestre) : botanique
3e année	2h : géométrie plane, révision d'arithmétique (en 1911 remplacée par de l'algèbre)	2h : pesanteur, révision des notions de mécanique, chaleur, chimie	12 conférences économie domestique et notions d'hygiène
4e année	1h (1 semestre) : cosmographie 2h (*facultatives*) : arithmétique, algèbre, géométrie plane	1h1/2 : acoustique, optique, chimie	1h : anatomie et physiologie animales et végétales, hygiène
5e année	2h (*facultatives*) : géométrie dans l'espace, algèbre, cosmographie	2h : magnétisme- électricité, chimie (dont chimie organique)	1h : anatomie et physiologie animales et végétales, hygiène

Dans le rapport qu'il présente au Conseil supérieur de l'Instruction publique en juillet 1897, Henri Bernès [3] présente la nouvelle organisation

---

1. Arrêtés du 16 juillet 1897 et du 27 juillet 1897, *Bulletin administratif,* t. 62, 1897, p. 451-493. À noter que les deux heures facultatives qui étaient consacrées en 1882 aux éléments de latin sont supprimées.

2. On comparera aux horaires de 1882 indiqués plus haut.

3. *Bulletin administratif,* t. 62, 1897, p. 572-590.

des cours, souligne les changements apportés qui sont des allégements des programmes antérieurs et des réarrangements, et souligne l'existence de notes d'accompagnement placées en tête des programmes et qui en indiquent l'esprit.

En mathématiques, le rapport insiste sur l'importance de la géométrie, qui fournit certaines notions nécessaires pour le cours de physique, qui introduit un type de raisonnement distinct du raisonnement arithmétique et qui est « un utile stimulant de l'effort intellectuel et une excellente discipline de l'esprit ». Dans les cours obligatoires les programmes sont simplifiés et, en 1re année, « une note explicative indique qu'il n'y aura à faire aucun raisonnement ». En 4e année, le cours de cosmographie est réduit à un semestre, le cours d'arithmétique perd les logarithmes, le cours d'algèbre est allégé des équations du second degré – qui sont intégrées dans le cours de 5e année – ainsi que de la représentation de la variation des fonctions simples par une courbe.

En physique-chimie, la répartition des matières a été modifiée. La chimie, qui était enseignée dans les programmes de 1882 en 3e et 5e années, « avec une interruption peut-être regrettable en 4e année », est répartie désormais entre les trois années et des suppressions sont opérées dans le programme. En physique, les simplifications sont nombreuses et un redécoupage est opéré (voir tableaux 5 et 4). Une note placée en tête des programmes indique dans quel esprit ils doivent être interprétés :

> « Le cours sera fait à un point de vue purement expérimental : les lois se dégageront des phénomènes étudiés et conduiront aux principes qui dominent la science. Sur chaque sujet on s'attachera à faire connaître les acquisitions récentes dans le domaine des idées comme dans celui des faits. En un mot, on suivra la science jusqu'à nos jours ; et, pour ce faire, on se dégagera franchement des vieilleries encombrantes, on laissera de côté les appareils qui n'ont qu'un intérêt historique, les méthodes surannées, tout ce qui, dans le progrès incessant des choses, est devenu hors d'usage. On se gardera soigneusement contre l'abondance des faits. Quelques phénomènes bien choisis, étudiés avec soin, à l'aide des meilleures méthodes, permettront de donner aux élèves des notions intéressantes et sûres ».

Toutes ces recommandations sont autant de critiques indirectes faites à l'enseignement pratiqué dans les lycées de garçons et qui seront clairement formulées au moment de la réforme de 1902[1].

En histoire naturelle, les grandes divisions des programmes de 1882 sont à peu près conservées. L'intitulé des cours de 4e et 5e années change, avec l'ajout d'« anatomie » à « physiologie animale et végétale » tout en précisant en tête des programmes que « les détails anatomiques ne seront

---

1. *Physique et « humanités scientifiques ». Autour de la réforme de l'enseignement de 1902. Études et documents,* Nicole Hulin dir., Villeneuve d'Ascq, Septentrion, 2000.

donnés que dans la mesure où ils devront servir à l'intelligence de la physiologie »[1].

Avec les programmes de 1897 les objectifs sont dûment précisés :

> « L'enseignement des sciences naturelles de la 1re année et la 2e année est essentiellement concret. Il a pour but d'apprendre aux élèves à voir, à comparer et à décrire les objets qu'elles ont sous les yeux. Se proposant de développer le sens de l'observation, il ne doit pas surcharger la mémoire par des énumérations fastidieuses ; les nomenclatures sont rigoureusement proscrites ».

Puis les recommandations sont reformulées et développées. Ainsi en zoologie :

> « Dans l'étude des groupes zoologiques on insistera d'une manière générale sur les espèces vulgaires, sur celles dont l'homme tire profit ou qui sont nuisibles. En particulier les mammifères, les oiseaux, les insectes devront faire l'objet principal du cours à cause des produits qu'ils fournissent, par les services qu'ils nous rendent, par les dommages qu'ils nous causent. Les descriptions seront données, toutes les fois qu'il sera possible, sur des objets mis sous les yeux des élèves ; à défaut des objets eux-mêmes, on fera usage de planches murales et surtout de dessins exécutés au tableau ».

Pour le cours de botanique qui, dans l'enseignement féminin, est systématiquement placé au second semestre, on explique :

> « Le cours de botanique[2] a été reculé jusqu'au 15 avril pour permettre l'emploi de plantes vivantes dans toutes les démonstrations. Ces plantes, choisies parmi les espèces communes, doivent être distribuées aux élèves de manière qu'elles puissent suivre les explications du professeur. Le résumé de ces explications pourra être donné à l'aide de planches murales et surtout de dessins faits au tableau noir.
>
> L'étude des familles sera faite au fur et à mesure des époques de floraison, et la description d'une espèce sera accompagnée ensuite d'indications sommaires sur les plantes de la même famille les plus communes, utiles à l'homme à divers titres ou seulement nuisibles.
>
> Le cours sera utilement accompagné d'excursions ».

---

1. Cette restriction permet de se prémunir contre les objections de ceux qui jugent inconvenant de mettre sous les yeux des jeunes filles des squelettes et des mannequins anatomiques, comme le Dr Rochard (cité par Eugène Stropeno dans « L'enseignement secondaire des jeunes filles… », *op. cit.*, p. 585).

2. Il faut noter la réapparition des termes « phanérogames » et « cryptogames » dans le libellé des programmes.

On retrouve dans ces recommandations des éléments fondamentaux des orientations qui seront prônées en 1905 par les conférenciers[1] présentant le contenu de la réforme de 1902 pour l'enseignement des sciences naturelles dans les lycées de garçons ainsi que par Émile Brucker[2] qui milite sans relâche pour une évolution de cet enseignement.

Quelques remarques, critiques et propositions

Malgré la modération des ambitions des programmes de 1897 certains, comme Louise Lantoine, professeur au lycée Racine et agrégée de lettres féminine, jugent leur développement excessif. Louise Lantoine constate que certes les programmes de mathématiques sont simplifiés, mais elle pense que le reste des programmes de sciences aurait dû être restreint. En particulier, on aurait pu borner pour les jeunes filles l'enseignement des sciences naturelles aux « notions élémentaires » de zoologie, botanique et géologie des programmes de 1re et 2e années, et se contenter d'y ajouter les conférences d'économie domestique et d'hygiène inscrites dans le plan d'études en 3e année[3].

En ce qui concerne l'enseignement des sciences naturelles Augustine Frémont[4], professeur au lycée Fénelon et agrégée de sciences féminine, dresse un bilan négatif de la méthode recommandée ; en effet, elle nécessite des collections, et, « plus ou moins pauvres, elles ne peuvent pas toujours être mises sous les yeux des élèves par suite de la difficulté et de la mauvaise disposition des locaux ». Puis elle ajoute : « Quant au travail d'observation personnelle, on peut l'estimer nul ». Dix ans plus tard elle va dénoncer « la mauvaise répartition des programmes » et avancer des propositions pour leur réorganisation[5]. Zoologie et botanique se partageraient les programmes des deux premières années, la géologie serait placée en 3e année d'étude et les conférences relatives à l'hygiène se-

---

1. *Sciences naturelles et formation de l'esprit. Autour de la réforme de l'enseignement de 1902 - Études et documents*, Nicole Hulin dir., Villeneuve d'Ascq, Septentrion, 2002.

2. Nicole Hulin et Bénédicte Bilodeau, « Émile Brucker et l'enseignement des sciences naturelles », *op. cit.*

3. Louise Lantoine, « Les nouveaux programmes de l'enseignement secondaire des jeunes filles », *Revue internationale de l'enseignement*, t. 34, n° 2, 1897, p. 313-325 (voir p. 323).

4. Augustine Frémont, « L'enseignement des sciences à l'exposition universelle. - Sciences naturelles (enseignement secondaire des jeunes filles) », *Revue universitaire*, n° 2, 1901, p. 109-121 (voir p. 110). Augustine Frémont est une Sévrienne de la promotion sciences 1881.

5. Augustine Frémont, « Programmes d'histoire naturelle dans les lycées et collèges de jeunes filles », *Bulletin de l'Union des naturalistes*, avril 1911, p. 13-14.

raient supprimées ; le cours des deux premières années ferait des emprunts aux programmes définis en 1897 pour la géographie [1] et l'hygiène :

> « Ce cours pourrait soulager celui de géographie en prenant pour lui, tout ce qui se rapporte à la répartition des animaux et des végétaux à la surface du globe, et il pourrait acquérir un intérêt pratique, très à la portée des élèves, en montrant ce que nous empruntons aux animaux et aux végétaux pour nous alimenter, nous vêtir, nous loger ».

Pour le cours de géologie elle avance l'idée que le professeur de sciences naturelles soit chargé de la partie du programme de géographie relative à la formation géologique de la France.

Mais pour les sciences naturelles un problème important se pose et qui perdure. Une enquête[2] menée par l'Union des naturalistes révèle que les enseignements des deux premières années sont confiés à des professeurs non spécialisés : maîtresses primaires, répétitrices pourvues du seul diplôme de fin d'études secondaires, professeurs d'autres spécialités [3] (mathématiques ou même lettres). Or, pour tirer le meilleur parti des programmes et appliquer au mieux la méthode préconisée, une formation toute spéciale des professeurs est nécessaire.

Pour les sciences physiques il est explicitement indiqué qu'il doit, avant tout, être expérimental. Marie Mourgues [4] souligne l'accord unanime de toutes les nations présentes à l'exposition universelle de 1900 sur la nécessité des expériences. Il convient donc d'acquérir le matériel nécessaire, mais ensuite il faut définir quand et par qui les expériences sont faites ; trois possibilités s'offrent en effet :

> « I. Elles sont faites par le *professeur* pour *contrôler* des lois antérieurement énoncées et apprises. – II. Elles sont faites par le *professeur* pour *établir* des lois dont le texte sera retrouvé dans un livre ou dans les notes prises au cours. – III. Elles sont faites par

---

1. Au sujet des rapports à établir entre les sciences naturelles et la géographie voir *Sciences naturelles et formation de l'esprit...*, Nicole Hulin dir., *op. cit.*.

2. « Enquête sur l'enseignement des sciences naturelles dans les classes de 6e, 5e et 4e dans les lycées de jeunes filles », *Bulletin de l'Union des naturalistes,* octobre 1930, p. 12-13. À la suite de la réforme Bérard, que nous verrons plus loin, l'enseignement féminin est assimilé à l'enseignement masculin et les dénominations des classes sont semblables.

3. Le recours à des professeurs d'autres spécialités est aussi pratiqué dans l'enseignement secondaire de garçons. Voir, par exemple, le rapport de Jules Gal dans *Sciences naturelles et formation de l'esprit...*, Nicole Hulin dir., *op. cit.*

4. Marie Mourgues, « L'enseignement des sciences à l'exposition universelle. - Sciences physiques (enseignement secondaire des jeunes filles », *Revue universitaire,* n° 1, 1901, p. 433-440 (voir p. 433-434).

les *élèves* [1] qui notent les faits observés, les raisonnent avec le professeur et les étudient ensuite dans ces notes et dans les livres ».

La question de la méthode d'enseignement se pose donc : méthode déductive ou inductive [2], dogmatique ou socratique [3], classe dialoguée [4]. L'Union des physiciens ouvrira une enquête [5] en 1912 sur l'application de la méthode expérimentale dans les lycées de jeunes filles, « application *ex cathedra* de la méthode » et application au laboratoire. S'agissant des programmes, en prenant pour acquis que l'application de ceux établis en 1897 « donne assez peu de résultats, il est loin d'être évident que l'on puisse souhaiter l'adoption du plan d'études des lycées de garçons, à moins d'y apporter quelques modifications compte tenu des critiques dont il fait l'objet » [6].

Enfin, si on considère l'enseignement des mathématiques, Ludovic Zoretti [7] le juge tout à fait insuffisant tel qu'il est organisé : « Dans les lycées, en 5e année et pour le diplôme, les mathématiques sont *facultatives.* On y consacre deux heures par semaine, outre la fameuse arithmétique théorique et la géométrie, un peu d'algèbre et la *cosmographie* (?) ». Or il est « inexact de prétendre que les femmes ne peuvent pas réussir en mathématiques. Les exemples du contraire sont nombreux et

---

1. Dans les lycées de garçons la réforme de 1902 introduit des exercices pratiques pour les élèves.

2. La méthode inductive est recommandée pour l'enseignement des sciences physiques lors de la réforme de 1902 pour l'enseignement secondaire des garçons. Voir *Physique et « humanités scientifiques »...*, Nicole Hulin dir., *op. cit.*

3. E. Roy explique : « [...] ce n'est pas chose facile de procéder ainsi par la méthode socratique [...] Il serait certes plus commode d'exposer un cours. Mais comme l'enseignement serait moins vivant et moins fécond », dans « Le surmenage et les lycées de jeunes filles », *L'enseignement secondaire des jeunes filles,* avril 1900, p. 159-169. Au sujet de la méthode socratique ou heuristique voir, par exemple, le texte de Francisque Marotte dans *Physique et « humanités scientifiques »...*, Nicole Hulin dir., *op. cit.*, p. 325-327.

4. Émile Brucker, dans Nicole Hulin.et Bénédicte Bilodeau, « Émile Brucker et l'enseignement des sciences naturelles », *op. cit.*

5. « Enquête ouverte par l'Union des physiciens sur l'application de la méthode expérimentale dans les lycées de jeunes filles », *Bulletin de l'Union des physiciens,* n° 55, juillet 1912, p. 217-224.

6. L. Gosse-Fabin, « Programmes de physique et de chimie dans l'enseignement secondaire féminin », *Bulletin de l'Union des physiciens,* n° 104-105, juin-juillet 1917, p. 217-224.

7. Ludovic Zoretti, « Les femmes et l'enseignement scientifique », *L'enseignement des sciences,* n° 37-38, juillet-octobre 1910, p. 263-267. Ludovic Zoretti, reçu 1er à l'agrégation de mathématiques en 1902, est maître de conférences à la faculté des sciences de Grenoble.

probants ». Les mêmes constats sont faits par Henriette Baudeuf[1] qui juge bien faibles les connaissances acquises à la fin du premier cycle et désirerait que soient dispensées, en 2e année et 3e année, des notions suffisantes de mathématiques pour permettre aux élèves de « comprendre la représentation à l'aide de formules des lois physiques qu'on leur enseigne ». Et elle ajoute :

> « Le législateur qui a élaboré les programmes des lycées de jeunes filles, il y a bientôt trente ans, a craint que ces élèves ne fussent pas aptes à des études aussi abstraites ; on ne leur avait guère enseigné jusqu'alors dans les écoles publiques que quelques éléments d'arithmétique, et on ne pouvait savoir si elles seraient capables d'apprendre autre chose.
> Il y avait alors sur la nature des femmes des idées courantes et généralement admises *a priori,* qui leur prêtaient une sentimentalité développée, mais une intellectualité faible ; on supposait qu'elles devaient être portées naturellement vers la littérature, que, parmi les sciences, la botanique les attirerait davantage.
> Or, l'expérience, une expérience de vingt-huit ans a prouvé le contraire. Nombreuses sont les jeunes filles qui aiment et comprennent les mathématiques ; assez rares, au contraire, celles qui se consacrent à la botanique et, généralement, les sciences naturelles les attirent peu ».

Si, de son côté, M.-T. Mauran[2] pense qu'une large part a été faite aux sciences, elle ne manque pas de souligner que les jeunes filles ne sont pas uniquement douées pour les études littéraires car elles « savent s'attacher à la démonstration des vérités mathématiques et s'intéresser aux découvertes des savants ». Mais, explique-t-elle, les enseignements de physique, chimie et histoire naturelle sont inséparables d'un court exposé historique ; ainsi[3] :

> « En histoire naturelle on ne saurait parler des phénomènes chimiques de la digestion sans rappeler les expériences de Réaumur, de Spallanzani et de Baumont. [...] Les élèves retiennent plus facilement le mécanisme de la circulation quand elles en connaissent

1. Henriette Baudeuf, « Rapport sur l'enseignement des mathématiques dans la 2e période et en vue de la préparation aux baccalauréats et aux divers concours de l'enseignement secondaire féminin », dans *Commission internationale de l'enseignement mathématique, sous-commission française-Rapports,* vol. V, *Enseignement des jeunes filles*, Paris, Hachette, 1911, p. 29-50 (voir p. 29-30). Henriette Baudeuf est une Sévrienne de la promotion sciences 1882.

2. M.-T. Mauran, « De l'enseignement de l'histoire des sciences dans les lycées et collèges de jeunes filles », *L'enseignement secondaire des jeunes filles,* juin 1900, p. 241-247. Dans les programmes de 1891 pour l'enseignement secondaire moderne des garçons figure une référence à l'exposé des méthodes et de l'histoire des découvertes.

3. On rapprochera ce point de vue de celui exposé par Louis Mangin en 1905, dans *Sciences naturelles et formation de l'esprit...*, Nicole Hulin dir., *op. cit.*

> la découverte. Le récit des opinions que les anciens avaient sur le sang et les vaisseaux, celui des découvertes de Galien, de Michel Servet, de Harvey et de Malpighi les amènent sans fatigue à retenir les descriptions physiologiques ».

M.-T. Mauran suggère alors de « réunir les notions éparses qui sont données dans les différents cours, d'en faire un enseignement entier, étudié pour lui-même ».

*

* *

L'introduction des éléments des sciences mathématiques, physiques et naturelles dans le plan d'études a vu s'affronter ceux qui redoutaient que les jeunes filles soient « pédantes, ou masculinisées » et ceux qui pensaient que l'enseignement scientifique, outre les connaissances concrètes qu'il apporterait, serait utile pour développer les « facultés de raisonnement, d'observation, de généralisation judicieuse ». Finalement « on a élaboré des programmes *vastes* ; on a donné une place relativement restreinte aux mathématiques, une place plus large aux sciences expérimentales », explique Anna Amieux[1]. Pour les sciences expérimentales, si on veut traiter le programme de façon homogène et complète, le seul moyen est un enseignement livresque et donnant de « vagues clartés ». Aussi pour accroître la valeur éducative de l'enseignement a-t-on conseillé d'abandonner certains sujets et de traiter les autres par la méthode expérimentale. On peut alors tenter de recourir à une sorte de *redécouverte* où l'élève doit constater des faits, observer des phénomènes, comparer, discuter, arriver à la loi, ou au principe ; mais, indique Anna Amieux, il n'y a pas de laboratoire pour les manipulations des élèves. Pour améliorer l'enseignement secondaire Anna Amieux préconise une réforme en amont qui fasse des classes dites « préparatoires » une véritable préparation à l'enseignement secondaire. On y introduirait une conception nouvelle de la *leçon de choses* qui deviendrait une introduction à l'étude des sciences physiques et naturelles dans les classes secondaires.

---

1. Anna Amieux, « L'enseignement des sciences dans les lycées de jeunes filles et la réforme des classes préparatoires », *Revue universitaire,* n° 1, 1910, p. 311-320 et 437-447. Anna Amieux est une Sévrienne de la promotion sciences 1889.

Chapitre III

LA QUESTION DE L'IDENTIFICATION DES DEUX ENSEIGNEMENTS MASCULIN ET FÉMININ

En juin 1882 Octave Gréard [1] fait état de l'ouverture de quatre établissements pour l'enseignement secondaire de jeunes filles, réunissant 246 élèves, ainsi que du vote de 25 projets de création. Les effectifs vont s'accroître rapidement ; ainsi, par exemple au lycée Victor Hugo, entre la première année d'activité 1895-1896, où l'on compte 238 élèves, et 1900-1901 les effectifs ont doublé [2]. Au total on compte 10 413 élèves dans 63 établissements en 1896 et plus de 26 000 élèves dans 103 établissements en 1907 [3], alors que dans cette même période les effectifs des lycées et collèges de garçons [4] se situent autour de 60 000 élèves. Si l'enseignement secondaire féminin, établi par la loi Sée, a un succès certain, la nécessité de son évolution va s'imposer peu à peu.

Une évolution nécessaire

En 1899 une vaste enquête est menée par la Commission de l'enseignement, créée par la Chambre des députés et placée sous la présidence d'Alexandre Ribot [5]. Les travaux sont centrés sur l'organisation

---

1. Octave Gréard, *Éducation et instruction. Enseignement secondaire,* Paris, Hachette, 1887, t. 1, p. 91.

2. *Mémoire de lycée. Archives et patrimoine,* Thérèse Charmasson et Armelle Le Goff, dir., Paris, Direction des Archives de France et INRP, 2003, p. 123.

3. Françoise Mayeur, *L'Enseignement secondaire des jeunes filles sous la IIIe République,* Paris, Presses de la Fondation nationale des sciences politiques, 1977, p. 162-164.

4. Antoine Prost, *Histoire de l'enseignement en France 1800-1967,* Paris, A. Colin, 1968, p. 346.

5. Sur l'enquête Ribot voir Renaud d'Enfert, « La question des disciplines scientifiques dans l'enquête Ribot », dans *Science et enseignement. L'exemple de la grande réforme des programmes du lycée au début du XXe siècle,* Hélène Gispert, Nicole Hulin et Marie-Claire Robic dir., Paris-Lyon, Vuibert et INRP, 2007, p. 49-63.

générale des études secondaires masculines et aboutissent à l'importante réforme de 1902 qui opère une restructuration. Mais le cas de l'enseignement féminin n'est pas traité ; une enquête spécifique, disjointe, qui était prévue, n'eut pas lieu [1].

Cependant, rapidement va se poser le problème de la sanction des études féminines du fait du peu de valeur reconnue au diplôme de fin d'études secondaires, qui ne donne pas accès aux facultés comme le baccalauréat ou même n'est pas accepté pour « l'inscription aux examens et concours des carrières qui ne sont pas d'enseignement, partout où le brevet primaire est exigé ou donne un avantage quelconque » [2].

Après avoir rappelé l'affirmation de Camille Sée, à la séance du 19 janvier 1880 de la Chambre des députés, que « l'enseignement qui sera donné dans les lycées de jeunes filles correspondra à l'enseignement qui sera donné dans les lycées de garçons », Eugène Blum[3] expose son point de vue :

> « Pour le bien de cet enseignement secondaire de jeunes filles nous souhaitons [...] l'organisation d'un régime d'études analogue, par l'importance et la durée, à celui des établissements de garçons et qui aurait alors pour conséquence équitable et incontestable un régime de sanctions donnant directement accès à l'enseignement supérieur ».

Féminiser ?

La question de la féminisation de l'enseignement fait l'objet en 1907 de la composition sur un sujet de morale ou d'éducation figurant au concours d'agrégation féminine (lettres) : « Y a-t-il des enseignements, parmi ceux qui conviennent aux deux sexes, qu'il faille présenter aux jeunes filles autrement qu'aux jeunes hommes et pour, ainsi dire, *féminiser* ? Si vous estimez qu'il y en a, dites lesquels, pour quelles raisons ils doivent différer, et sur quoi portera la différence » [4].

Un commentaire sur le sujet est présenté par Gabriel Compayré, président du jury :

---

1. « La Commission parlementaire de l'enseignement », *Revue universitaire,* 1899, p. 24-27.

2. Voir le vœu relatif à l'enseignement secondaire de jeunes filles (pour une préparation au baccalauréat), déposé en 1906 par Paul Appell au Conseil supérieur de l'Instruction publique, *Bulletin administratif,* n° 80, 1906, p. 793.

3. Eugène Blum, « Les sanctions de l'enseignement secondaire de jeunes filles », *Bulletin administratif,* janvier 1906, p. 5-7. Eugène Blum est professeur au lycée de jeunes filles de Lyon.

4. « Agrégation de l'enseignement secondaire des jeunes filles (lettres) - Concours de 1907. Rapport du président du jury », *L'enseignement secondaire des jeunes filles,* mars 1908, p. 105-107.

> « Il s'agissait de savoir quelle orientation il convient de donner aux études féminines, et si la même forme d'instruction convient aux deux sexes, comme le pensent les partisans de la coéducation ou des coenseignements. Le texte n'imposait pas de parti pris telle ou telle solution. Il posait simplement le problème, et des copies où l'on s'est prononcé pour l'égalité absolue, pour l'identité du programme et des méthodes, ont pu être bien notées. Les meilleures pourtant étaient celles où, avec finesse ou perspicacité, on a montré que l'égalité n'excluait pas toute différence ; que les matières de l'enseignement pouvaient être les mêmes, et les formes varier ; que, sans amoindrir la substance, il y avait la manière de les présenter ; qu'il fallait tenir compte, en se plaçant à un double point de vue, des aptitudes physiques et intellectuelles de la femme, et de sa destination dans la vie, de son rôle familier et social ; et, qu'enfin il était possible de "féminiser" les études sans les efféminer, ni les affaiblir ».

Gabriel Compayré remarque que « quelques aspirantes, dans leurs visées ambitieuses, n'échappent pas aux exagérations du féminisme », allant jusqu'à des « déclamations [...] sur l'émancipation complète de la femme, sur son accession à la vie politique », ces écarts, ajoute-t-il étant heureusement rares.

Ce sujet d'agrégation va susciter un article [1] sur la féminisation de l'enseignement, publié un mois après le rapport d'agrégation de Gabriel Compayré dans *L'enseignement secondaire des jeunes filles.* L'auteur, après avoir développé son point de vue conclut :

> « Admettre qu'on peut féminiser l'éducation sans l'efféminer, c'est admettre que la femme peut devenir l'égale de l'homme sans devenir sa pareille, – chose que les lois de la nature et l'organisation des Sociétés lui interdisent, jusqu'à présent.
> Admettre qu'on peut féminiser l'instruction secondaire sans l'amoindrir, c'est admettre aussi que, bien que ne portant pas tout à fait les mêmes titres [2] et ne recevant pas tout à fait les mêmes grades universitaires que leurs collègues masculins, les membres du personnel féminin peuvent leur être égales, siéger comme eux dans les Conseils administratifs, et toucher des traitements équivalents... » [3].

De son côté Jeanne P. Crouzet-Ben Aben, responsable de la rubrique consacrée à l'enseignement secondaire de jeunes filles dans la *Revue universitaire,* explique, faisant référence à une conférence de Gabriel

---

1. M. A., « Féminiser ? », *L'enseignement secondaire des jeunes filles,* avril 1908, p. 173-177.

2. Voir en deuxième partie de l'ouvrage la spécificité des agrégations féminines.

3. M. A., « Féminiser ? », *op. cit.*

Compayré donnée en avril 1909 sur « Ce qui différencie l'éducation des filles de l'éducation des garçons » : « Au milieu du mouvement qui rapproche filles et garçons dans des études et des examens communs, il n'est pas mauvais que tout en reconnaissant la légitimité de ces nouvelles tendances, on rappelle quelquefois qu'il y a certaines différences nécessaires » [1].

Toutefois d'autres opinions sont exprimées. Ainsi, à la distribution des prix du lycée de jeunes filles de Tournon le recteur de l'académie de Grenoble, Charles Petit-Dutaillis, explique [2] qu'il ne faut pas « croire que l'instruction des femmes doit avoir des limites plus étroites que celles de l'homme [...] il n'y a pas des arts spéciaux faciles pour les jeunes filles, pas plus qu'il n'y a des sciences pour jeunes filles ». D'ailleurs, comme le remarque Ludovic Zoretti [3], malgré les difficultés rencontrées pour sa préparation, des jeunes filles se présentent au baccalauréat et se montrent au moins égales aux bons candidats masculins dans les interrogations sur les mathématiques.

Le baccalauréat dans la réforme de 1902

La réforme de 1902 unifie l'enseignement secondaire des garçons qui, jusque là, comportait deux entités distinctes, l'enseignement secondaire classique et l'enseignement secondaire moderne, ce dernier résultant de l'évolution de l'enseignement spécial créé par Victor Duruy. La réforme restructure l'enseignement tout en introduisant une pluralité de filières. Le cursus secondaire des garçons est désormais partagé en deux cycles : un premier cycle de quatre ans (de la 6e à la 3e), suivi d'un second cycle qui, à côté d'une section moderne (D), comporte trois sections classiques aux contenus diversifiés : latin-grec (A), latin-langues (B), latin-sciences (C), chacune de ces sections conduisant à une série spécifique du baccalauréat première partie. Les études sont couronnées par deux types de classes terminales, Philosophie et Mathématiques, avec des baccalauréats deuxième partie correspondants.

Il faut souligner, concernant le baccalauréat première partie, d'une part un certain déséquilibre avec trois séries (A,B,C) comportant du latin et une seule série (D) sans latin, et, d'autre part un équilibre entre deux séries à dominante littéraire (A,B) et deux séries à dominante scientifique (C,D).

Compte tenu des contenus du cursus féminin, pour les jeunes filles qui souhaitent se présenter au baccalauréat aucune série n'est vraiment adaptée : elles ont à combler des lacunes, soit en latin, soit en sciences. Avant 1902 la situation était plus favorable car le baccalauréat de

---

1. *Revue universitaire*, n° 1, 1909, p. 463. Jeanne P. Crouzet-Ben Aben est une Sévrienne de la promotion lettres 1888.

2. *Revue pédagogique*, n° 2, 1912, p. 327-332 (voir p. 329).

3. Ludovic Zoretti, « Les femmes et l'enseignement scientifique », *L'enseignement des sciences*, n° 37-38, juillet-octobre 1910, p. 263-267.

l'enseignement secondaire spécial[1] ne demandait aucune préparation particulière ; ensuite le baccalauréat de l'enseignement secondaire moderne[2] comportait une première partie qui correspondait à peu près au programme de 5e année de l'enseignement féminin. Se pose donc le problème de faciliter l'accès au baccalauréat pour les jeunes filles qui le souhaitent.

Les femmes et le baccalauréat

Le collège Sévigné institue en 1905 une préparation au baccalauréat, avec un apprentissage accéléré du latin en deux ans. Et, lors de la séance du Conseil supérieur de l'Instruction publique du 19 juillet 1906, Paul Appell dépose, hors session, un vœu[3] demandant « qu'il soit organisé, dans un certain nombre de lycées et collèges de jeunes filles, une préparation au baccalauréat ». La Section permanente donne un avis favorable en spécifiant :

> « [...] il ne s'agit point d'instituer dans les lycées une préparation au baccalauréat latin-grec ou latin-langues (qui aurait pour effet de désorganiser les cours d'études si cette préparation était commencée dès l'entrée dans les classes secondaires, et qui constituerait une préparation nécessairement hâtive et artificielle si elle succédait au cours normal d'études), mais il s'agit de poursuivre et de pousser plus loin les études mêmes qui font la matière ordinaire de l'enseignement secondaire féminin ».

TABLEAU 6
Relevé des résultats sur deux années
(pour le lycée de jeunes filles de Bordeaux)

1906-1907	1re partie B (latin-langues) :	4
	1re partie C (latin-sciences) :	1
	1re partie D (sciences-langues) :	3
	2e partie (philosophie) :	2
1907-1908	1re partie A (latin-grec) :	1
	1re partie B (latin-langues) :	3
	1re partie D (sciences-langues) :	1
	2e partie (philosophie) :	4
	2e partie (mathématiques) :	4

Une étude faite sur le lycée de jeunes filles de Bordeaux montre que depuis 1892 des élèves ont été présentées au baccalauréat, d'abord celui

1. Créé par le décret du 4 août 1881.

2. Créé par le décret du 5 juin 1891.

3. *Bulletin administratif,* n° 80, 1906, p. 793.

de l'enseignement spécial, puis celui de l'enseignement moderne. Après la réforme de 1902, des cours optionnels (et payants) de latin sont introduits pour préparer les sections du baccalauréat comportant du latin (voir les résultats tableau 6) [1].

Une statistique générale [2], établie sur dix ans par le ministère de l'Instruction publique, montre la croissance régulière du nombre de jeunes filles reçues bachelières à partir de 1905 (cf. tableau 7), avec un nombre beaucoup plus important de baccalauréats Philosophie que de baccalauréats Mathématiques. En dix ans on compte 1497 baccalauréats Philosophie pour 252 baccalauréats Mathématiques, soit quasiment un facteur six entre les deux.

TABLEAU 7
Statistique générale
(1905-1914)

année	philosophie	mathématiques	total
1905	21	5	26
1906	30	7	37
1907	55	5	60
1908	73	10	83
1909	77	17	94
1910	116	15	131
1911	181	33	214
1912	227	50	277
1913	305	41	346
1914	412	69	481

Mais, malgré l'inadaptation du cursus féminin aux séries distinguées au baccalauréat, des jeunes filles en nombre croissant recherchent et obtiennent ce diplôme.

Créer une cinquième série au baccalauréat

Les spécialisations retenues pour les quatre sections du second cycle du plan d'études de 1902, et donc conjointement pour les quatre séries du baccalauréat première partie, ne font aucune place à une culture moderne littéraire. Cette lacune est soulignée en 1906 par le sénateur Maurice

1. Jeanne P. Crouzet-Ben Aben, « La préparation au baccalauréat dans le lycées de jeunes filles », *Revue universitaire*, n° 1, 1909, p. 462-463.

2. Jeanne P. Crouzet-Ben Aben, « Le bilan d'une génération scolaire féminine », *Revue universitaire*, n° 1, 1927, p. 61-62.

Couyba qui juge urgent de dédoubler la section D en « D lettres » et « D sciences ». Il explique :

> « La question n'intéresse pas seulement les élèves des lycées et collèges [de garçons] ; elle intéresse tous les élèves de l'enseignement primaire supérieur et toutes les élèves de nos lycées et collèges de jeunes filles. [...] Il importe que l'enseignement des jeunes filles aboutisse à un baccalauréat littéraire, sans latin » [1].

En 1908 le naturaliste Émile Brucker expose un projet[2] qui complète celui de Couyba et où il propose d'allier de solides études littéraires modernes à des disciplines scientifiques expérimentales. Dans le plan d'études de 1902 le caractère scientifique des sections est déterminé par les mathématiques et les sciences physiques dont les programmes diffèrent entre les sections A et B d'une part, les sections C et D d'autre part, l'enseignement des sciences naturelles étant le même pour tous. Or, explique Émile Brucker, en respectant l'esprit de la réforme de 1902 il est possible d'instituer une section supplémentaire E dans le second cycle [3] avec un enseignement scientifique articulé autour des sciences physiques et naturelles : « [Elle] différerait de la section D au point de vue scientifique par la subordination des mathématiques aux sciences concrètes. Les sciences physiques y ayant le même développement qu'en D, les sciences naturelles y prendraient à peu près la place actuelle des mathématiques ». Et, parmi les avantages présentées par une telle section, il insiste particulièrement sur celui présenté pour l'enseignement secondaire des jeunes filles :

> « Une des questions importantes qui se posent en ce moment pour cet enseignement est, on le sait, celle de l'accès des jeunes filles aux études supérieures. Or le baccalauréat actuel, nécessaire à cet accès, exige des études latines ou des mathématiques approfondies, études qui conviennent fort peu aux jeunes filles, et qui en tout cas les entraînent loin de leur plan d'études normal ».

---

1. Maurice Couyba, « Pour le dédoublement de la section sciences-langues vivantes », *L'enseignement des sciences*, n° 22, février 1909, p. 67-70.

2. Émile Brucker, « Pour un nouvel enseignement (lettres modernes-sciences physiques et naturelles », *L'enseignement des sciences*, n° 18, octobre 1908, p. 366-371.

3. L'idée d'une section E est reprise par Francisque Marotte qui en esquisse l'organisation (« La crise du français et le dédoublement de la section D », *L'enseignement des sciences*, n° 24, avril 1909, p. 184-197). De son côté Horace Dumas s'intéresse au bagage mathématique qui sera indispensable à un élève de la section E (« Les mathématiques dans la section E "lettres modernes-sciences expérimentales" », *L'enseignement des sciences*, n° 25, mai 1909, p. 226-228). Quant à C. Meinrath, il expose un projet d'horaire hebdomadaire et de programmes, ainsi qu'une proposition de coefficients pour le baccalauréat (« Le second cycle et la section E », *L'enseignement des sciences*, n° 44, avril 1911, p. 139-144).

Rappelant la proposition faite au Conseil supérieur de l'Instruction publique (qui l'a repoussée) d'admettre l'équivalence du diplôme d'études secondaires ou du brevet supérieur avec le baccalauréat en ce qui concerne l'entrée dans les facultés de médecine et les écoles de pharmacie, Émile Brucker explique « qu'il faut se garder d'affaiblir, même pour le jeunes filles, les conditions d'admission à l'enseignement supérieur » ; il ajoute :

> « À notre avis, la création de la nouvelle section *Lettres modernes-Sciences physiques et naturelles,* et du baccalauréat qui en serait la sanction, ouvriront aux jeunes filles la meilleure voie vers les études supérieures ; l'enseignement qu'on y donnerait serait en effet mieux adapté aux goûts, aux aptitudes et aux besoins des jeunes filles, et de plus serait le plus rapproché de l'enseignement secondaire féminin actuel ».

Diplôme ou baccalauréat

Un consensus se dégage pour noter l'inutilité du diplôme de fin d'études secondaires, « vrai baccalauréat dans tel lycée, au-dessous du brevet élémentaire dans tel collège, [...] diplôme sans valeur fixe et sans sanction, qui n'ouvre pas l'accès de l'enseignement supérieur » [1]. Sans une réforme du diplôme de fin d'études secondaires, le baccalauréat est le seul moyen pour les femmes d'acquérir un diplôme pourvu de sanctions. Certains ont envisagé d'assimiler le diplôme de fin d'études soit au baccalauréat, soit au brevet supérieur ; or, explique Henriette Baudeuf[2], « l'assimiler au brevet supérieur serait lui ôter le caractère *secondaire* qu'il doit avoir ; [...] l'assimiler au baccalauréat serait une faveur imméritée, car il ne nécessite ni mathématiques, ni latin ».

Deux possibilités sont donc envisageables, celle de la réforme du diplôme féminin ou celle de sa disparition avec son remplacement par le baccalauréat masculin. Que les jeunes filles se présentent au baccalauréat, ne serait pas une nouveauté comme nous l'avons vu plus haut. Cependant Bertha Bastoul[3] juge le baccalauréat tout aussi inutile pour les jeunes filles :

> « Quelles seront les carrières qui, suivant la formule consacrée, "s'ouvriront" devant la bachelière ? [...] Si la politique, la magistrature, les fonctions administratives offrent des débouchés nom-

---

1. Louise Troufleau, « Pour l'amélioration de l'enseignement féminin - Quelques mesures pratiques », *Revue universitaire,* n° 1, 1912, p. 299-303. Louise Troufleau, licenciée ès lettres, est directrice du lycée de Brest.

2. Henriette Baudeuf, « À propos des programmes de sciences dans les lycées de jeunes filles », *L'enseignement des sciences,* n° 44, avril 1911, p. 122-124.

3. Bertha Bastoul, « La sanction des études secondaires féminines. Baccalauréat ou diplôme », *Revue universitaire,* n° 2, 1910, p. 386-397. Bertha Bastoul est une Sévrienne de la promotion lettres 1886.

> breux aux légions d'avocats que forment les facultés de droit, les femmes sont loin d'avoir les mêmes avantages ; elles ne peuvent pas même être notaires ou avoués. Le baccalauréat leur donnera le droit d'entrée aux facultés, c'est entendu. La question est de savoir ce qu'elles iront y faire [...] »

Et Bertha Bastoul note que « trois professions libérales leur sont abordables : l'enseignement, le barreau, la médecine » mais que, compte tenu de la concurrence et des préjugés [1], en fait une seule, la première, leur permet de « trouver une honorable sécurité ». De son côté Charles Chabot [2] explique : « Il y a trop de médecins et trop d'avocats ; sauf des cas très rares – on les compte – les femmes qui entrent dans ces carrières n'y gagnent pas leur vie » et, ajoute-t-il, « abdiquent plus ou moins leur sexe ».

Bertha Bastoul est donc pour la réforme du diplôme, en allongeant d'une ou deux années la durée des études secondaires ; elle considère que « l'enseignement secondaire des jeunes filles doit se suffire et n'être pas obligé d'aller demander ses titres aux enseignements d'à côté ». Tout autre est la position de Louise Troufleau [3] qui considère que pour les lycées de jeunes filles« [...] la réforme doit être une réforme plus profonde ; il faut revenir au projet primitif du législateur et en faire des établissements vraiment secondaires, capables comme les lycées de garçons de préparer à l'enseignement supérieur et de donner une culture classique complète, avec la sanction des divers baccalauréats ».

En fait un nombre croissant de jeunes filles se présente avec succès au baccalauréat (voir plus haut le tableau 7), et ceci nécessite des compléments essentiellement pour « les sciences qui ne sont pas enseignées assez à fond, le latin et la philosophie (hors la psychologie) qui ne le sont pas du tout » [4]. Emma Flobert [5] cite le cas d'un grand lycée de Paris où fut organisé, pour l'année 1912-1913, une 6e année : « Les six élèves qui se sont présentées dans les sections latin-langues et sciences-langues ont été reçues presque toutes avec mention ». Ces succès, l'opinion favorable des familles et la concurrence des établissements libres [6] ont décidé

---

1. Ainsi, dans son discours de distribution des prix dans un lycée de jeunes filles, le député Théodore Reinach « avoue [son] peu de goût pour la femme avocate », *L'enseignement secondaire des jeunes filles,* mai 1914, p. 201-213 (voir p. 208). Voir aussi Françoise et Claude Lelièvre, *Histoire de la scolarisation des filles,* Paris, Nathan, 1991, p. 133-134.

2. Charles Chabot, « Les jeunes filles et le baccalauréat », *Revue internationale de l'enseignement,* t. 65, n° 1, 1913, p. 483-485.

3. Louise Troufleau, « Pour l'amélioration de l'enseignement féminin... », *op. cit.*

4. *L'enseignement secondaire des jeunes filles,* mai 1914, p. 201-213.

5. Emma Flobert, « La préparation au baccalauréat dans les lycées de jeunes filles », *L'enseignement secondaire des jeunes filles,* novembre 1913, p. 193-196. Emma Flobert est une Sévrienne de la promotion lettres 1882.

6. Tels que le collège Sévigné.

l'Administration à tenter un essai pour l'année 1913-1914 en organisant, dans les lycées de Paris et de Versailles, la préparation au baccalauréat section latin-langues et au baccalauréat deuxième partie de philosophie. La première partie du baccalauréat est préparée en 4e et 5e années, sauf pour le latin qui commence en 3e année ; le baccalauréat de philosophie est préparé dans une 6e année. Au lycée de Bordeaux [1] qui, nous l'avons vu, prépare au baccalauréat depuis 1892, les élèves suivent pendant un an, après la 5e année, des cours spéciaux préparatoires à l'une des premières parties et il faut encore une année pour la deuxième partie, Mathématiques ou Philosophie.

Le nombre total de jeunes filles reçues bachelières (Philosophie et Mathématiques) continue à croître régulièrement, en suivant le mouvement amorcé depuis 1905 (cf. tableau 8) [2], avec de légères inversions de tendance dans chacune des spécialités prise séparément. Sur ces huit années, avec 7250 baccalauréats Philosophie pour 1292 baccalauréats Mathématiques, il y a quasiment un rapport six entre les deux comme dans la période précédente 1905-1914.

TABLEAU 8
Statistique générale
(1915-1922)

année	philosophie	mathématiques	total
1915	447	55	502
1916	603	82	685
1917	718	145	863
1918	970	140	1110
1919	1021	211	1232
1920	1112	214	1326
1921	1098	250	1348
1922	1281	195	1476

L'organisation de la préparation du baccalauréat dans les lycées et collèges de jeunes filles est l'une des questions figurant dans l'enquête menée par la Commission extraparlementaire [3] dont la constitution a été

1. Henriette Baudeuf, « À propos des programmes de sciences… », *op. cit.*

2. Jeanne P. Crouzet-Ben Aben, « Le bilan d'une génération… », *op. cit.*, 1927.

3. Émile Blutel, « Commission extraparlementaire - Réponses adressées par les membres du personnel administratif ou enseignant au questionnaire établi par la Commission », *L'enseignement secondaire des jeunes filles,* août 1917, p. 51-84 (voir p. 70-71).

décidée en 1916 par le ministre de l'Instruction publique, René Viviani[1]. L'enquête fait apparaître que, pour la première partie, on prépare généralement au baccalauréat B en créant, à côté des cours réglementaires qui conduisent au diplôme, des cours payants de latin. Les baccalauréats C et D exigent en sciences, en mathématiques surtout, des connaissances qui ne se trouvent pas dans les programmes féminins et nécessitent d'avoir recours à des cours supplémentaires : on s'y prépare généralement au bout d'une 6ᵉ année. Pour la deuxième partie la préparation de la mention « mathématiques » est peu développée et nécessite de faire appel à des professeurs hommes pour une partie importante de l'enseignement des mathématiques.

Réformer l'enseignement secondaire féminin

Le problème de l'accès au baccalauréat pour les jeunes filles amène à s'interroger sur le devenir de l'enseignement secondaire féminin tel qu'il a été conçu en 1882. Se pose alors inévitablement la question de son identification à son homologue masculin. Les opposants avancent l'argument que « le droit au baccalauréat, cette conquête d'*ordre pratique*, [peut se] faire sans fracas, et sans réclamer l'identification à un enseignement gros lui-même d'inévitables transformations »[2]. Dans l'hypothèse du maintien d'une organisation spécifique, une double question se pose alors, celle de la réforme du diplôme et de son équivalence avec la première partie du baccalauréat. Mais apparaît ici la crainte de voir « abaisser encore davantage le niveau du baccalauréat en assimilant au baccalauréat le diplôme de 5ᵉ année des jeunes filles, même avec adjonction d'un peu de latin ou de sciences ».

Les critiques, dont a fait l'objet l'enseignement féminin avant la guerre, prennent un regain de vigueur avec les événements qui rendent plus pressantes les demandes de réforme comme l'explique Gustave Allais[3] :

> « [...] cette question de l'enseignement secondaire des jeunes filles est étroitement liée à une question très générale et très grave, celle du rôle social et peut-être politique des femmes dans l'avenir plus ou moins prochain et dans la société, certainement très renouvelée, sinon bouleversée, que créera l'après-guerre. Bien des choses seront profondément modifiées ; pour beaucoup de familles, les

---

1. « Discours de René Viviani au Conseil supérieur de l'Instruction publique (extraits) », *L'enseignement secondaire des jeunes filles*, janvier 1917, p. 39-40.

2. Hélène Guénot, « Contre l'identification des programmes masculins et des programmes féminins », *Revue universitaire*, n° 2, 1916, p. 118-126. Hélène Guénot est une Sévrienne de la promotion lettres 1901. Elle réaffirme sa position dans « L'avenir de l'enseignement féminin », *Revue universitaire*, n° 2, 1922, p. 114-117.

3. Gustave Allais, « Sur la réforme de l'enseignement secondaire féminin », *Revue universitaire*, n° 1, 1917, p. 245-247.

> conditions économiques seront transformées ; la bourgeoisie en sera très éprouvée, et nombre de jeunes filles bourgeoises devront – n'en déplaise à bien des préjugés – être armées pour la lutte vitale et assurer leur indépendance en "travaillant" » [1].

Après ces considérations Gustave Allais conclut « qu'aux mêmes carrières doivent préparer les mêmes examens » et « qu'un jour verra l'*assimilation complète* des études secondaires des garçons et des jeunes filles et, par suite, leur commun aboutissement au baccalauréat ».

À la séance du 21 décembre 1916 du Conseil supérieur de l'Instruction publique est examinée la question du principe de l'équivalence du diplôme d'études secondaires des jeunes filles avec la première partie du baccalauréat. Après une discussion, où sont exposées des considérations sur les répercussions qui en résulteront pour l'avenir de l'enseignement féminin et le rôle social de la femme, la mesure proposée est adoptée.

Les analyses de la Commission extraparlementaire

Le ministre de l'Instruction publique, René Viviani, a constitué en 1916 une Commission d'enquête extraparlementaire pour « nantir le Parlement et le gouvernement de conclusions précises » [2] sur l'assimilation du diplôme à la première partie du baccalauréat. La Commission présente à la Section permanente du Conseil supérieur de l'Instruction publique, qui les adopte, des « projets de décrets et arrêtés concernant le plan d'études, les programmes, les épreuves et la sanction du diplôme de fin d'études de l'enseignement des jeunes filles » [3].

En effet la question du diplôme doit être posée pour deux raisons. D'une part l'enseignement privé a organisé pour les jeunes filles la préparation au baccalauréat, qui reste le moyen sûr et direct – (certes il existe des possibilités de dispense) – pour accéder aux études en faculté. D'autre part des préoccupations utilitaires sont apparues :

> « Les variations de la fortune mobilière, les crises économiques, ont répandu le souci du lendemain [...] La guerre, avec ses conséquences financières, avec son effroyable consommation d'hommes qui rend le mariage plus problématique, qui met tant de veuves et d'orphelines dans la nécessité de gagner leur vie, a achevé de ruiner dans l'opinion publique le prestige de tout enseignement avant tout désintéressé » [4].

---

1. *Ibid.*

2. « Discours de René Viviani... », *op. cit.*

3. *L'enseignement secondaire des jeunes filles,* mars 1917, p. 97-123 et *Revue internationale de l'enseignement,* t. 71, 1917, p. 47-73.

4. *L'enseignement secondaire des jeunes filles,* mars 1917, p. 98 et *Revue internationale de l'enseignement,* t. 71, 1917, p. 48-49.

Pour remédier à cette situation, où le diplôme est déprécié tandis que la préparation au baccalauréat constitue « un complément inorganique des études réglementaires », la Commission présente les types de solutions possibles, avec tout d'abord la « solution radicale » [1] de l'assimilation complète des deux enseignements masculin et féminin :

> « Une solution radicale a rencontré quelque faveur dans le personnel secondaire féminin : elle procède moins d'observations et d'expériences précises que d'un parti pris féministe. Ce serait renoncer à l'organisation et aux programmes de 1882 et de transporter, dans les lycées et collèges de jeunes filles, l'organisation et les programmes actuels de l'enseignement des garçons, avec l'unique sanction du baccalauréat à la fin des études.
> Les objections ont été nombreuses et puissantes [...] une assimilation complète [...] supposerait un développement physique et intellectuel tout à fait identique. Elle méconnaîtrait les aptitudes propres de la femme et les négligerait, ce qui serait contraire aux véritables intérêts de la société. D'autre part, en poussant toutes les jeunes filles vers le baccalauréat, elle créerait fatalement un prolétariat intellectuel féminin ».

L'argumentation pour repousser cette « solution radicale » est complétée par un rappel des critiques formulées à l'encontre de l'enseignement masculin :

> « Depuis cinquante ans, les programmes de l'enseignement masculin sont en perpétuel devenir. Ils doivent satisfaire à tant d'exigences traditionnelles et à tant de besoins nouveaux qu'ils ne sauraient, par dessus le marché, être appliqués aux jeunes filles [...] Quelques-unes [des] critiques, le surmenage, la surabondance des programmes, l'excès du nombre d'heures de classe, le manque d'intervalle de repos et de temps nécessaire pour la lecture et la réflexion, jusqu'à certaines faiblesses attribuées à l'enseignement du français, auraient une portée beaucoup plus grave encore si tout le plan d'études de 1902 était appliqué aux jeunes filles ».

À côté de la « solution radicale » deux solutions « de moyen terme » ont été proposées. La première consisterait à créer une cinquième série de baccalauréat première partie qui soit réservée aux jeunes filles [2]. Dans ce cas, ou bien le diplôme est supprimé et le baccalauréat devient obligatoire pour toutes les élèves, ou bien le diplôme est maintenu, mais il perd tout prestige devant le baccalauréat féminin. La deuxième solution « de moyen terme est d'organiser la préparation parallèle des épreuves du

---

1. *L'enseignement secondaire des jeunes filles,* mars 1917, p. 97-123 et *Revue internationale de l'enseignement,* t. 71, 1917, p. 47-73.

2. On notera que cette proposition est différente de celle de la création d'une section E pour les garçons et jugée plus accessible aux jeunes filles.

diplôme et des baccalauréats », ce qui n'est pas facile à faire et serait en fait un leurre car la préparation au baccalauréat étoufferait celle au diplôme.

Les propositions de la Commission

Le projet présenté par la Commission n'est pas une réforme de l'enseignement secondaire des jeunes filles, mais « une simple adaptation » [1] : « [...] il ne saurait être question ni d'introduire le plan d'études des garçons dans les lycées et collèges de jeunes filles et de le substituer à l'enseignement secondaire féminin créé par la loi [de 1880], ni de créer des baccalauréats spéciaux ».

Le projet élaboré procède donc à une adaptation du plan d'études, l'accompagne d'une révision des programmes, établit une nouvelle réglementation pour le diplôme et précise les conditions pour une dispense de la première partie du baccalauréat pour les candidates à la deuxième partie. La question du baccalauréat est intégrée dans un remodelage de l'organisation des études féminines tout en lui conservant sa spécificité.

TABLEAU 9
Classe de 5e année nouvelle

diplôme sans mention	diplôme avec mention latin	diplôme avec mention sciences
mathématiques : 1h	mathématiques : 1h	mathématiques : 3h1/2
physique - chimie : 1h1/2	physique - chimie : 1h1/2	physique - chimie : 3h
sciences naturelles : 1h	latin : 3h	

La durée des études est portée à six années, avec une première période de quatre ans et le maintien de la deuxième période sur deux années (appelées 5e et 6e années). En 4e année nouvelle sont introduits deux enseignements optionnels (latin avec 3 heures ; mathématiques avec 2 heures) destinés aux élèves qui souhaitent obtenir le diplôme conférant la dispense de la première partie du baccalauréat, soit avec la mention latin, soit avec la mention sciences. En 5e année nouvelle apparaît une diversification correspondant aux objectifs poursuivis par les élèves, diplôme sans mention, avec mention latin ou avec mention sciences (cf. tableau 9). Enfin il est prévu une 7e année qui permettrait, en particulier, aux jeunes filles qui ont obtenu le diplôme de fin d'études avec la dispense de la première partie du baccalauréat de préparer la deuxième partie.

Une révision des programmes est proposée conjointement. Ainsi pour les mathématiques de la deuxième période on distinguerait deux programmes, ne se confondant pas entièrement avec ceux des garçons (soit

1. *Revue internationale de l'enseignement*, t. 71, 1917, p. 54 et 55.

dans les sections A et B, soit dans les sections C et D), mais ne présentant que des variantes légères. Dans la deuxième période on renforce le programme de physique-chimie pour les élèves qui préparent les épreuves du diplôme avec mention sciences ; ainsi en 6e année est adopté le programme de 1reC des garçons. Quant à la préparation du baccalauréat elle se ferait d'après les programmes de sciences des lycées et collèges de garçons.

Toutes le mesures qui sont proposées par la Commission ont pour objet de permettre l'équivalence des épreuves du diplôme avec la première partie du baccalauréat : cours d'études secondaires de six années, « organisation d'un enseignement facultatif de latin pendant quatre années, renforcement des études scientifiques et application facultative à la fin des études des programmes scientifiques de 1reC ».

Un questionnaire établi par la Commission est adressé aux membres du personnel administratif ou enseignant. L'ensemble des réponses est analysé par l'inspecteur général Émile Blutel qui en fait la synthèse dans un document [1] où, explique-t-il, « les membres de la Commission retrouveront [...] la plupart des idées qu'ils ont entendu développer » [2].

À propos de l'identité des sanctions

Analysant les travaux de la Commission le doyen de la faculté des lettres de Rennes, G. Dottin [3], souligne que deux buts opposés ont été poursuivis, à savoir « que les jeunes filles ne fissent pas les mêmes études que les garçons, que le diplôme par lequel leurs études sont sanctionnées fût équivalent au baccalauréat ».

De chaque côté d'un corps d'enseignement obligatoire on trouve, explique Marie Poirier [4], « un arc-boutant facultatif, formé, l'un par l'enseignement de latin, l'autre par un enseignement scientifique ». Il contribue au « diplôme renforcé » qui donne le même accès aux études supérieures que les quatre baccalauréats préexistants et qui « constitue le cinquième baccalauréat ». Ainsi se trouve établi, juge-t-elle, un privilège des jeunes filles vis-à-vis des garçons car

> « les jeunes filles continueront à pouvoir se présenter aux baccalauréats masculins, mais les garçons ne pourront se présenter au baccalauréat féminin ; nous cheminons dans la voie inique, dit-elle, qui permet aux jeunes filles de se présenter à l'École normale de la rue d'Ulm, à la licence, à l'agrégation masculine [5], sans que

---

1. *Revue internationale de l'enseignement,* t. 72, 1918, p. 32-66.
2. *Ibid.,* p. 33.
3. G. Dottin, « Le baccalauréat féminin », *Revue universitaire,* n° 1, 1919, p. 133-136.
4. Marie Poirier, « À propos du cinquième baccalauréat. I. - La solution officielle », *Revue universitaire,* n° 1, 1919, p. 347-357. Marie Poirier est une Sévrienne de la promotion lettres 1885.
5. Voir en deuxième partie du présent ouvrage.

> réciproquement les garçons puissent se présenter à l'École de Sèvres, au Certificat et à l'agrégation féminine ».

Ce que demande Louis Cruppi [1] pour l'avenir est l'instauration de l'identité des sanctions, sans même créer l'identité absolue des enseignements : « Que le bachot, plus ou moins réformé devienne donc la sanction commune, et que du même coup on confonde ces deux branches jumelles, ces deux pyramides parallèles d'examens et de concours [2] : certificats, licences des femmes, licences des hommes, agrégation des femmes, agrégation des hommes [...] ».

Les décalages existant entre les deux enseignements masculin et féminin amènent nombre de jeunes filles à rechercher les titres et diplômes masculins. La marche vers l'unification va s'opérer par étapes.

---

1. Louise Cruppi, « Le baccalauréat et l'enseignement secondaire féminin », *L'enseignement secondaire des jeunes filles,* octobre 1917, p. 145-147.

2. Voir en deuxième partie du présent ouvrage.

Chapitre IV

LES CHANGEMENTS DES ANNÉES 1920

Le problème de l'évolution de l'enseignement féminin et de son adaptation aux nouvelles nécessités générées par la guerre, amène à poser la question du maintien de sa spécificité ou de son rapprochement, voire de son identification avec l'enseignement masculin, et entraîne une question subsidiaire celle d'une éventuelle mixité de l'enseignement.

Or, le plan d'études établi en 1902 dans les lycées et collèges de garçons fait lui-même l'objet de diverses critiques. Ainsi, par exemple, nous avons vu (chapitre III) que le sénateur Maurice Couyba proposait de remédier à une lacune en créant une filière supplémentaire conduisant à un baccalauréat littéraire, sans latin. De son côté, le physicien Henri Bouasse explique que les horaires établis « rendent impossible l'étude un peu détaillée de notre langue » et que l'on tue ainsi l'enseignement du français[1]. Alfred Fouillée[2] juge nécessaire de fortifier l'enseignement scientifique des littéraires et l'enseignement littéraire des scientifiques... Et, dès le début des années 1920, il est question de réformer le plan d'études.

Quelle évolution pour l'enseignement des jeunes filles ?

L'organisation des études féminines

Ce problème était longuement abordé dans le questionnaire établi par la Commission extraparlementaire[3]. Trois points vont retenir notre attention, avec l'analyse des réponses présentée par Émile Blutel.

---

1. Cité par le ministre Léon Bérard en 1923, « Discussion du décret du 3 mai 1923 à la Chambre des députés. - Séance du 8 juin 1923 », dans Léon Bérard, *Pour la réforme classique de l'enseignement secondaire,* Paris, A. Colin, 1923, p. 51-129 (voir p. 122-123).

2. Alfred Fouillée, « La question des classes de Philosophie », *L'enseignement secondaire,* n° 11, 1904, p. 203-208.

3. Voir chapitre III. Les réponses écrites ont été envoyées : « 1° Par les recteurs, les inspecteurs d'académie, les directrices des lycées et collèges, les directeurs et les direc-

« *L'enseignement secondaire public des jeunes filles doit-il être conservé avec son organisation à part et son caractère féminin ?*
Une grosse majorité se prononce en faveur de la conservation de l'organisation à part et du caractère féminin de l'enseignement. On invoque la différence des rôles sociaux de l'homme et de la femme, la nécessité de préparer des femmes qui soient vraiment des femmes.
Une organisation qui a fait ses preuves doit être conservée dans ses grandes lignes et adaptée simplement aux nécessités nouvelles.
Une faible minorité désire conserver l'organisation à part en bornant le caractère féminin aux enseignements dits féminins ou à la présence de professeurs féminins.
Quelques rares partisans de la suppression de l'organisation actuelle se retrouveront à propos de l'enseignement mixte.

Doit-il devenir symétrique de l'enseignement secondaire des garçons, soit au point de vue des programmes, soit au point de vue des horaires, par analogie avec l'organisation actuelle de l'enseignement primaire ?
Cette question a provoqué des hésitations, et certaines réponses laissent croire qu'elle n'a pas toujours été bien comprise. On repousse la symétrie le plus souvent et on écarte l'analogie tirée du rapprochement de l'enseignement primaire : celui-ci donne aux jeunes garçons et aux jeunes filles les mêmes connaissances nécessaires à tous, surtout au début, tandis que l'enseignement secondaire vise des buts nettement différents chez les garçons et les jeunes filles.
Quelques-uns admettent la symétrie sans réserves. D'autres la demandent simplement à l'usage des jeunes filles qui désirent se préparer au baccalauréat, souvent avec des programmes remaniés. D'autres, enfin, la limitent aux titres ou à des programmes réduits.

Doit-il devenir identique à l'enseignement secondaire des garçons conformément au plan d'études de 1902 ?
Cette question se trouvait écartée pour le plus grand nombre par une adhésion très nette à la conservation du caractère féminin. Une forte majorité se prononce pourtant contre l'identité.
Les partisans de l'identité font souvent des réserves. Certains la demandent pour les seules candidates au baccalauréat et adoptent les programmes de 1902 ; d'autres la désirent avec des programmes remaniés ; quelques-uns voudraient faire l'essai d'un programme meilleur chez les jeunes filles et l'imposer ensuite aux garçons.

---

trices de cours secondaires ; 2° Par le personnel enseignant des lycées, collèges et cours secondaires ». Au total « 49 lycées, 58 collèges, 22 cours secondaires ont pris part à la consultation ; 227 documents ont été dépouillés ».

On critique les programmes de 1902 ou tout au moins l'ordre de leur développement. Un petit nombre se contenterait d'un rapprochement des programmes avec des horaires moins chargés que ceux des garçons »[1].

Mais bientôt le plan d'études de 1902 est remis en question [2]. Dans sa séance de décembre 1921 le Conseil supérieur de l'Instruction publique [3] émet un avis critique et demande

> « [...] le maintien de l'unité de l'enseignement jusqu'à la classe de 1re inclusivement, pour qu'aucune bifurcation, aucune spécialisation prématurée ne puisse nuire à la culture littéraire ni à la culture scientifique qui ne doivent pas être réciproquement sacrifiées l'une à l'autre. La conviction absolue du Conseil est que la réforme de 1902 a eu le grand tort de trop séparer l'enseignement littéraire de l'enseignement scientifique ».

Et, la nécessité d'une réforme conjointe de l'enseignement féminin est alors affirmée : « Enfin le Conseil estime qu'au moment de réaliser une réforme de l'enseignement secondaire masculin, il convient de réformer également celui des jeunes filles dont le plan d'études devrait devenir, en principe, identique à celui des jeunes gens ».

Cette double position sur la nécessité d'une réforme du plan d'études de 1902 et d'une évolution de l'enseignement secondaire féminin est réaffirmée par le ministre Léon Bérard [4] dans une lettre [5] d'octobre 1922 adressée aux présidents des commissions de l'enseignement du Sénat et de la Chambre des députés. Il explique :

> « [...] je suis arrivé à cette conviction absolue qu'il importe de soumettre au plus tôt le plan d'études de 1902 à une révision complète. [...]
> Certains partisans des "humanités modernes" reconnaissent eux-mêmes que ce fut une erreur d'admettre, dans le plan de 1902, un choix prématuré et hasardeux entre les études littéraires et les études scientifiques. [...] De l'avis des meilleurs juges, et notamment des savants les plus qualifiés, elles doivent coopérer pareillement les unes et les autres à une solide culture de l'esprit ».

---

1. *Revue internationale de l'enseignement,* t. 72, 1918, p. 32-66 (voir p. 39-41).

2. Voir Nicole Hulin, *L'Enseignement et les sciences. L'exemple français au début du XXe siècle,* Paris, Vuibert, 2005, p. 53-63.

3. *Revue internationale de l'enseignement,* t. 76, 1922, p. 44-46 (voir p. 45).

4. Léon Bérard est ministre de l'Instruction publique du 16 janvier 1921 au 29 mars 1924.

5. « Lettre de Léon Bérard à MM. les Présidents des commissions de l'enseignement du Sénat et de la Chambre des députés relative au projet de réforme de l'enseignement secondaire » (11 octobre 1922), *Revue internationale de l'enseignement,* t. 76, 1922, p. 356-364 [extraits cités p. 356, 359, 364].

Léon Bérard ajoute qu'une adaptation doit être prévue à l'enseignement secondaire féminin pour lequel il n'y a aucune raison de « maintenir un régime particulier ».

La question de la mixité

L'établissement de la mixité dans l'enseignement est une question qui est abordée par la Commission extraparlementaire dans son enquête auprès des personnels sur le devenir de l'enseignement secondaire féminin.

> *« Doit-il être remplacé par un enseignement mixte ?*
> Une très forte majorité se prononce pour la négative. Beaucoup de ceux qui ne font pas d'objection de principe à cet enseignement reconnaissent que les mœurs ne sont pas préparés à une pareille transformation. Les très rares partisans de cette mesure n'osent en proposer l'application générale : les uns feraient un essai dans quelques établissements ; d'autres l'adopteraient dans les villes où il n'y a pas d'établissement secondaire de jeunes filles ; d'autres en feraient bénéficier les candidates au baccalauréat. On trouve aussi une proposition visant l'adoption dans les petites villes : un seul établissement secondaire, ayant un personnel mixte, recevrait garçons et filles.
>
> *Convient-il d'admettre dès maintenant des jeunes filles dans le lycées et collèges de garçons ?*
> L'application de cette mesure, limitée à des cas exceptionnels comme celui des classes enfantines, la préparation des candidates à la seconde partie du baccalauréat quand il n'existe pas d'établissement secondaire de jeunes filles capable d'organiser utilement cette préparation, la préparation au baccalauréat latin-grec, rencontre à peu près autant de partisans que d'adversaires. Les uns font valoir les avantages de l'émulation, l'atténuation de la rudesse de caractère et des manières chez les garçons, l'assurance et la décision qu'y gagneront les jeunes filles. Les autres trouvent que l'éducation des jeunes filles n'a rien à gagner au voisinage des garçons.
> Un professeur de philosophie signale les difficultés que l'on peut rencontrer en étudiant certaines questions devant un auditoire mixte : il craint de s'exposer aux plaintes des familles des garçons aussi bien que des jeunes filles, suivant la façon dont il développera certains sujets.
>
> *Quelles peuvent être les conséquences sociales de ces diverses solutions ?*
> On a fort peu répondu à cette question. Signalons pourtant quelques craintes relatives à la préparation d'une lutte des sexes. Deux ou trois partisans de la coéducation remarquent que les mariages se feraient plus tôt et que les unions seraient plus désintéressées ».

Une première étape est franchie avec la circulaire du 23 octobre 1922, qui concerne l'admission des jeunes filles dans les classes de philosophie et de mathématiques des lycées et collèges de garçons [1]. Cette mesure répond à une nécessité car les jeunes filles sont de plus en plus nombreuses, après leur 1re partie de baccalauréat, à désirer suivre les cours de philosophie ou de mathématiques élémentaires [2]. Aussi, « provisoirement, et sans créer un précédent pour les autres classes », dans les villes où leur nombre ne justifie pas l'ouverture d'un cours particulier, elles seront admises dans les lycées de garçons. Et la circulaire explique : « On ne peut pas ne pas remarquer que dans un an les jeunes filles, devenues bachelières, suivront, sur les bancs des facultés, les mêmes cours que les jeunes gens. Il n'a pas paru impossible d'avancer d'un an cette communauté d'études [...] la mesure est instituée à simple titre de facilité nouvelle offerte à l'éducation féminine [...] ». L'objectif affiché est triple : « satisfaire les familles, réaliser une importante économie, tenter un essai pédagogique ».

Puis, après une circulaire sur l'admission des filles dans les établissements de garçons pour suivre les cours préparatoires aux grandes écoles [3] (21 juin 1923), une circulaire est adressée aux recteurs le 10 décembre 1923 pour l'admission des filles dans les classes de 1re des lycées et collèges de garçons [4]. Toutefois, « en raison même du jeune âge des élèves susceptibles de bénéficier de cette mesure », l'admission est soumise à une autorisation préalable des recteurs. Il y a donc désormais possibilité de mixité jusqu'en 7e ainsi que dans les classes de philosophie ou mathématiques élémentaires et 1re ouvertes aux jeunes filles des collèges féminins où le nombre de candidates au baccalauréat est trop restreint pour justifier la création de cours spéciaux [5].

La circulaire du 10 août 1926 « relative à la coéducation dans les établissements d'enseignement secondaire » [6] va autoriser, « sous certaines conditions, l'admission des jeunes filles dans toutes les classes des collèges de garçons lorsque l'effectif du collège ne [dépasse] pas 150 élèves » [7], le nombre de jeunes filles étant limité à 50. Par la circulaire du 4 janvier 1927 la mesure est étendue à tous les collèges dont le nombre

---

1. *Bulletin administratif*, t. 112, 1922, p. 481-482.

2. Voir la statistique générale (1915-1922), tableau 8.

3. À ce sujet voir *Bulletin de l'Association des professeurs de mathématiques*, n° 51, septembre 1927, p. 139.

4. *Bulletin administratif*, t. 112, 1922, p. 8-9.

5. Commentant cet état de choses J. Petitcol, sous-directrice du collège mixte de Sarrebruck, souligne que certaines colonies et la région rhénane ont des collèges mixtes, voire des lycées mixtes (« Classes mixtes et coéducation dans l'enseignement secondaire », *Revue universitaire*, n° 2, 1925, p. 418-429).

6. *Bulletin administratif*, t. 119, 1926, p. 99-100.

7. Jeanne P. Crouzet-Ben Aben, « Bulletin de l'enseignement secondaire de jeunes filles », *Revue universitaire*, n° 1, 1927, p. 249-250.

d'élèves est inférieur à 200 ; le nombre de jeunes filles à admettre doit être alors au plus égal à la différence « entre l'effectif de garçons et le nombre maximum de 200 » ainsi, précise-t-on, s'il y a 160 garçons on peut admettre 40 jeunes filles [1]. Si on souhaite ouvrir plus largement l'enseignement secondaire aux filles en leur permettant l'accès des établissements de garçons, on veille en même temps à ne pas empêcher la création d'un collège féminin.

La réforme de l'enseignement secondaire (1923-1926)

La réforme envisagée a non seulement pour objet de redéfinir le plan d'études de l'enseignement secondaire de garçons, mais aussi de mieux organiser ses rapports avec les autres enseignements : enseignements primaire, primaire supérieur, technique et enseignement secondaire des filles.

> « Cette coordination nouvelle des rapports entre les divers enseignements a été marquée, explique Paul Crouzet, comme un but essentiel à atteindre, à l'occasion de la réforme secondaire, dans la lettre ministérielle [2], du 11 octobre 1922, aux commissions parlementaires. Toutes les études faites ont conduit à la nécessité de cette réorganisation d'ensemble, comme y conduisaient depuis longtemps les vœux unanimes du parlement et du Conseil supérieur de l'Instruction publique » [3].

Le rapport de Paul Crouzet (1923)

Paul Crouzet, inspecteur de l'académie de Paris, est en mission de conseiller technique pour la réforme de l'enseignement secondaire. Le projet présenté repose sur deux principes : « le principe de l'unification autour d'un enseignement classique commun » et « le principe de l'égalité scientifique » voté par le Conseil supérieur de l'Instruction publique. Le plan d'études envisagé comporte des « bifurcations » en cascade avec : à l'issue de la classe de 5e, après un tronc commun classique de deux ans, deux options latin ou latin-grec ; puis, à l'issue de la classe de 3e trois sections, deux classiques et une moderne (A latin-grec, A'

---

1. *Bulletin administratif*, t. 121, 1927, p. 46.

2. « Lettre de Léon Bérard... », *op. cit.*

3. Paul Crouzet, « Rapport à Monsieur le ministre de l'Instruction publique et des Beaux-Arts sur l'état présent des projets de la réforme de l'enseignement secondaire depuis la dernière session du Conseil supérieur de l'Instruction publique » (22 février 1923), *Bulletin administratif*, t. 113, 1923, p. 300-324 (voir p. 300). Paul Crouzet, normalien de la promotion 1892, est agrégé de lettres (1895) ; son épouse Jeanne P. Crouzet-Ben Aben est responsable de la rubrique « Bulletin de l'enseignement secondaire des jeunes filles » dans la *Revue universitaire*.

latin, B langues) ; enfin, à l'issue de la classe de 1re, le choix entre philosophie et mathématiques.

Dans son rapport, où il présente un « tableau de concordance » des enseignements secondaires de garçons et de filles (cf. tableau 10), Paul Crouzet explique que la réforme proposé « aurait encore l'avantage de faciliter la réforme prochaine de l'enseignement féminin ».

TABLEAU 10

Projet présenté par Paul Crouzet

<table>
<tr><td>1re période</td><td colspan="3">Secondaire garçons
(et éventuellement section classique des filles)</td><td colspan="2">Secondaire filles
(Actuel)</td></tr>
<tr><td>11-12 ans</td><td colspan="3">Sixième (latin)</td><td colspan="2">Dernière année primaire</td></tr>
<tr><td>12-13 ans</td><td colspan="3">Cinquième (latin)</td><td colspan="2">1re secondaire</td></tr>
<tr><td>13-14 ans</td><td colspan="3">Quatrième (latin ou latin-grec)</td><td colspan="2">2e secondaire</td></tr>
<tr><td>14-15 ans</td><td colspan="3">Troisième (latin ou latin-grec)</td><td colspan="2">3e secondaire</td></tr>
<tr><td>2e période</td><td>Option
Grec-Latin
(A)</td><td>Option
Latin normal
(A')</td><td>Option
Langues
(B)</td><td>Option
Latin final
(B')</td><td></td></tr>
<tr><td>15-16 ans</td><td>Seconde</td><td>Seconde</td><td>Seconde</td><td>Seconde</td><td>4e année</td></tr>
<tr><td>16-17 ans</td><td>Première</td><td>Première</td><td>Première</td><td>Première</td><td>5e année
(Diplôme de fin d'études)</td></tr>
<tr><td>17-18 ans</td><td colspan="4">Philosophie – Mathématiques
Baccalauréat complet</td></tr>
</table>

Il ajoute :

> « Le Conseil supérieur a voté le principe que la réforme de l'enseignement secondaire masculin soit appliquée à l'enseignement secondaire féminin et il conviendra par suite d'instituer bientôt pour les jeunes filles, avec toutes les adaptations appropriées, le même enseignement classique commun et la même suite d'études que pour les garçons. Mais on demande en même temps des mesures transitoires ; on rappelle les titres de l'enseignement féminin actuel ; on assure que beaucoup de familles ne souhaitent pas tant de latin pour leurs filles et veulent même encore conserver le vieux diplôme de fin d'études. L'organisation envisagée permettrait ces mesures transitoires et le maintien, au moins à titre provisoire, du régime actuel jusqu'à ce que l'expérience ait prononcé. L'enseignement secondaire féminin, à côté de sa section classique, conserverait la section de son enseignement actuel, dont les élèves, après le certificat de 3e année, ou bien se dirigeraient vers une section B' avec latin obli-

> gatoire ou bien continueraient jusqu'au diplôme de fin d'études actuel »[1].

À la fin du rapport, revenant sur l'intérêt présenté par le nouvel ordre ainsi établi dans l'enseignement secondaire, Paul Crouzet insiste encore sur les possibilités qui seraient alors offertes aux jeunes filles.

La réforme de l'enseignement secondaire masculin (1923-1926)

Finalement, dans le plan d'études établi par le ministre Léon Bérard avec le décret[2] du 3 mai 1923, le grec devient obligatoire en 4e et 3e. Après la classe de 3e deux branches d'études se présentent : études classiques (avec latin, le grec étant facultatif) et études modernes (avec une deuxième langue vivante), conduisant, après la 1re, aux classes de philosophie ou de mathématiques. Le nouveau régime est caractérisé par un tronc commun classique de quatre années et un enseignement scientifique identique pour tous les élèves de la 6e à la fin de la 1re.

L'article 10 du décret annonce la prise de décrets ultérieurs, en particulier en ce qui concerne « les modalités d'adaptation du nouveau plan d'études à l'enseignement secondaire des jeunes filles ». Mais, comme le souligne Georges Beaulavon, le problème de l'unification des enseignements masculin et féminin est compliqué par le nouveau régime établi dans l'enseignement masculin avec cette obligation du latin et du grec :

> « J'ai rappelé au Conseil [supérieur de l'Instruction publique] que nos collègues de l'enseignement secondaire féminin, souhaitant en général l'assimilation aussi complète que possible de leurs programmes et des nôtres, avaient vu non moins généralement avec beaucoup de regret la réforme Bérard apporter à cette assimilation de graves obstacles ; elles n'en avaient pas moins persisté à demander – et elles avaient obtenu – que l'enseignement classique, même sous cette forme obligatoirement gréco-latine, fût introduit et organisé officiellement dans leurs établissements ; mais il avait bien fallu, dans ces conditions, prévoir et souhaiter le maintien, le développement même de la section du diplôme, qui devait rester seule ouverte aux jeunes filles détournées du classique par la crainte du latin et du grec [...] »[3].

Un référendum[4], organisé par l'Association amicale du personnel enseignant des facultés des sciences (comprenant plus de trois cents

---

1. *Bulletin administratif,* t. 113, 1923, p. 314.

2. *Bulletin administratif,* t. 113, 1923, p. 552-554.

3. Georges Beaulavon, « Conseil supérieur de l'Instruction publique (2-5 juillet 1924) », *Revue universitaire,* n° 2, 1924, voir p. 129-130. Georges Beaulavon, normalien de la promotion 1890 et agrégé de philosophie, est professeur au lycée Louis-le-Grand.

4. « Un referendum sur la réforme de l'enseignement secondaire », *Bulletin de l'Association des professeurs de mathématiques,* n° 32, octobre 1923, p. 33.

membres), nous fournit des informations sur les réactions suscitées par la réforme :

> « Êtes-vous partisan du maintien de la section moderne depuis le début jusqu'à la fin des études secondaires : *108 oui, 23 non.*
> Êtes-vous partisan de l'obligation d'une même culture scientifique pour tous le élèves de l'enseignement secondaire : *26 oui, 98 non.*
> [...]
> Êtes-vous partisan de l'assimilation complète de l'enseignement féminin à l'enseignement masculin : *78 oui, 55 non.*
> Approuvez-vous les récents décrets : *13 oui, 102 non* ».

Dès le 9 août 1924 un décret va prescrire l'organisation d'une 6e et d'une 5e modernes. Ce rétablissement de l'enseignement moderne dans les lycées de garçons permet de rendre plus aisée une assimilation des deux enseignements masculin et féminin et diminue l'importance de la section préparant le diplôme[1]. Puis le décret du 13 mai 1925 réaménage le plan d'études. Deux sections sont distinguées à partir de la 6e, l'une classique, l'autre moderne. Dans la section classique l'étude du grec commence en classe de 4e et devient facultatif en 2nde. Dans la section moderne l'étude d'un deuxième langue vivante débute en 4e. À la fin de la classe de 1re les élèves des deux sections ont le choix entre les classes de philosophie et de mathématiques. L'option entre lettres et sciences est donc repoussée à la fin de la 1re. Enfin le décret du 8 août 1926, pris sous le ministère d'Édouard Herriot, « rétablit la non obligation du grec en 4e et 3e » conformément « aux propositions qu'avait formulées à l'unanimité la section permanente du Conseil supérieur de l'Instruction publique, en 1923, lors de la discussion des programmes présentés par M. Léon Bérard, ministre de l'Instruction publique, et qu'avait adoptées presque à l'unanimité le Conseil supérieur lui-même »[2].

La réforme de l'enseignement secondaire féminin (1924-1929)

La réforme de l'enseignement secondaire féminin vient devant le Conseil supérieur de l'Instruction publique dans sa session du 22-26 janvier 1924 « avant qu'ait été réparée l'injustice qui y refuse toute place à des représentants élus du personnel enseignant féminin », explique Georges Beaulavon[3]. Certes le Ministre a attribué un siège à Marguerite Caron[4], directrice du lycée Fénelon, et ce choix a été unanimement ap-

---

1. Georges Beaulavon, « Conseil supérieur... (2-5 juillet 1924) », *op. cit.*

2. *Bulletin administratif,* t. 119, 1926, p. 92-93.

3. Georges Beaulavon, « Conseil supérieur de l'Instruction publique (22-26 janvier 1924) », *Revue universitaire,* n° 1, 1924, p. 127-131.

4. Marguerite Caron est une Sévrienne de la promotion lettres 1887, agrégée de lettres féminine (1892). Voir l'article où elle aborde le problème du maintien du diplôme et de l'identification des horaires dans les lycées et collèges de filles et de garçons (« Quelques

prouvé par l'Université et la *Société des agrégées* ; mais, sur la demande de Beaulavon, appuyé par Melle Caron et Beudant, vont être convoquées « à titre officieux et consultatif » quelques déléguées (dont Emma Flobert). Georges Beaulavon reviendra sur ce qu'il considère comme une injustice, lorsqu'il rendra compte de la session du 19-21 janvier 1927 du Conseil supérieur de l'Instruction publique où, cette fois, est débattue la question de l'identification des concours de recrutement des enseignants :

> « Pour ce débat où s'agitait leur destin, nos collègues femmes avaient été invitées à se faire représenter par quelques déléguées dans les séances préparatoires de la commission. Mais l'iniquité prolongée qui les prive de toute représentation directe et régulière au Conseil supérieur ne leur a pas permis de participer aux séances plénières et aux votes. J'ai cru devoir renouveler une fois de plus à cette occasion la protestation que les représentants de l'enseignement secondaire masculin, approuvés par le Conseil tout entier, n'ont cessé de faire entendre » [1].

Il faut en fait attendre 1933 pour qu'intervienne une réforme du Conseil supérieur de l'Instruction publique qui désormais va comprendre des déléguées de l'enseignement féminin [2] (cinq des agrégées dont une pour les mathématiques et une pour les sciences physiques et naturelles, deux des licenciées et des certifiées).

L'assimilation (1924)

Le projet de décret du ministre Bérard concernant la réforme de l'enseignement secondaire féminin est donc discuté par le Conseil supérieur de l'Instruction publique dans sa session de janvier 1924. Dans le rapport, qui présente le décret en date du 25 mars 1924, Léon Bérard explique :

> « J'ai essayé dans cette réforme de répondre au double vœu des familles et de l'université : d'une part, maintenir un enseignement secondaire féminin qui, depuis quarante ans, a fait ses preuves ; d'autre part, faciliter aux jeunes filles qui le désirent un enseignement identique à l'enseignement secondaire masculin.
> Ce mouvement des jeunes filles vers les études secondaires masculines et vers le couronnement de ces études, le baccalauréat, a pris depuis une vingtaine d'années une intensité croissante [3] ; mais nos lycées n'ont pu, jusqu'à présent, employer que des moyens de

---

remarques à propos de la réforme de l'enseignement secondaire des jeunes filles », *Revue universitaire,* n° 1, 1924, p. 322-326).

1. Georges Beaulavon, « Conseil supérieur de l'Instruction publique (19-21 janvier 1927) », *Revue universitaire,* n° 1, 1927, voir p. 133.

2. *L'information universitaire,* n° 589, 9 décembre 1933, p. 1.

3. Voir tableaux 7 et 8.

fortune pour satisfaire au désir de familles. Le but du nouveau décret est de régulariser l'institution d'une section d'enseignement secondaire masculin dans tous les lycées, collèges et cours secondaires de jeunes filles »[1].

TABLEAU 11
Horaires de l'enseignement secondaire féminin
(1924)

	Section baccalauréat		**Section diplôme**
	Cours spéciaux et heures additionnelles aux cours communs	**Cours communs**	**Cours spéciaux** et heures additionnelles aux cours communs
6e et 5e	Total : 4 heures (latin)	Total commun : 17 heures dont mathématiques 2h sciences naturelles 1h	Total : 2 heures
4e	Total : 6 heures (latin et grec)	Total commun : 15 heures dont mathématiques 2h sciences naturelles 1h	Total : 4 heures
3e	Total : 6 heures (latin et grec)	Total commun : 16 heures dont mathématiques 3h sciences naturelles et hygiène 1h	Total : 4 heures 1/2
2e	Total : 11 heures 1/2 dont mathématiques 3h physique et chimie 2h1/2 *Cours facultatifs (4h)* dessin, couture, solfège	Total commun : 8 heures	Total : 8 heures dont mathématiques 1h physique et chimie 2h1/2 *Cours facultatifs (7h)* dessin, couture, solfège, langue vivante
1re	Total : 16 heures dont mathématiques 4h physique et chimie 3h *Cours facultatifs (4h)* dessin, couture, solfège	Total commun : 5 heures	Total : 12 heures dont histoire naturelle 1h mathématiques 1h physique et chimie 3h *Cours facultatifs (7h)* dessin, couture, solfège, langue vivante

Dans le cours d'études de six années, les classes « auront désormais les mêmes appellations que les classes de l'enseignement secondaire de

1. « Rapport au Président de la République et décret du 25 mars 1924 », *Plan d'études et programmes de l'enseignement secondaire de jeunes filles*, Paris, Vuibert, 1929.

garçons »[1]. Chaque classe renfermera « une section classique-baccalauréat et une section moderne-diplôme »[2] :

> « Dorénavant donc, pendant six années, jeunes filles et jeunes gens suivront un programme commun de français, de langues vivantes, de sciences, d'histoire et géographie, de dessin. En plus de ce programme commun, les unes étudieront les langues classiques et seront conduites au baccalauréat comme leurs frères ; les autres étudieront plus spécialement les matières d'enseignement proprement féminines, telles l'économie ménagère, les travaux manuels féminins, la musique, et recevront d'autre part, avant le diplôme, des compléments d'instruction, tels que littératures anciennes, littératures étrangères, psychologie et morale ».

Les différents horaires sont précisés dans l'arrêté du 25 mars 1924 (cf. tableau 11) qui accompagne le décret, dont l'article 4 précise que les programmes de l'enseignement des garçons sont appliqués pour toutes les matières communes aux deux sections ainsi que pour les cours spéciaux de la section baccalauréat. Enfin l'article 2 de l'arrêté indique que, après le cours normal d'études de six années, des classes de philosophie et de mathématiques pourront être instituées dans les établissements d'enseignement secondaire féminin. Une statistique générale[3] montre, sur quatre ans (1923-1926), la progression régulière du nombre de bachelières et une diminution très sensible du nombre de diplômées (cf. tableau 12), ainsi que l'orientation privilégiée vers le baccalauréat Philosophie.

TABLEAU 12
Statistique générale
(1923-1926)

année	Philosophie	Mathématiques	Total	Diplômes
1923	1372	240	1612	1164
1924	1454	292	1746	1241
1925	1689	278	1967	1115
1926	1806	328	2134	946

L'alignement des programmes de l'enseignement féminin sur ceux des garçons implique l'organisation des exercices pratiques qui ont été

1. « Arrêté du 25 mars 1924 », *Plan d'études et programmes..., op. cit.*

2. Georges Beaulavon, « Conseil supérieur... (1924) », *op. cit.*

3. Jeanne P. Crouzet-Ben Aben, « Le bilan d'une génération féminine », *Revue universitaire*, n° 1, 1927, p. 61-62.

instaurés en 1902 dans l'enseignement masculin. L'arrêté du 25 mars 1924 précise que « les exercices pratiques de sciences naturelles sont pris sur les heures d'enseignement » et que ceux de physique et chimie doivent représenter au total une heure en 2nde, 1re et Philosophie, 1 heure et demie en Mathématiques. Ainsi les manipulations de physique-chimie doivent devenir obligatoires dans les classes de 2nde de tous les établissements féminins à partir d'octobre 1928 ; Madeleine Courtin en souligne les difficultés :

> « Bien des établissements vont se trouver dépourvus du matériel nécessaire à ces exercices et ne disposeront pas toujours des crédits suffisants pour monter rapidement leur laboratoire. Il sera nécessaire de mener simultanément plusieurs manipulations qui seront effectuées ensuite par roulement ; et la mise au point de plusieurs exercices n'est pas sans présenter de grosses difficultés à qui ne l'a jamais fait » [1].

La situation est semblable d'ailleurs à celle rencontrée par les professeurs masculins lors de l'institution des manipulations d'élèves en 1902 [2].

La question des horaires

À la suite du rétablissement de la section moderne pour les garçons (août 1924) les établissements féminins doivent comporter, dès la 6e, deux sections (classique et moderne) conduisant au baccalauréat. Dans sa session d'été du 1er au 4 juillet 1925, le Conseil supérieur de l'Instruction publique [3] examine des projets tendant à « rapprocher de plus en plus l'enseignement secondaire féminin de l'enseignement secondaire masculin » ; sept représentantes élues des différentes catégories du personnel enseignant féminin collaborent avec les membres du Conseil pour les discussions en commission.

L'identité des programmes étant admise, se pose le problème des horaires du fait du maintien des enseignements féminins de la couture et de la musique ainsi que de la nécessité « de ménager les forces des jeunes filles » [4].

---

1. Madeleine Courtin, « Les travaux pratiques dans l'enseignement féminin », *Bulletin de l'Union des physiciens,* n° 212-213, avril-mai, 1928, p. 256. Madeleine Courtin est une Sévrienne de la promotion 1910 agrégée de sciences physiques et naturelles féminine (1913).

2. Voir Danielle Fauque, « De l'instauration des exercices pratiques à l'évaluation des savoir-faire expérimentaux », dans *Physique et « humanités scientifiques... »*, Nicole Hulin dir., *op. cit.*, p. 101-118.

3. Georges Beaulavon, « Conseil supérieur de l'Instruction publique (1er-4 juillet 1925) », *Revue universitaire,* n° 2, 1925, voir p. 131-134.

4. H. Maisani, directrice du collège de Nevers écrit : « Nous attendons beaucoup du latin, des sciences mieux apprises. Mais nous voudrions qu'une simplification dans les programmes et les méthodes évite aux jeunes filles tout surmenage, tout en leur apprenant à mépriser ce qui n'est appris qu'à peu près. Ménageons en elles les mères de demain et

Trois conceptions sont en présence. L'une minimaliste défendue par Marguerite Caron et le docteur Lépine, au nom de considérations hygiénistes, est en faveur de l'établissement d'horaires réduits. Une seconde maximaliste, « défendue par l'unanimité des déléguées du personnel féminin et par presque tous leurs collègues de l'enseignement secondaire masculin », est de faire correspondre aux mêmes programmes les mêmes horaires, car une réduction dans les horaires causerait en réalité une surcharge. Enfin, une position intermédiaire est présentée dans le projet de l'administration, qui est défendu par Francisque Vial [1], tendant à augmenter légèrement les horaires de 1924.

Finalement le Conseil décide « qu'en principe dans les classes nombreuses, l'horaire serait le même pour les filles que pour les garçons, sous réserve de diminution quand l'effectif relativement peu nombreux des élèves le permettrait sans trop d'inconvénients ». Et le Conseil propose une réduction d'une heure pour le latin et les langues vivantes si l'effectif ne dépasse pas trente élèves, de deux heures si l'effectif ne dépasse pas vingt élèves. Un arrêté concernant les horaires paraît le 10 juillet 1925 [2].

L'organisation de la section du diplôme

Le décret [3] du 15 mars 1928 détermine l'organisation définitive des classes supérieures dans la section du diplôme. Le ministre Édouard Herriot explique, dans le rapport qui présente le décret, qu'on ne peut envisager « la fusion pure et simple de cette section avec la section B du baccalauréat » ; en effet, écrit-il :

> « Selon l'esprit si juste et si sage des fondateurs de notre enseignement secondaire de jeunes filles, on doit continuer à concevoir un enseignement qui se propose, à côté de la culture proprement intellectuelle, de développer surtout les aptitudes qu'une femme doit utiliser à son foyer et qui lui permettent d'y exercer une influence éducative plus éclairée et plus diverse soit en y introduisant, avec quelques talents personnels, le goût des choses de l'art, soit en dirigeant ses filles au milieu des occupations domestiques. Il faut ajouter que la préparation du baccalauréat peut paraître un peu lourde à certains parents, et que le souci si naturel de

---

par là l'avenir de la race. Tâchons aussi de leur donner l'amour de l'effort, le goût du travail sérieux et bien fait. » (« Des anciens aux nouveaux programmes féminins », *Revue universitaire,* n° 1, 1925, p. 422-426).

1. Francisque Vial, normalien de la promotion 1890 et agrégé de lettres (1893), a été nommé directeur de l'enseignement secondaire en octobre 1924.

2. *Bulletin administratif,* t. 118, 1925, p. 109-110. Ces réductions d'horaires seront supprimées en 1937, « l'effectif maximum de chaque classe ayant été ramené uniformément à 35 élèves et les différences entre l'organisation de l'enseignement secondaire masculin et celle de l'enseignement secondaire féminin ayant disparu » (*L'agrégation* , n° 222, mars 1937, p. 362).

3. *Plans d'études et programmes..., op. cit.*

ménager les forces de leurs enfants au moment le plus délicat de leur formation, leur fait légitimement désirer un enseignement à l'horaire plus réduit et aux programmes moins chargés ».

Un aménagement nouveau est apporté par le décret qui fixe à sept années la durée du cours d'études de l'enseignement secondaire de jeunes filles, aussi bien dans la section du diplôme que dans celle du baccalauréat.

Puis, l'arrêté du 30 mars 1928 [1] fixe la répartition hebdomadaire des diverses matières dans les classes supérieures de la section du diplôme ; enfin, il est prévu (circulaire du 23 octobre 1928 [2]) que l'enseignement soit dispensé dans les sections réunies (diplôme et baccalauréat B) des classes de 2nde. Cette mesure ne présente aucune difficulté d'application pour les matières figurant avec le même nombre d'heures d'enseignement ; tel est le cas du français et de l'art. Pour les langues vivantes le passage de 4h à 8h ne présente pas non plus de difficulté puisque les élèves de la section B étudient deux langues vivantes et celles de la section diplôme une seule. En histoire et géographie, la question est résolue simplement en réservant la demie heure supplémentaire en section baccalauréat B aux exercices pratiques. Plus délicate est la question des enseignements scientifiques : en physique et chimie les nombres d'heures de cours sont différents (2h1/2 et 3h1/2) et les programmes ne coïncident pas parfaitement ; en mathématiques il est indiqué que les 3h communes seront consacrées à l'enseignement et aux interrogations orales, et que « l'heure spéciale à la section B sera employée à la correction des devoirs écrits et à l'étude ou la préparation de problèmes analogues à ceux qui auront fait l'objet de cette correction ». Ainsi, précise-t-on, les élèves de la section diplôme n'auront pas à fournir l'effort de recherche et de rédaction qu'exigent des devoirs écrits.

Une dernière touche est apportée à l'organisation de la section du diplôme par le décret du 2 octobre 1929 [3]. La durée complète de l'enseignement secondaire féminin est désormais de sept années dans la section diplôme comme dans la section baccalauréat, et l'examen du diplôme va comporter deux parties (cf. tableau 13) ; l'attestation du diplôme continue à être délivrée en fin de sixième année d'études et au terme de la septième année pourra être délivré « un diplôme complémentaire d'études secondaires de philosophie ou de mathématiques selon la division pour laquelle l'élève aura opté ». Les épreuves scientifiques concernent uniquement les sciences naturelles à l'option philosophie, les sciences physiques et naturelles à l'option sciences ; les mathématiques n'interviennent pas [4].

---

1. *Ibid.*

2. *Ibid.*

3. *Ibid.*

4. *Bulletin administratif,* t. 126, 1929, p. 476-477.

TABLEAU 13
Épreuves aux examens du diplôme
(arrêté du 4 octobre 1929)

A. Diplôme d'études secondaires		
Examen écrit	*Examen oral*	
composition littéraire (durée 3h) composition scientifique (mathématiques, physique et chimie, durée 3h) composition de langues vivantes (durée 3 h)	langue et littérature française histoire géographie langue vivante mathématiques physique et chimie	matières facultatives couture dessin solfège gymnastique droit usuel puériculture jardin d'enfants

B. Diplôme complémentaire d'études secondaires			
Examen écrit		*Examen oral*	
option philosophie	*option sciences*	*option philosophie*	*option sciences*
composition de philosophie (durée 3h, coeff. 2) composition de sciences naturelles (durée 1h1/2, coeff. 1)	composition de sciences physiques et naturelles (durée 3h, coeff. 2) composition de philosophie (durée 3h, coeff.1)	philosophie (coeff. 2) cosmographie (coeff. 1) sciences naturelles (coeff. 1) histoire (coeff. 1) géographie (coeff. 1) langues vivantes (coeff. 1)	cosmographie (coeff. 1) sciences physiques (coeff. 1) sciences naturelles (coeff. 1) histoire (coeff. 1) géographie (coeff. 1) langues vivantes (coeff. 1)

Les premiers résultats de l'identification

La *Revue universitaire* lance une « enquête sur les premiers résultats de l'identification des programmes masculins et féminins » [1], au moment où la réforme atteint la classe de 3e ce qui restreint le champ d'expériences, et en 1928 un bilan des réponses obtenues est présenté.

Il en ressort que les familles ont accueilli favorablement l'identification des programmes à cause de l'introduction du baccalauréat, par snobisme peut-être, mais surtout parce que cet examen ouvre bien plus de carrières que le diplôme et permet l'inscription dans les facultés.

Des réserves sont émises par les professeurs. D'une part, l'identification n'est pas complète [2] dans la mesure où sont intervenues des « compressions officielles et obligatoires » avec l'arrêté du 10 juillet 1925 et des « compressions de fait » liées à la difficulté d'organiser les exercices pratiques. D'autre part, un accueil favorable pour l'identification des programmes ne traduit nullement une satisfaction quant à

---

1. « Notre enquête sur les premiers résultats de l'identification des programmes masculins et féminins », *Revue universitaire,* n° 2, 1928, p. 300-313.

2. *Ibid.*, p. 301.

leur contenu, comme le précise Madeleine Courtin [1] qui est professeur au lycée Molière :

> « L'identification des programmes masculins et féminins ne peut être que bien accueillie par les professeurs de l'enseignement féminin, qui, depuis des années, demandaient que nos jeunes filles puissent obtenir le baccalauréat (vers lequel actuellement se porte la majorité des élèves) dans les mêmes conditions que leurs frères. Cela ne signifie pas, toutefois, que les programmes imposés les satisfassent toujours, pas plus d'ailleurs, que n'en sont satisfaits leurs collègues masculins ».

En ce qui concerne l'enseignement des sciences, les réactions rapportées sont positives. Blanche Durand [2] note que les professeurs de sciences jugent que « leur enseignement est plus complet, mieux ordonné et donne de meilleurs résultats ». Ainsi, « les élèves ont gagné en mathématiques » [3], remarque J. Paraire, directrice des cours secondaires de Sète. De son côté Madeleine Courtin, s'exprimant en qualité de professeur de sciences, apprécie les changements qui sont intervenus :

> « [...] il m'a semblé que les programmes actuels d'histoire naturelle, complétés par les séances de travaux pratiques, intéressaient beaucoup plus nos élèves que les anciens programmes de l'enseignement féminin, dont le défaut était d'être trop hâtifs : il ne faut jamais aller vite pour bien observer.
> En ce qui concerne les sciences physiques, leur étude ne commencera qu'à la rentrée prochaine : ce recul d'un an pour débuter dans les sciences expérimentales est *excellent.* Enfin on ne saurait trop se réjouir de l'introduction des manipulations hebdomadaires : on ne comprend la physique que lorsqu'on fait soi-même des mesures.
> Je ne saurais donc souhaiter une restauration du régime antérieur » [4].

Une des questions, figurant dans l'enquête, concernait la possibilité « d'enseigner aux jeunes filles, dans un esprit tout féminin, les mêmes matières qu'aux garçons ». La réponse de Madeleine Courtin est nette : « Quant à la manière d'enseigner, elle ne se pose pas en sciences, où l'on ne peut concevoir de différences dans la façon de présenter les éléments des mathématiques, des sciences physiques ou naturelles à des jeunes filles ou à de jeunes garçons ».

---

1. *Ibid.,* p. 303.
2. *Ibid.,* p. 311. Blanche Durand, agrégée de lettres féminine (1911), est professeur au collège de jeunes filles de Troyes.
3. *Ibid.,* p. 306.
4. *Ibid.,* p. 308.

Tout aussi péremptoire est la réponse de Joseph Maillan [1], avec toutefois une réserve sur les programmes :

> « [...] parmi les matières d'enseignement, toutes celles d'ordre strictement scientifique s'imposent pareillement aux deux sexes. Il n'y a pas d'algèbre à l'usage des jeunes filles, et deux et deux font quatre pour les cerveaux féminins comme pour les autres. Ici, donc, pas de distinction possible dans la manière d'enseigner les mêmes sujets, alors qu'il y aurait, au contraire, toutes sortes de distinctions à faire dans le choix et le dosage du programme scientifique lui-même ».

Une conséquence de l'identification des programmes d'études va être l'admission des jeunes filles au Concours général. Dans sa session du 30 janvier-1er février 1929 le Conseil supérieur de l'Instruction publique, « sans beaucoup d'enthousiasme », vote la mesure par dix-huit voix contre sept :

> « La logique appelait naturellement cette mesure, puisque les mêmes programmes d'études et presque les mêmes horaires sont appliqués, dans le nouveau régime, aux établissements masculins et féminins. L'Administration faisait remarquer d'autre part que déjà de nombreuses jeunes filles, étant admises dans certaines villes dans les lycées et collèges de garçons, ont pris part, quelquefois même avec succès, au Concours général, et qu'il y aurait injustice à refuser la même faculté à celles de leurs compagnes, de beaucoup les plus nombreuses, qui font leurs études dans les lycées et collèges féminins » [2].

---

1. *Ibid.*, p. 311. Joseph Maillan, professeur de langues vivantes et président de l'amicale mixte du lycée de Toulon, est un opposant à la coéducation.

2. Georges Beaulavon, « Conseil supérieur de l'Instruction publique (30 janvier-1er février 1929) », *Revue universitaire*, n° 1, 1929, voir p. 137.

Chapitre V
UN PREMIER BILAN

La réforme de 1902 et les femmes

La réforme de 1902, qui concernait uniquement l'enseignement masculin, aurait pu permettre d'apporter un correctif au cloisonnement des deux enseignements masculin et féminin, ce dernier gardant son organisation spécifique. Grâce à la diversification des filières il aurait été possible, comme le préconisaient Maurice Couyba et Émile Brucker, d'ouvrir une cinquième voie vers le baccalauréat première partie plus facilement accessible aux jeunes filles.

Dans cette réforme, les sciences sont investies d'un rôle nouveau avec l'objectif de constituer des « humanités scientifiques », ce qui impose une révision de l'esprit et des méthodes d'enseignement (méthode *concrète* en mathématiques, *expérimentale* en sciences physiques, *d'observation directe* en sciences naturelles). Ce renouveau pédagogique intéresse les représentantes de l'enseignement féminin. Ainsi, lorsque des conférences pédagogiques[1] sont organisées en 1904 sur l'enseignement des mathématiques et de la physique, Marie Mourgues, professeur au lycée Fénelon, intervient dans la discussion[2]. Elle réagit aux propos de Paul Langevin qui, dans sa conférence, dénonçait la position des énergétistes modernes qui « font de l'énergie une idole nouvelle »[3] ; elle explique que la lecture des articles de Henry Le Châtelier sur l'Énergétique ont influencé son enseignement. La même Marie Mourgues collabore en 1907 au premier numéro du bulletin publié par l'Union des physiciens[4], une des as-

---

1. Nicole Hulin, « La réforme de 1902 et les conférences pédagogiques de 1904 et 1905 », dans *Science et enseignement...*, Hélène Gispert, Nicole Hulin et Marie-Claire Robic dir., *op. cit.*, p. 119-130.

2. *Physique et humanités scientifiques...*, Nicole Hulin dir., *op. cit.*, p. 304.

3. *Ibid.*, p. 290.

4. M. Mourgues, « Fonctionnement du service des renseignements », *Bulletin de l'Union des physiciens,* n° 1, mars 1907, p. 13-15.

sociations de spécialistes qui s'est constituée pour aider les professeurs dans la mise en application de la réforme.

Si, lors de l'application de la réforme de 1902, les professeurs hommes montrent un bel engouement pour les questions pédagogiques, les professeurs femmes se passionnent tout autant que leurs collègues. Des articles en sont le témoignage, tels ceux publiés, en juillet 1908 et février 1909, dans la *Revue de l'enseignement des sciences* sur l'enseignement de la géométrie dans les lycées de jeunes filles : ainsi, « Melle Lefèvre se prononce pour un enseignement logique de la géométrie en troisième année, Mme Salomon insiste au contraire sur le rôle de l'expérience pour donner une base à l'enseignement logique » défendant la méthode concrète [1].

Les résultats de l'assimilation

C'est à la suite de la réforme initiée en 1924 que jeunes gens et jeunes filles vont suivre les mêmes études dans les lycées et collèges. Devant cette situation nouvelle, la *Revue universitaire* juge opportun de lancer en 1932 une enquête [2] comparative sur les performances des uns et des autres, et publie en 1935 une analyse des résultats de l'assimilation [3]. L'objectif est de connaître, en particulier, les observations faites « sur les aptitudes et le travail respectif des élèves des deux sexes, sur les différences qui existent encore entre les deux enseignements ». Cependant, explique Jeanne P. Crouzet-Ben Aben en présentant les résultats de l'enquête :

> « Il faut seulement regretter que, dans les réponses à l'enquête, les professeurs de sciences se soient, en trop grand nombre, abstenus. Il eût été bon de savoir d'eux ce que peut donner l'intelligence scientifique des jeunes filles comparée à celle des jeunes gens ; et précisément parce que ce domaine, la science, n'est pas ordinairement regardé comme un domaine spécialement féminin, des constatations plus nombreuses faites sur les faits, par des professeurs de physique, de chimie et de mathématiques, eussent été particulièrement souhaitables [...] » [4].

Une question figurant dans l'enquête concerne les « qualités générales de travail, régularité, intelligence » [5]. D'abord, « une qualité remarquée

---

1. Jeanne P. Crouzet-Ben Aben, *Revue universitaire*, n° 1, 1909, p. 465.

2. « Enquête comparative sur les résultats obtenus dans les mêmes études par les jeunes gens et les jeunes filles », *Revue universitaire,* n° 2, 1932, p. 385-386. Voir aussi *L'Agrégation,* n° 149, mars 1933, p. 211-212.

3. Jeanne P. Crouzet-Ben Aben, « Les résultats de l'assimilation », *Revue universitaire,* n° 1, 1935, p. 420-435 et n° 2, 1935, p. 27-36.

4. *Revue universitaire,* n° 1, 1935, p. 420.

5. *Ibid., p.* 420, 423, 425-426.

très généralement chez les jeunes filles est le soin extérieur qu'elles apportent à leurs devoirs ». Ensuite, selon l'opinion générale, « le travail des jeunes filles est plus "scolaire", celui des garçons plus personnel et plus original ». La plupart des correspondants pensent que les différences, observées dans la manière de travailler, proviennent d'une différence de qualités intellectuelles ; « non qu'ils estiment l'intelligence des jeunes filles inférieure à celle des jeunes gens ; mais ils l'estiment autre, et presque tous s'accordent à reconnaître aux garçons plus de puissance de raisonnement et de logique, aux filles plus de finesse, d'intuition, de goût artistique ».

En ce qui concerne les résultats obtenus un seul témoignage de professeur de sciences est rapporté :

> « Les jeunes filles semblent ne pas estimer à sa juste valeur le souci de se limiter et de ne présenter que l'essentiel. Elles montrent une infériorité très nette dans la résolution des problèmes de physique. Celles qui parviennent à traiter complètement les sujets n'y apportent pas la personnalité de bonnes élèves. Pas de raccourci, pas de solutions adaptées aux points proposés, mais emploi d'une méthode générale longue et pénible » [1].

Une autre question se rapporte à l'opportunité d'« adapter à chaque sexe sujets de devoirs ou procédés d'exposition » [2], question qui est double car « elle comprend une question de principe et une question d'application ». Jeanne P. Crouzet-Ben Aben, en rendant compte de l'enquête, explique :

> « En principe, l'assimilation étant posée, tout ce qui est de nature à la contrarier et à entraver le bon fonctionnement de l'expérience poursuivie est à laisser de côté, à la fois pour des raisons de fond et pour des raisons d'opportunité.
> Raisons de fond : au lieu de cultiver, d'encourager les différences intellectuelles constatées entre les deux sexes, il vaut mieux chercher à les atténuer ou à les faire disparaître [...]
> Raisons d'opportunité : les examens étant les mêmes, il est plus prudent de préparer les deux sexes à traiter les mêmes sujets [...] » [3].

L'enquête révèle [4] aussi que « la section non assimilée [celle du diplôme] tombe en discrédit et est appelée à disparaître ». D'une manière unanime les familles acceptent l'assimilation. Tout aussi unanimement, on juge désastreux les résultats des différences existant encore entre les

---

1. *Ibid.*, p. 434.
2. *Revue universitaire*, n° 2, 1935, p. 27.
3. *Ibid.*
4. *Ibid.*, p. 29-31 et 36.

deux enseignements masculin et féminin, et notamment les effets des réductions d'horaires dans l'enseignement féminin.

En résumé :

> « Les familles, pour accepter l'assimilation, se sont placées d'emblée et uniquement au point de vue utilitaire. Les professeurs chargés d'appliquer cette assimilation ont comparé les capacités. Le résultat le plus frappant de leur comparaison est qu'il y a, non pas une masse, mais une élite de jeunes filles assez robustes physiquement et assez bien douées intellectuellement pour suivre jusqu'au bout, et cela aussi *bien* que les meilleurs élèves masculins, les études supérieures. Pour cette élite-là, ils demandent que les conditions de travail soient vraiment identiques alors qu'elles ne le sont pas tout à fait encore, même avec l'assimilation, et en raison de quelques survivances injustifiables de l'ancien régime ».

Ainsi est posée la question de la conciliation des intérêts de la masse et des intérêts de l'élite. Parmi les réponses, est signalée la proposition d'« ouvrir à l'élite les classes des lycées de garçons dans les petites villes, garder dans les grandes villes des lycées de filles assimilés, et, pour la masse conserver des établissements féminins d'ancien régime ». Système complexe qui créerait une grande diversité : mixité, assimilation et non assimilation. Une autre proposition est celle d'instituer dans tous les établissements (filles et garçons) une « sélection progressive », qui permettrait de lutter contre l'abaissement du niveau moyen des études.

Par ailleurs, la question d'un baccalauréat féminin, très allégé mais donnant accès aux études supérieures, va resurgir en juin 1936 au Congrès qui se tient au Havre sur les questions d'enseignement secondaire. La proposition, qui est faite au nom des parents d'élèves, est violemment combattue par Luce Langevin [1] : « La *Société des agrégées* qui a lutté contre l'ancien diplôme, dit-elle, qui lutte pour l'assimilation complète de tous les programmes, examens et concours, y compris ceux d'agrégation, ne pourrait admettre ce baccalauréat féminin » [2].

Nous verrons dans la deuxième partie l'évolution des concours d'agrégation vers l'assimilation, puis la fusion qui implique la mixité des concours.

---

1. Luce Langevin, Sévrienne de la promotion 1920, est agrégée de sciences physiques et naturelles féminine (1923).

2. « Un baccalauréat pour les femmes ? », *Revue universitaire,* n° 2, 1936, p. 251.

La mixité

Dans le questionnaire établi par la Commission extraparlementaire, constitué en 1916 pour étudier les conditions d'une réforme de l'enseignement secondaire féminin, est inclus le problème de la mixité. Nous avons vu les premières étapes franchies, avant l'assimilation des deux enseignements secondaires masculin et féminin, en autorisant l'admission des jeunes filles dans les lycées et collèges de garçons, d'abord (octobre 1922) dans les deux classes terminales de philosophie et mathématiques, puis (juin 1923) dans les classes préparatoires aux grandes écoles et (octobre 1923) dans les classes de première. Les circulaires de 1926 et 1927 sur la coéducation fixent les conditions strictes d'admission des jeunes filles dans les établissements de garçons.

C'est la circulaire du 3 juillet 1957 qui marque véritablement une étape dans l'institution de la mixité dans l'enseignement secondaire. Cette circulaire [1] débute par un constat :

> « Les circonstances de la guerre et d'après guerre nous ont conduit dans les villes sinistrées et sur les terrains récemment acquis, à admettre indifféremment garçons et jeunes filles dans les locaux provisoires ou définitifs dégagés à grand-peine et à grands frais. Certaines villes enfin ont compris l'intérêt que présentait une utilisation en commun d'installations coûteuses ou de professeurs spécialisés et nous ont demandé de fusionner leurs collèges ».

Après avoir souligné que « la gémination, en tant que système d'éducation était passionnément discutée », la remarque est faite que « la jeunesse est mal préparée à la vie mêlée qui devient nécessairement la sienne dans l'enseignement supérieur ». La conséquence est donc évidente :

> « [...] il faut mettre à profit les expériences sporadiques de coéducation dans l'enseignement du second degré pour faire en sorte que [les] adolescents grandissent dans le respect les uns des autres. De l'avis général, les inconvénients sont moins redoutables si les enfants sont réunis dès la classe de 6e, *si les effectifs des jeunes garçons et des jeunes filles sont équilibrés* et si le cadre du personnel administratif, d'enseignement et de surveillance est en proportion convenable, composé d'hommes et de femmes qui prennent conscience des impératifs d'un bon ordre ».

Et la circulaire se termine par une énumération des avantages qui peuvent être retirées de la coéducation :

---

1. « Circulaire du 3 juillet 1957. Fonctionnement des établissements mixtes », *Bulletin officiel.* n° 28 (11-7-57), p. 2293-2395.

> « La tâche ne doit effrayer personne : bien conduite, elle procure d'inappréciables satisfactions, celles surtout qui donnent une plus vive émulation des intelligences, une formation en commun des caractères qui peut rendre les jeunes filles plus simples, plus objectives, les jeunes gens plus discrets, plus policés, tous plus compréhensifs et plus généreux ».

La proportion d'établissements secondaires mixtes va passer d'un quart dans la première moitié des années 1950 au tiers en 1960. Puis, une impulsion est donnée par le décret de 1963, qui crée les CES et y établit la mixité ; dès 1964 la proportion d'établissements mixtes dépasse la moitié. Ce sont les décrets d'application de la « loi Haby » en 1976 qui vont généraliser la mixité scolaire [1].

Les doctorats féminins

L'accès des femmes aux études en faculté, qui peuvent conduire au doctorat, est conditionné par l'exigence du baccalauréat, auquel l'enseignement secondaire féminin ne préparait pas. Si on prend l'exemple de la faculté des sciences de Paris [2], sur un peu plus de mille doctorats ès sciences décernés au XIXe siècle [3], on ne compte que trois thèses soutenues par des femmes. Les deux premières, qui portent sur les sciences naturelles, sont présentées en 1888 par Amélie Leblois (née en 1860) et en 1889 par Fanny Bignon (née en 1852). Dans son rapport sur le travail présenté par Amélie Leblois, Gaston Bonnier souligne qu'il s'agit de « l'un des meilleurs qui ait été soumis depuis longtemps au jugement de la faculté ». La troisième de ces thèses féminines du XIXe siècle porte sur les mathématiques ; elle est soutenue en 1893 par Dorothée Klumpke (née aux USA en 1861). À la fin de son rapport, Gaston Darboux précise que cette thèse « est la première qu'une femme ait présentée avec succès » devant la faculté des sciences de Paris pour obtenir le grade de docteur ès sciences mathématiques. Il ajoute en conclusion : « Elle ouvre dignement la voie et la faculté s'empresse de déclarer Melle Klumpke digne d'obtenir le grade de docteur avec toutes boules blanches ».

La première thèse féminine en sciences physiques et la première au XXe siècle, à la faculté des sciences de Paris, est celle de Marie Curie en 1903. La troisième en sciences physiques est celle de Pauline Ramart en 1913. Marie Curie et Pauline Ramart seront les deux premières femmes

---

1. Françoise et Claude Lelièvre, *Histoire de la scolarisation des filles,* Paris, Nathan, 1991, p. 171-180. Michelle Zancarini-Fournel, « Coéducation, gémination, construction, mixité : débats dans l'Éducation nationale (1882-1976) », dans *La Mixité dans l'éducation. Enjeux passés et présents,* Rebecca Rogers dir., Lyon, ÉNS éditions, 2004, p. 25-32 (p. 30-31).

2. Bénédicte Bilodeau et Nicole Hulin, « Les premiers doctorats féminins... », *op. cit.*

3. Les deux premiers en 1811, en sciences mathématiques et en sciences physiques.

professeurs à ladite faculté [1]. En ce XXe siècle, jusqu'en 1920 on compte 28 thèses féminines, comprenant 23 thèses de sciences naturelles et 5 thèses de sciences physiques ; les orientations disciplinaires sont nettement marquées. Dans la période 1921-1935 un rééquilibrage s'opère au sein des sciences expérimentales (avec 39 thèses de sciences naturelles et 30 de sciences physiques), et deux nouvelles thèses de mathématiques sont soutenues en 1930 et 1934 ; avec 71 thèses en quinze ans l'augmentation est très sensible.

Comme pour les hommes les rapports, qui peuvent mentionner l'aptitude à enseigner, soulignent les qualités de précision, méthode, ténacité, etc. Toutefois dans le rapport établi par Alfred Giard sur la thèse de Melle Deflandre soutenue en 1903 sur la « fonction adipogénique du foie », on relève une connotation sexiste quand il écrit qu'« elle a persisté dans son erreur avec un entêtement très féminin ».

---

1. Christophe Charle et Éva Telkès, *Les Professeurs de la faculté des sciences de Paris. Dictionnaire biographique 1901-1939*, Paris, INRP-CNRS, 1989.

Deuxième partie

Le recrutement des professeurs

L'agrégation

Chapitre VI

LES AGRÉGATIONS SCIENTIFIQUES FÉMININES AU XIXe SIÈCLE

L'enseignement secondaire des jeunes filles a donc été fondé, à l'initiative de Camille Sée, par la loi du 21 décembre 1880. Au premier semestre de l'année scolaire 1886-1887 on pouvait compter 16 lycées et 19 collèges de jeunes filles distribuant l'instruction à 4967 élèves[1]. Mais il avait fallu constituer un corps enseignant pour les nouveaux établissements ainsi créés. À l'initiative de Camille Sée on créa une école normale pour les jeunes filles[2] en 1881, puis on institua un concours d'agrégation en 1883.

Comme le souligne Paul Dupuy[3] en janvier 1884, la valeur même du nouvel enseignement dépendait des personnes chargées d'appliquer les programmes. Sur les programmes on s'était trouvé d'accord pour éviter aux filles les surcharges des programmes de garçons et on avait marqué nettement la distinction. « Mais, ajoute Paul Dupuy, si l'étendue des études ne devait point être égale, il était essentiel au contraire, sous peine de faire mentir le nom même de l'institution nouvelle, que l'esprit de l'enseignement fût identique ».

Après une organisation provisoire des examens du professorat en 1883, le Conseil supérieur de l'Instruction publique dans sa session de décembre 1883 s'est ressaisi de la question avec l'intention d'élaborer quelque chose de définitif. Or, relate Paul Dupuy :

> « L'opinion qui a prévalu dans le Conseil, c'est que toute assimilation entre les lycées et collèges des deux sexes serait dangereuse ; la majorité n'a pas voulu admettre que les connaissances

---

1. Eugène Stropeno, « L'enseignement secondaire des jeunes filles... », *op. cit.*, p. 575.

2. Françoise Mayeur, « Sèvres », dans *Livre du bicentenaire de l'École normale supérieure,* Jean-François Sirinelli dir., Paris, PUF, 1994, p. 73-111 (voir p. 76-77).

3. Paul Dupuy, « Les concours et examens au Conseil supérieur », *L'enseignement secondaire des jeunes filles,* janvier 1884, p. 61-66 (voir p. 63).

imposées aux femmes qui se vouent à l'enseignement secondaire, dussent égaler en étendue et en profondeur celles qu'on est en droit d'exiger des meilleurs maîtres des lycées » [1].

Une école normale et une agrégation

La fondation de l'École normale de Sèvres (1881)

Peu après le vote de la loi sur l'enseignement secondaire de jeunes filles, Camille Sée dépose un nouveau projet de loi concernant la « création d'une école normale de professeurs-femmes » [2] ; la loi est votée le 26 juillet 1881 et l'arrêté [3] du 14 octobre 1881 annonce l'ouverture des cours, d'une durée prévue de deux ans, pour le 17 novembre 1881, en précisant les conditions du recrutement à partir d'un concours *unique.* Les aspirantes doivent produire soit le brevet supérieur de l'enseignement primaire, soit un diplôme de bachelier, soit le diplôme d'études pour l'enseignement spécial.

Le concours de recrutement comprend des épreuves écrites et orales, les premières étant constituées de quatre compositions : langue française, littérature française, histoire de France et géographie générale, arithmétique et sciences physiques. L'examen oral porte sur les mêmes matières mais comprend en outre « quelques notions élémentaires sur les principes de la morale ». Il est prévu que dans le courant du mois de janvier les élèves de « l'école normale secondaire de Sèvres » soient réparties en deux séries selon leurs aptitudes spéciales pour les études littéraires ou scientifiques. La première promotion sera constituée de vingt élèves littéraires et vingt élèves scientifiques.

Notons que dans les premières années de son fonctionnement l'École normale de garçons – celle de la rue d'Ulm – (fondée définitivement [4] en 1808) effectuait le recrutement des deux sections des lettres et des sciences à partir d'un concours unique, la première année d'études étant ensuite commune aux deux sections. C'est à la suite de l'arrêté [5] du 30 octobre 1830 que les deux sections ont été recrutées par des concours différents et que leurs études sont devenues distinctes dès la première année. Soulignons, par ailleurs, qu'à sa création en 1881 l'École normale des femmes porte le qualificatif de « secondaire » alors que l'École nor-

1. *Ibid.*

2. *Bulletin administratif,* t. 24, 1881, p. 1091.

3. *Ibid.*, p. 1617-1618.

4. L'École normale de l'an III n'eut qu'une durée éphémère et c'est le décret du 17 mars 1808 qui refonde l'École.

5. *Bulletin universitaire,* t. 2, 1830-1831, p. 181.

male des hommes a reçu, par l'ordonnance du 6 décembre 1845, celui de « supérieure »[1].

Le certificat d'aptitude et l'agrégation (1883)

La durée des études à l'École de Sèvres ayant été fixée à deux années il convenait donc d'instituer pour 1883 un examen final dans l'ordre des sciences et dans l'ordre des lettres pour les élèves de la première promotion. Aussi deux arrêtés[2], datés du 31 janvier 1883, annoncent l'ouverture d'un concours d'agrégation pour le 9 juillet 1883 et l'ouverture d'une session d'examen pour le certificat d'aptitude le 6 août 1883, auxquels sont admises les élèves de Sèvres arrivées au terme de leurs deux années d'études. Mais pour éviter de limiter le recrutement aux élèves de Sèvres il est prévu d'admettre, d'une part à l'examen du certificat d'aptitude « les aspirantes libres pourvues du brevet d'enseignement primaire supérieur », d'autre part au concours d'agrégation les aspirantes pourvues soit du certificat d'aptitude soit du diplôme de licence ou du baccalauréat avec la mention *bien.*

Ces conditions sont commentées par Émile Beaussire[3], président de la Société pour l'étude des questions secondaires. Il souligne que seules « quelques femmes d'une instruction exceptionnelle ont su conquérir près des facultés » les grades du baccalauréat et de la licence. Et il ajoute :

> « Le brevet supérieur pour l'instruction primaire reste donc la plus forte garantie que l'on puisse demander aux aspirantes libres qui ne se sont pas élevées jusqu'au baccalauréat ou à la licence. [...] Ainsi, c'est un titre appartenant exclusivement à l'enseignement primaire qui ouvre l'entrée du professorat dans l'enseignement secondaire. Il y a là une anomalie qu'il convient de faire cesser ».

Le concours d'agrégation de 1883 dans l'ordre des sciences comporte trois séries d'épreuves :

- Les *épreuves écrites préparatoires* constituées de trois compositions (mathématiques, physique et chimie, histoire naturelle), chacune d'une durée de 5 heures et affectée du coefficient 15.
- Les *épreuves orales* comprenant trois leçons, chacune d'une durée de 3/4h et affectée du coefficient 25, avec une préparation de 4 heures sans document : une leçon de mathématiques, une leçon de physique ou chimie (avec expériences), une leçon d'histoire naturelle (avec expériences et démonstration).

---

1. *Bulletin universitaire,* t. 14, 1845, p. 247.

2. *Revue internationale de l'enseignement,* t. 5, n° 1, 1883, p. 335-340.

3. Allocution à l'Assemblée générale du 24 mars 1883 de la Société pour l'étude des questions secondaires, *Revue internationale de l'enseignement,* t. 5, n° 1, 1883, p. 430-435 (voir p. 432).

- Les *épreuves écrites finales* constituées de trois compositions portant sur les mêmes matières et de la même durée que les épreuves écrites préparatoires, mais chacune étant ici affectée du coefficient 20.

Conjointement l'arrêté précise les matières sur lesquelles porteront les épreuves écrites et les sujets de leçons qui seront tirés au sort par les candidates.

Les résultats du concours d'agrégation de 1883

À ce premier concours six jeunes filles sont reçues dans l'ordre des sciences dont cinq Sévriennes : Zénaïde Génin, Alice Caen, Marie Lacharrière, Alix Sériès, Emma Appy. À l'issue du concours Ernest Legouvé présente un bilan et, objectivement, reconnaît l'aptitude des jeunes filles pour les mathématiques, corrigeant ainsi ses prises de position antérieures (voir chapitre I) :

> « Les examens des élèves de sciences ont été notablement supérieurs à ceux des élèves de lettres.
> Ce résultat contredit une opinion fort générale, et que j'ai, quant à moi, vivement soutenue, à savoir, qu'il faut reléguer au second rang dans l'éducation des femmes les études scientifiques, les sciences abstraites, les mathématiques, comme étant peu compatibles avec la nature même de l'intelligence féminine. Nous nous sommes trompés. À voir l'empressement des jeune filles à se porter vers cet enseignement et les brillants succès qu'elles y obtiennent, on peut dire hardiment que les sciences abstraites ne sont pas plus interdites à un sexe qu'à l'autre, et que ce qu'il y a dans l'esprit des femmes de pratique et de subtil s'applique à merveille à l'intelligence des problèmes de mathématiques » [1].

Il avance deux raisons pour expliquer les meilleures performances au concours scientifique ; d'une part « il est plus facile, dit-il, d'apprendre et d'enseigner les sciences que les lettres », d'autre part « les livres pour l'enseignement scientifique sont faits, et [...] les livres pour l'enseignement littéraire des femmes ne le sont pas ». En effet, explique-t-il : « Il n'y a pas deux manières d'enseigner les mathématiques, et le sexe des élèves ne change rien au fond même de l'enseignement ». Quant aux élèves :

> « Les unes s'expriment mieux que les autres, celles-ci en savent plus que celles-là, mais leurs réponses portent toujours sur des questions définies, et une élève douée d'une bonne mémoire peut, dans un interrogatoire sur les problèmes mathématiques, sur les

---

1. Ernest Legouvé, « Rapport sur le concours d'agrégation de l'enseignement secondaire des jeunes filles en 1883 », *L'enseignement secondaire des jeunes filles*, novembre 1883, p. 184-191 (voir p. 188-189). Ernest Legouvé est chargé des études à l'École de Sèvres lors de sa création en 1881.

lois physiques, sur les phénomènes chimiques, savoir complètement et traiter parfaitement le sujet qui lui est proposé ».

L'organisation de 1883 pour l'agrégation avait un caractère provisoire et, dès 1884, le concours est réformé. D'autre part, la durée des études à l'École de Sèvres est portée à trois ans et les élèves de la promotion 1883 passent le concours d'agrégation en 1886.

De l'agrégation unique à la double agrégation de sciences

La réorganisation de l'agrégation (1884)

Le concours d'agrégation est donc restructuré en 1884, mais en conservant deux agrégations (une en sciences et une en lettres). Avec ces deux agrégations on est bien en deçà des cinq agrégations spéciales réclamées par les professeurs de Sèvres (consultés – mais non représentés au Conseil supérieur), qui jugeaient que « la spécialité des connaissances chez le professeur attestée par des épreuves spéciales, pouvait seule assurer la valeur du personnel enseignant » [1]. Si Paul Dupuy juge seulement prématurée l'introduction de la spécialisation à l'agrégation et fixe un délai de trois ou quatre ans pour la rendre réalisable, Eugène Manuel, dans son rapport au nom de la Commission de l'enseignement secondaire des filles, affirme « qu'on ne saurait exiger des professeurs-femmes une instruction comparable à celle des professeurs-hommes » [2]. Eugène Manuel explique :

> « Former des maîtres spéciaux pour les lettres, l'histoire, les mathématiques, la physique et la chimie, les sciences naturelles, c'[est] méconnaître le caractère propre de l'enseignement des filles, établir une assimilation dangereuse entre les lycées et les collèges des deux sexes, et imaginer des besoins que votre Commission ne reconnaît pas. Quelque idée que l'on se fasse de l'avenir de l'enseignement secondaire des jeunes filles, quelque préoccupation qu'on puisse avoir au sujet de la capacité du nouveau corps enseignant, on ne saurait admettre que les connaissances imposées aux femmes qui se vouent à l'enseignement secondaire doivent égaler en étendue et en profondeur celles qu'on est en droit d'exiger des meilleurs maîtres de nos lycées » [3].

L'agrégation de sciences ainsi constituée par le décret [4] du 5 janvier 1884 comporte deux types d'épreuves, les épreuves écrites et les épreuves

---

1. Paul Dupuy, « Les concours et examens au Conseil supérieur », *op. cit.*, p. 63-64.

2. *Ibid.*, p. 64. « Rapport présenté au Conseil supérieur de l'Instruction publique au nom de la Commission de l'enseignement secondaire de jeunes filles ».

3. *L'enseignement secondaire des jeunes filles,* février 1884, p. 75-83 (voir p. 77).

4. *L'enseignement secondaire des jeunes filles,* janvier 1884, p. 43-45.

orales (cf. tableau 14). Notons que le décret porte une indication, spécifique à l'agrégation féminine, concernant la prise en compte par le jury des « aptitudes pour la diction » des candidates. Au sein des épreuves orales figure une interrogation de langues vivantes, mais la circulaire du 24 janvier 1884 précise qu'elle ne deviendra obligatoire qu'à la session de 1886. Par ailleurs, à l'écrit figure une composition littéraire ; ceci constitue une autre originalité de cette agrégation scientifique féminine, et – par la circulaire du 24 janvier 1884[1] – sa présence est justifiée par « l'utilité qu'il y aurait à ne pas laisser trop étrangères aux exercices de littérature ou à l'art d'écrire les jeunes filles qui suivent la carrière des sciences » ; on trouvera les sujets posés en annexe 3.

TABLEAU 14
Agrégation de sciences
(décret du 5 janvier 1884)

Épreuves écrites (durée 4h)	*Épreuves orales*
composition de mathématiques	*leçons* (durée 3/4h max. après 3h de préparation sans livres ni notes)
composition de physique et chimie	leçon de mathématiques
composition d'histoire naturelle	leçon de physique ou chimie - avec expériences
composition littéraire	leçon d'histoire naturelle - avec démonstration
	interrogation en allemand ou anglais avec thème au tableau (durée 1/2h)

Paul Dupuy fait une analyse critique du contenu du concours :

> « Les épreuves qui doivent donner accès au professorat ont donc été combinées avec la ferme intention de ne demander aux aspirantes soit à l'agrégation des lettres soit à l'agrégation des sciences que des connaissances superficielles, ou si l'on préfère, élémentaires, sur des sujets assez variés. On a même été jusqu'à placer une composition littéraire parmi les épreuves écrites de l'agrégation des sciences. Mais en aucune manière on n'est allé au delà des programmes de l'enseignement secondaire des jeunes filles. Ce qu'on désire c'est que, sans livres ni notes [...] toute personne désirant professer, puisse parler 20 minutes à 3/4 d'heure sur n'importe quel sujet d'ordre scientifique [...], énoncé au programme de l'enseignement secondaire des jeunes filles »[2].

1. *Lycées et collèges de jeunes filles,* Paris, Cerf, 1884, p. 556-557. La circulaire reprend ici les termes du rapport d'Eugène Manuel.

2. Paul Dupuy, « Les concours et examens au Conseil supérieur », *op. cit.*, p. 64-65.

Il souligne aussi une « bizarrerie difficile à expliquer », la présence à l'agrégation de sciences d'une épreuve de langues avec une interrogation et un thème improvisé.

Les rapports sur les concours d'agrégation, tels celui d'Émile Fernet en 1889 [1], nous renseignent sur le niveau des épreuves et les performances des candidates. En mathématiques la composition écrite comportait, comme les années précédentes, une question de théorie et un problème :

> « La question de théorie (résolution et discussion d'un système de deux équations du premier degré, à deux inconnues), n'a été traitée par aucune aspirante d'une manière absolument satisfaisante dans son ensemble [...]
> Le problème de mathématiques comprenait deux parties [...] la solution de la première partie qui dépendait simplement d'une égalité de triangles rectangles, mise en évidence par la figure, n'a été trouvée que par six aspirantes ».

Et, Émile Fernet exprime le regret de ne « pas trouver à un degré suffisant le sens mathématique et l'habitude de la réflexion » chez les candidates. Ceci se retrouve au niveau des leçons où seules « ont été bien comprises, bien coordonnées et bien exposées » celles pour lesquelles l'aspirante avait un modèle dans celles déjà entendues ; mais « celles dont le sujet demandait une plus grande part de pénétration ou d'esprit de coordination ont été généralement défectueuses ».

À propos des leçons de sciences physiques, Émile Fernet est amené à des remarques sur la qualité d'exposition et de diction : « La plupart des leçons, même les meilleures, ont été dites, cette fois encore, sur un ton uniforme et avec une rapidité de parole, qui peuvent être acceptées d'une élève répondant à une interrogation, mais qui ne sauraient l'être d'un professeur ». Enfin, « les leçons d'histoire naturelle ont présenté, en général, un caractère très élémentaire », note Émile Fernet qui explique : « [...] les aspirantes n'ont pas acquis des connaissances assez étendues pour oser s'aventurer, même devant le jury, au delà des généralités strictement comprises dans le sujet : cette interprétation étroite entraîne même souvent de réelles inexactitudes ». Et Fernet souhaiterait que les candidates soient plus préoccupées « de *voir davantage et mieux*, dussent-elles lire un peu moins ».

Eugène Blum [2] se fait l'écho des propos d'Émile Fernet et explique qu'« il est facile de voir qu'un bon candidat au baccalauréat de l'ensei-

---

1. *Revue de l'enseignement secondaire et de l'enseignement supérieur,* n° 12, 1889, p. 529-538. À ce concours, où 39 aspirantes ont fait toutes les compositions écrites, 17 ont été admissibles et 8 reçues (dont 7 Sévriennes).

2. Eugène Blum, « L'instruction publique des femmes (1885-1889) », *Revue internationale de l'enseignement,* t. 19, n° 1, 1890, p. 17-50 (voir p. 46-47).

gnement spécial traiterait avec succès les questions posées dernièrement aux candidates à l'*agrégation* ». Et ceci l'amène à déclarer :

> « On peut se demander s'il était nécessaire d'instituer en toute hâte des agrégations spéciales au lieu de convier l'élite du personnel féminin à prendre concurremment avec les hommes des titres vraiment secondaires, puisqu'on aspire à les remplacer dans les classes supérieures ; s'il est équitable d'appeler du même nom, par esprit de symétrie administrative, des concours qui n'ont rien en commun ; s'il est prudent enfin de décerner à de jeunes débutantes des titres qui leur donnent l'illusion de posséder un savoir suffisant [...] ».

Et il ajoute immédiatement :

> « Mais on doit surtout rechercher, non sans une légitime inquiétude, si les défauts qu'on reproche aux jeunes aspirantes, au lieu d'avoir pour cause une infériorité naturelle toujours contestable ou une insuffisance peu vraisemblable de préparation, n'ont pas leur raison fondamentale dans l'organisation d'épreuves encyclopédiques : il ne faut pas incriminer le savoir superficiel et livresque de l'examinée à laquelle ne manquent ni les aptitudes, ni même souvent le talent, mais le système de l'examen [...] ».

La spécialisation du concours (1894)

Dans sa session de juillet 1894 le Conseil supérieur de l'Instruction publique [1] aborde la question de la réforme de l'agrégation et du certificat d'aptitude jugeant nécessaire d'alléger « le travail excessif et débilitant », malgré la modestie des exigences du programme, nécessité par la préparation de ces examens portant sur les diverses parties d'une culture générale. La discussion s'est engagée sur le principe d'une réforme qui modifierait profondément l'agrégation en laissant la liberté aux aspirantes de se consacrer exclusivement soit à la physique soit aux mathématiques.

Cette discussion sur l'agrégation de sciences a été fort courte, tous les représentants des sciences présents à la délibération étant partisans du projet. Ainsi l'arrêté [2] du 31 juillet 1894 distingue deux sections, l'une de sciences mathématiques, l'autre de sciences physiques et naturelles. C'est à cette nouvelle agrégation de mathématiques que Marie Curie est reçue en 1896, 1re sur 4. Une seule épreuve reste commune aux deux agrégations, la composition sur un sujet de morale ou d'éducation, substituée à la composition littéraire. Cette épreuve disparaîtra seulement au concours de 1938 (voir les sujets en annexe 3). Chacun des concours comprend, en outre, deux épreuves écrites scientifiques et des épreuves

---

1. *L'enseignement secondaire,* n° 19, novembre 1894, p. 229-232.

2. *Bulletin administratif,* t. 56, 1894, p. 185-187.

orales constituées de leçons (cf. tableau 15). Et, on continue de préciser que dans les leçons orales le jury tiendra compte de la diction.

TABLEAU 15
Agrégations féminines

Sciences mathématiques	Sciences physiques et naturelles
Arrêté du 31 juillet 1894	
Épreuves écrites - durée 4h composition française composition arithmétique et algèbre composition géométrie et cosmographie *Épreuves orales* - durée 3/4h leçon arithmétique et algèbre leçon géométrie et cosmographie	*Épreuves écrites* - durée 4h composition française composition sciences physiques composition sciences naturelles *Épreuves orales* - durée 3/4h leçon physique leçon chimie leçon sciences naturelles
Concours 1902	*Arrêté du 16 janvier 1897*
Épreuves écrites (coeff. total 10) composition française (coeff. 2) composition arithmétique et algèbre (coeff. 4) composition géométrie et cosmographie (coeff. 4) *Épreuves orales (coeff. total 10)* leçon arithmétique et algèbre (coeff. 5) leçon géométrie et cosmographie (coeff. 5)	*Épreuves écrites(coeff. total 10)* composition française (coeff. 2) composition physique (coeff. 4) « les problèmes de physique peuvent impliquer des connaissances de chimie » composition sciences naturelles (coeff. 4) *Épreuves orales (coeff. total 16)* leçon physique (coeff. 5) leçon chimie (coeff. 6) leçon sciences naturelles (coeff. 5)

Une proposition, qui consistait à rajouter une épreuve commune de langues a été repoussée après une courte discussion. Une autre proposition « tendant à confondre sur une même liste de classement les aspirantes des deux sections, pour bien marquer l'intention d'empêcher les spécialisations abusives, a dû être écartée, en raison de la dualité de jury nécessaire pour juger les deux séries d'épreuves ».

Puis l'arrêté [1] de 16 janvier 1897 va apporter, au concours de sciences physiques et naturelles, une modification au libellé de l'une des compositions écrites, qui de « composition de sciences physiques » devient « composition de physique » avec toutefois la précision que « les problèmes de physique peuvent impliquer des connaissances de chimie ».

1. *Bulletin administratif,* t. 61, 1897, p. 145-146.

Masculin – féminin, les décalages

Mesurons d'abord le décalage, au point de vue de la spécialisation, entre les concours féminins et masculins. La double agrégation (sciences mathématiques, sciences physiques et naturelles) a été introduite à l'agrégation masculine par Victor Cousin en 1840 et, depuis 1881, un concours spécial pour les sciences naturelles est organisée réalisant la triple spécialisation à l'agrégation masculine. Mais mesurons aussi le décalage dans la définition des épreuves et de leur contenu. Par le statut de 1885 l'agrégation masculine de sciences physiques [1] comporte trois compositions écrites de sept heures, une de chimie et deux de physique (physique élémentaire et physique supérieure). Le contenu de la composition de physique élémentaire est précisé par l'arrêté du 19 janvier 1897 [2]. Le sujet doit être pris dans les programmes de l'enseignement secondaire, ce qui ne signifie pas, est-il indiqué, que le candidat doive se borner à un exposé élémentaire de la question ; il doit au contraire s'efforcer de le traiter avec tous les développements qu'elle comporte. Ce même arrêté introduit une troisième épreuve de physique, d'une durée de sept heures, portant sur un problème avec applications. Pour une comparaison avec l'agrégation féminine il est intéressant de considérer les sujets des épreuves proposés en 1899 [3] : la composition de physique élémentaire a pour sujet l'électrolyse ; celle de physique supérieure porte sur les propriétés générales du champ magnétique, sujet qui a permis à certains candidats de faire une référence à la théorie de Maxwell [4]. Quant à la troisième composition de physique, elle consiste en un véritable problème charpenté en un enchaînement de questions, avec pour thème « l'évaluation d'un potentiel au moyen de l'électromètre absolu à anneau de garde ».

En ce qui concerne l'agrégation féminine le terme de problème, dont il est fait usage dans l'arrêté de 1897, désigne en fait un simple exercice, comme le montre le sujet de la composition de physique de 1899 [5]. Celui-ci comporte deux parties avec, d'abord, une question de cours : « Différence de potentiel électrique au contact de corps différents. Production et entretien du courant ». La deuxième partie, qui commence par la demande de définitions, propose un exercice sur les changements d'échelle thermométrique :

---

1. Statut du 29 juillet 1885, *Bulletin administratif,* t. 38, 1885, p. 326.

2. *Bulletin administratif,* t. 61, 1897, p. 137-140.

3. On trouve le contenu des épreuves de cette agrégation dans un registre conservé à l'École normale supérieure et tenu par les agrégés préparateurs s'occupant du concours.

4. D'après des copies appartenant au fonds de l'INRP. À ce sujet voir Nicole Hulin, « Science qui se fait, science qui s'enseigne », *Histoire de l'éducation,* n° 21, juin 1984, p. 37-58 (voir p. 54-55).

5. D'après un registre conservé au Service d'histoire de l'éducation de l'INRP.

> « Définitions de l'unité de chaleur, ou calorie ; de la chaleur spécifique d'un corps solide ; de sa chaleur de fusion ; de son coefficient de dilatation cubique ; de sa température de fusion.
> On suppose qu'on connaisse, pour un corps solide déterminé sa chaleur spécifique K=0,03 ; sa chaleur de fusion λ=5,34 ; [...] ; toutes ces quantités étant rapportées aux unités CGS et à l'échelle centigrade. On demande de déterminer les valeurs numériques de ces mêmes quantités en substituant à l'échelle centigrade, dans toutes les définitions : 1/ l'échelle de Réaumur ; 2/ l'échelle de Fahrenheit ».

En cette fin du XIXe siècle il existe donc un décalage en ce qui concerne la spécialisation du concours, avec le rattachement ou non des sciences naturelles aux sciences physiques, et la définition des épreuves concernant les sciences physiques. Il faut noter que, avant sa spécialisation, l'agrégation masculine de sciences physiques et naturelles comportait deux compositions écrites distinctes en physique et chimie. Décalage aussi dans la durée des épreuves écrites (7 heures et 4 heures) ainsi que dans le niveau des sujets proposés, ces deux différences étant nécessairement liées.

Chapitre VII
ÉVOLUTION ET UNIFICATION

Au cours des années 1920-1930 un processus de rapprochement des concours masculins et féminins s'opère par étapes pour arriver à l'unification des épreuves.

L'évolution des années 1920

Premières modifications

Les deux arrêtés [1] du 10 janvier 1922 et du 18 janvier 1923 apportent des modifications dans le contenu des épreuves et la valeur des coefficients qui leur sont affectés (cf. tableau 16).

TABLEAU 16
Agrégations féminines

Sciences mathématiques	Sciences physiques et naturelles
Arrêté du 10 janvier 1922	*Arrêté du 18 janvier 1923*
Épreuves écrites (coeff. total 30) - durée 4h composition française (coeff. 2) composition programme de math enseignement secondaire de jeunes filles (coeff. 8) composition algèbre, trigonométrie, analyse (coeff. 8) composition géométrie, géométrie analytique, mécanique (coeff. 8)	*Épreuves écrites (coeff. total 12) - durée 4h* composition française (coeff. 2) composition physique (coeff. 4) composition chimie (coeff. 2) composition histoire naturelle (coeff. 4)
Épreuves orales (coeff. total 30) - durée 3/4h leçon arithmétique, algèbre, analyse (coeff. 15) leçon géométrie, mécanique, cosmographie (coeff. 15)	*Épreuves orales (coeff. total 17)* - durée 3/4h leçon physique (coeff. 6) leçon chimie (coeff. 5) leçon histoire naturelle (coeff. 6)

1. *Bulletin administratif,* t. 111, 1922, p. 31-32 et t. 113, 1923, p. 76-77.

L'agrégation de mathématiques comporte désormais trois compositions spéciales au lieu de deux, avec l'ajout d'une composition sur le programme de l'enseignement secondaire de jeunes filles. Les matières, sur lesquelles portent les deux autres compositions et les deux leçons, sont redéfinies avec notamment la mention de la mécanique. Avec les nouveaux coefficients qui sont fixés les poids de l'écrit et de l'oral restent identiques, mais le poids de la composition française à l'intérieur de l'écrit baisse notablement, passant de 1/5 à 1/15.

À l'agrégation de sciences physiques et naturelles le nombre des compositions spéciales passe aussi à trois avec l'ajout d'une composition spécifique de chimie, de poids moitié moindre que celle de physique. Les modifications apportées aux différents coefficients maintiennent un poids de l'oral supérieur à celui de l'écrit et abaissent légèrement celui de la composition française à l'écrit (1/6 au lieu de 1/5).

La séparation des sciences physiques et des sciences naturelles

Avec pour objectif d'alléger la préparation du concours « tout en permettant à chaque spécialité de gagner en profondeur », l'Union des physiciens émet en 1923 un vœu [1], qu'elle transmet à l'inspecteur général Jean-Baptiste Lamirand, au sujet de la scission de l'agrégation de sciences physiques et naturelles en deux parties. Tout en approuvant l'idée de deux agrégations séparées J.-B. Lamirand juge que sa réalisation n'est possible que lorsque diminuera cette nécessité de demander au même professeur d'assurer plusieurs enseignements dans de trop nombreux établissements.

Georges Bruhat [2], alors professeur de physique à la faculté des sciences de Lille, se déclare favorable à la séparation en deux agrégations et explique : « Les raisons qu'invoque l'administration pour différer la réalisation de cette réforme ne me semblent pas convaincantes. Les mêmes difficultés existent dans les lycées et collèges de garçons que dans les lycées de jeunes filles, et elles sont surmontées ». Il affirme alors sa conviction, qu'une fois la séparation effectuée le niveau des concours masculin et féminin deviendra très rapidement le même car « le niveau d'un concours ne dépend que de la valeur des candidats et surtout du rapport entre le nombre de places et le nombre de candidats », et tous les programmes de physique et chimie comprennent à peu près les mêmes titres de chapitre. Il ajoute alors : « J'admettrai, pour ménager notre vanité masculine, et pour tenir compte de l'existence de l'École normale [...] que les premiers des concours masculins seront supérieurs aux premières des concours féminins ; mais je crois bien que les derniers agrégés seront inférieurs aux dernières agrégées ».

---

1. « À propos des concours féminins », *Bulletin de l'Union des physiciens*, n° 166, octobre 1923, p. 30-33.

2. *Ibid.*

Finalement l'agrégation féminine va purement et simplement être déchargée des sciences naturelles [1] en 1927, le concours d'agrégation de sciences naturelles devenant mixte avec une liste unique de reçus. Cette mesure fait suite à l'assimilation de l'enseignement secondaire féminin à celui des garçons. D'ailleurs le rapport, qui accompagne le décret du 13 février 1927 concernant les licences exigées des aspirantes aux fonctions de l'enseignement, explique qu'« il n'existe plus aucune raison pour exiger du personnel de l'un et l'autre enseignement des licences distinctes » [2]. Cette réforme de l'agrégation satisfait l'Union des physiciens et l'Union des naturalistes dont les présidents respectifs G. Delvalez et Antoine Pizon s'empressent d'adresser leurs remerciements [3] au Directeur de l'enseignement secondaire.

L'agrégation de sciences physiques

L'arrêté du 13 février 1927 définit alors les épreuves [4] de l'agrégation féminine de sciences physiques dont la première session doit avoir lieu en 1931. Les coefficients des différentes épreuves sont fixés par l'arrêté [5] du 20 novembre 1930 (cf. tableau 17).

TABLEAU 17
Agrégation féminine de sciences physiques
(Arrêtés des 13 février 1927 et 20 novembre 1930)

Épreuves écrites (coeff. total 20)	*Épreuves orales et pratiques (coeff. total 24)*
composition française (coeff. 2)	leçon de physique (coeff. 8) - durée 3/4h, préparation 4h
composition de physique du programme des lycées (coeff. 5) - durée 5h	montage de physique (coeff. 4) - durée 1/2h, préparation 3h1/2
composition de physique avec applications (coeff. 6) - durée 5h	leçon de chimie (coeff. 8) - durée 3/4h, préparation 4h
composition de chimie (coeff. 7) - durée 5h	montage d'un appareil et travail du verre (coeff. 2) - durée 3h
	analyse (coeff. 2) - durée 4h

Les épreuves scientifiques écrites, au nombre de trois, comprennent deux compositions de physique et une composition de chimie ; mais avec les nouveaux coefficients, le poids relatif de la chimie par rapport à la physique subit une légère augmentation. Par contre le poids de la composition française à l'écrit est en régression, passant de 1/6 à 1/10.

---

1. *Bulletin administratif,* t. 121, 1927, p. 289-290.

2. *Ibid.*, p. 287-288.

3. *Bulletin de l'Union des physiciens,* n° 200-201, février-mars 1927, p. 191-192. *Bulletin de l'Union des naturalistes,* n° 3, octobre 1927, p. 27-28.

4. *Bulletin de l'Union des physiciens,* n° 237-238, novembre 1930, p. 124-125.

5. *Bulletin administratif,* t. 128, 1930, p. 568.

Les épreuves définitives sont désormais à la fois orales et pratiques et de même nature qu'à l'agrégation masculine de sciences physiques (voir tableau 18). La nouveauté est l'introduction d'épreuves pratiques spécifiques : « montage de physique »[1] (introduit dès 1904 à l'agrégation masculine) et, en chimie, le montage d'un appareil avec travail du verre et l'analyse d'un mélange.

TABLEAU 18
Agrégations masculines

Sciences mathématiques	Sciences physiques
Arrêté du 18 juin 1904	
Épreuves préparatoires *(coeff. total 8)* - durée 7h composition calcul différentiel et intégral (coeff. 2) composition mécanique rationnelle (coeff. 2) composition mathématiques spéciales (coeff. 2) composition mathématiques élémentaires (coeff. 2)	*Épreuves préparatoires* *(coeff. total 13)* - durée 7h composition de physique avec applications (coeff. 4) composition de chimie (coeff. 5) composition de physique sur le programme des lycées (coeff. 4)
Épreuves définitives *(coeff. total 10)* géométrie descriptive (coeff. 1) calcul numérique (coeff. 1) leçon mathématiques spéciales (coeff. 4) leçons sur le programme des lycées (coeff. 4)	*Épreuves définitives* *(coeff. total 12)* dresser le programme des opérations à effectuer pour une leçon de physique de lycée et les effectuer (montage de physique) (coeff. 2) manipulation de chimie comportant l'analyse d'un mélange de sels et un exercice pratique de montage d'appareil (coeff. 2) leçon de physique avec expériences (coeff. 4) leçon de chimie avec expériences (coeff. 4)

Dans son rapport sur le concours d'agrégation de sciences physiques et naturelles en 1930 Jules Faivre-Dupaigre explique[2] :

> « À partir de 1931 [...] cette agrégation cessera d'exister ; elle sera remplacée par une agrégation de sciences physiques de l'enseignement secondaire des jeunes filles, comprenant des épreuves écrites, orales et pratiques du même genre que celles de l'agrégation masculine de sciences physiques, avec laquelle elle se confondra en 1938, puis par l'agrégation des sciences naturelles

---

1. Il s'agit du montage et de la présentation d'expériences pour une leçon indiquée par le jury.

2. Jules Faivre-Dupaigre, « Agrégation de sciences physiques et naturelles. Rapport sur le concours de 1930 », *Bulletin de l'Union des physiciens,* n° 237-238, novembre 1930, p. 111-121 (voir p. 121).

(hommes), qui sera commune dès 1931, à tous les aspirants et aspirantes de cet ordre. Il est à noter d'ailleurs que, chaque année, des candidates se présentent déjà avec succès [1] à cette agrégation unique des sciences naturelles ».

L'unification des concours d'agrégation masculins et féminins

La mixité ayant été établie à l'agrégation de sciences naturelles, il restait à unifier les concours masculin et féminin de mathématiques d'une part, de sciences physiques d'autre part. Cette unification pouvait être opérée, soit par l'identification des diverses épreuves en nature, durée et valeurs des coefficients, soit directement par la fusion. Le processus va se faire en deux étapes : d'abord, identification quasi complète à la fin des années 1930 des agrégations féminines de mathématiques et de sciences physiques avec les agrégations masculines correspondantes telles qu'elles ont été fixées par l'arrêté [2] du 18 juin 1904 ; puis, fusion dans les années 1970.

La première mesure qui est prise est la suppression de l'épreuve spécifique aux agrégations féminines, la composition française [3], par l'arrêté du 6 août 1937 avec effet à partir du concours 1938. Cette mesure a été adoptée à une forte majorité par le Conseil supérieur de l'Instruction publique à sa session de juillet 1937 et « à M. Audollent, qui critiquait cette mesure, M. le Directeur Châtelet fit observer que la bonne présentation d'une question de cours ou de la solution d'un problème de physique ou de mathématiques constituait une épreuve excellente de rédaction, et que des correcteurs avertis savaient en tenir compte » [4].

L'agrégation de sciences physiques

Les épreuves spécifiques de l'agrégation féminine, définies par l'arrêté du 13 février 1927, sont identiques à celles établies à l'agrégation masculine par l'arrêté du 18 juin 1904 (voir tableaux 17 et 18).

Après la suppression de la composition française, les coefficients deviennent identiques aux deux agrégations (arrêtés [5] du 31 mars 1938, 8 avril 1938, 29 juillet 1938) ; seule va subsister une différence dans la

---

1. En 1911 Gabrielle Fandard est reçue seconde à cette agrégation ; elle prépare ensuite une thèse sous la direction de Jules Dastre, qu'elle soutient en mai 1918.

2. *Bulletin administratif,* t. 75, 1904, p. 807-815.

3. *L'information universitaire*, n° 814, août 1937, p. 2.

4. *Bulletin de l'Association des professeurs de mathématiques,* n° 100, septembre 1937, p. 198-206 (voir p. 200).

5. *Bulletin de l'Association des professeurs de mathématiques,* n° 849, avril 1938, p. 2 et n° 850, avril 1938, p. 2 ; n° 878, août 1938, p. 4.

TABLEAU 19
Agrégations féminines
(Arrêté du 31 mars 1938)

Sciences mathématiques *Arrêté du 11 avril 1938*	**Sciences physiques** *Arrêté du 8 avril 1938*
Concours 1938	
Épreuves écrites (coeff. total 30) - durée 6h composition de mathématiques élémentaires (coeff. 10) composition de calcul différentiel et intégral (coeff. 10) composition géométrie analytique, mécanique (coeff. 10)	*Épreuves écrites (coeff. total 13) - durée 6h* composition de physique avec applications (coeff. 4) composition de chimie (coeff. 5) composition de physique sur les programmes des lycées de jeunes filles (coeff. 4)
Épreuves orales (coeff. total 30) 1re leçon (coeff. 15) 2e leçon (coeff. 15)	*Épreuves orales et pratiques (coeff. total 12)* leçon de physique avec expériences (coeff. 4) épreuve pratique de physique comportant le montage et la présentation d'expériences (coeff. 2) leçon de chimie avec expériences (coeff. 4) épreuve pratique de chimie, analyse (coeff. 1) et montage (coeff. 1)
Concours 1939	
Épreuves écrites (coeff. total 9) composition de mathématiques élémentaires (coeff. 3) composition de calcul différentiel et intégral (coeff. 3) composition géométrie analytique, mécanique (coeff. 3)	
Épreuves définitives (coeff. total 11) calcul numérique *(coeff. 1)* 1re leçon (coeff. 5) 2e leçon (coeff. 5)	
À partir du concours 1940	
Épreuves écrites (coeff. total 8) composition de mathématiques élémentaires (coeff. 2) composition de mathématiques spéciales (coeff. 2) composition de calcul différentiel et intégral (coeff. 2) composition mécanique (coeff. 2)	
Épreuves définitives (coeff. total 12) calcul numérique *(coeff. 1)* géométrie descriptive *(coeff. 1)* 1re leçon (coeff. 5) 2e leçon (coeff. 5)	

durée des compositions, 6 heures à l'agrégation féminine au lieu de 7 heures à l'agrégation masculine [1] (voir tableaux 18 et 19).

Dans son rapport sur le concours 1938, Pierre Massoulier insiste sur la similitude désormais établies entres les concours masculin et féminin, avant de suggérer un moyen pour aller plus loin dans l'identification :

> « Pour la première fois, cette année, les modalités du concours féminin ont été les mêmes que celles du concours masculin. La composition française a été supprimée et on a attribué aux compositions scientifiques les coefficients du concours masculin. Les deux agrégations féminine et masculine de physique sont donc désormais aussi semblables que possible : même programme, même nature des compositions, mêmes coefficients ; pour aller plus loin il faudrait donner les mêmes sujets et faire corriger les copies par les mêmes correcteurs » [2].

L'agrégation de mathématiques

En mathématiques, c'est graduellement que va s'opérer le rapprochement de l'agrégation féminine avec l'agrégation masculine. Tout d'abord à la session du Conseil supérieur de l'Instruction publique du 4-5 février 1935, « sans discussion, Mme Vacher [3], professeur au lycée Fénelon, représentante des agrégées de mathématiques, a fait adopter par le Conseil un projet d'arrêté portant de 4 à 5 heures la durée des compositions scientifiques à l'écrit de l'agrégation féminine des sciences mathématiques » [4].

Cette mesure, adoptée à l'unanimité [5] et qui doit prendre effet dès le concours de 1935, était préconisée par Arthur Tresse dans la conclusion de son rapport sur le concours d'agrégation de 1933 :

> « Le jury tient enfin, dans son unanimité, à présenter une proposition, celle de porter de 4 à 5 heures la durée des compositions scientifiques du concours. La proposition est motivée par la qualité des moyennes qu'ont obtenues, ces dernières années, les candidates classées et retenues. Sans élever la difficulté des compo-

---

1. À l'assemblée de la Société des agrégés du 22 mars 1936 on soulignait la différence existant entre les durées des compositions, fixées à 5h à l'agrégation féminine et à 7h à l'agrégation masculine. *Revue universitaire*, n° 1, 1936, p. 344-345.

2. Pierre Massoulier, « Agrégation de sciences physiques de l'enseignement secondaire des jeunes filles. Rapport du président du jury », *Bulletin de l'Union des physiciens*, n° 318, janvier 1939, p. 151-161 (voir p. 151).

3. Caroline Vacher est une Sévrienne de la promotion sciences 1903.

4. Pierre Chenevier, « Session du Conseil supérieur de l'Instruction publique du 4-5 février 1935 », *Revue universitaire*, n° 1, 1935, p. 218. Pierre Chenevier, normalien de la promotion sciences 1908, est professeur de mathématiques spéciales au lycée Saint-Louis.

5. *Bulletin de l'Association des professeurs de mathématiques*, n° 88, mars 1935, p. 88.

sitions, la mesure permettrait à ces concurrentes d'exercer davantage et de mieux faire apprécier leurs qualités de jugement, de méthode »[1].

Puis à la session d'été de 1937[2], le projet rapporté par Mme Vacher portant cette fois la durée des épreuves écrites de 5 heures à 6 heures – (elle est de 7h à l'agrégation masculine) – est adopté à l'unanimité.

En ce qui concerne la nature des épreuves, l'évolution s'étale sur trois années (arrêtés du 31 mars 1938 et 11 avril 1938)[3]. Au concours 1938 la nature de deux des compositions écrites est redéfinie, avec en particulier l'introduction d'une composition de calcul différentiel et intégral, les poids de l'écrit et de l'oral restant identiques (cf. tableau 19). À partir du concours 1939 le poids de l'oral devient supérieur à celui de l'écrit comme à l'agrégation masculine (cf. tableau 18) et une épreuve pratique de calcul numérique est introduite. Enfin, à partir du concours 1940 les épreuves deviennent complètement identiques à celles de l'agrégation masculine avec quatre compositions et une deuxième épreuve pratique de géométrie descriptive. Les seules différences subsistant avec l'agrégation masculine résident dans la durée des compositions et la valeur des coefficients affectés aux deux leçons.

Ainsi, note Pierre Couissin dans son compte rendu sur la session du Conseil supérieur de l'Instruction publique du 7-10 mars 1938 : « Les compositions écrites deviennent identiques, en nature et par leur désignation, à celles de l'agrégation masculine. Deux épreuves pratiques sont ajoutées : l'une de calcul numérique, l'autre de géométrie descriptive »[4].

Le concours d'entrée à Sèvres

La question de l'unification des programmes et des matières des concours d'entrée aux deux Écoles normales de Sèvres et de la rue d'Ulm vient à son tour en débat dans les années 1930. Un projet ayant été adopté pour le concours dans l'ordre des lettres lors de la session de juillet 1934 du Conseil supérieur de l'Instruction publique, un vœu est émis par les représentantes scientifiques de l'enseignement féminin pour que soit mise à l'ordre du jour de la session suivante la question du concours dans l'ordre des sciences[5].

---

1. *Bulletin de l'Association des professeurs de mathématiques,* n° 83, mars 1934, p. 80-102 (voir p. 102).

2. Albert Millot, « Session d'été du Conseil supérieur de l'Instruction publique », *Revue universitaire,* n° 2, 1937, p. 228. Albert Millot est professeur de philosophie au lycée Louis-le-Grand.

3. *L'information universitaire*, n° 849, avril 1938, p. 2 et n° 850, avril 1938, p. 2.

4. *Revue universitaire,* n° 1, 1938, p. 314.

5. Caroline Vacher, « Conseil supérieur de l'Instruction publique - Session de juillet 1934 », *Bulletin de l'Association des professeurs de mathématiques,* n° 85, septembre 1934, p. 149.

En décembre 1934, à la demande de Pierre Chenevier[1], le Comité de l'Association des professeurs de mathématiques décide de mettre ce problème à l'étude et suggère aux membres de l'Association de faire connaître leur point de vue. Les questions essentielles, sur lesquelles il est important qu'ils se prononcent, sont indiquées :

> *« 1° Êtes-vous partisan de l'identification des deux concours d'entrée à l'École normale supérieure de Sèvres et à l'École normale supérieure de la rue d'Ulm (section des sciences) ?*
> *2° Cette identification doit-elle se faire en adoptant pour l'École de Sèvres, le programme, la nature et la durée des épreuves actuelles du concours de la rue d'Ulm ?*
> *3° Le jury des deux concours doit-il être unique ? Les deux listes de classement doivent-elles être maintenues ? Êtes-vous partisan d'une liste unique sans distinction de sexe pour l'admissibilité et l'admission ?*
> *4° Estimez-vous nécessaire la création, dans les lycées de jeunes filles, de chaires de mathématiques spéciales ? »*

TABLEAU 20

Concours d'entrée à Sèvres *décret du 22 juillet 1935*	Concours d'entrée à la rue d'Ulm *décret du 10 mai 1904*
Épreuves écrites 1re composition de mathématiques (durée 4h, coeff. 5) 2e composition de mathématiques (durée 4h, coeff. 5) composition de physique (durée 4h, coeff. 7) composition française (durée 4h, coeff. 2) une version au choix entre cinq textes latin, allemand, anglais, espagnol, italien (durée 2h, coeff. 1) épreuve pratique de math. (durée 4h, coeff. 2)	*Épreuves écrites* 1re composition de mathématiques (durée 6h, coeff. 6) 2e composition de mathématiques (durée 4h, coeff. 4) composition de physique (durée 6h, coeff. 7) composition française (durée 3h, coeff. 1) deux versions au choix entre trois textes latin, allemand, anglais (durée 2h, coeff. 2)
Épreuves orales 1re interrogation de mathématiques (coeff. 7) 2e interrogation de mathématiques (coeff. 7) interrogation de physique (coeff. 9) interrogation de chimie (coeff. 5)	*Épreuves orales et pratiques* interrogation de mathématiques (coeff. 40) mathématiques pratiques (coeff. 5) interrogation de physique (coeff. 25) interrogation de chimie (coeff. 10))

1. Pierre Chenevier, « L'identification des concours d'entrée aux Écoles normales supérieures (Sèvres et rue d'Ulm) pour la section des sciences », *Bulletin de l'Association des professeurs de mathématiques,* n° 87, décembre 1934, p. 77-78.

Le projet de décret qui accompagne le rapport du 22 juillet 1935[1] établit, dans l'ordre des sciences, une assimilation presque complète des concours d'entrée à Sèvres et à la rue d'Ulm, applicable dès 1936. Le projet est présenté au Conseil supérieur de l'Instruction publique à la session de février 1935. Les principales caractéristiques du décret sont :

- la suppression complète de l'histoire naturelle, permettant ainsi de renforcer notablement les programmes de sciences mathématiques et physiques ;
- la suppression de la composition écrite de chimie ;
- l'introduction d'une épure de géométrie descriptive ;
- la substitution d'une épreuve écrite de langue vivante à l'épreuve orale ;
- la réduction de l'importance de la composition française, ramenée de 10% à 4% sur l'ensemble des épreuves ;
- l'augmentation de l'importance des épreuves orales.

Ainsi le concours d'entrée à Sèvres dans l'ordre des sciences est très proche, par la nature des épreuves, de celui instauré en 1904[2] à la rue d'Ulm (cf. tableau 20).

Le décret du 22 juillet 1935 marque une première étape dans l'unification des concours d'entrée ; reste à réaliser l'identification des programmes, ce qui est envisagé pour le concours de 1940. L'unification des titres et des sanctions va nécessiter la transformation de l'École de Sèvres, et au cours de l'année 1936 des contacts sont pris entre les directions des deux Écoles de la rue d'Ulm et de Sèvres pour que les Sévriennes puissent utiliser les ressources de l'ÉNS d'Ulm et en particulier avoir accès à ses laboratoires. Se pose aussi le problème du transfert de l'École de Sèvres à Paris[3]. Par ailleurs la première mesure prise par le ministre Jean Zay[4] est de rattacher l'École de Sèvres à l'enseignement supérieur (23 décembre 1936), permettant d'y instituer un régime d'études identique à celui de l'École de la rue d'Ulm :

> « Cette organisation suppose que les candidates préparant désormais la licence devront posséder le baccalauréat exigé des jeunes gens. D'autre part, les jeunes filles admissibles au concours qui ne

---

1. *L'information universitaire,* n° 695, août 1935, p. 3. Voir aussi le résumé présenté dans la *Revue universitaire,* n° 1, 1936, p. 346.

2. « Décret du 10 mai 1904 », *Bulletin administratif,* t. 75, 1904, p. 633-639. Il s'agit du groupe I de la rue d'Ulm ; un groupe II est créé en 1904 à l'intention des candidats plus orientés vers les sciences expérimentales (Nicole Hulin, « La section des sciences de l'ÉNS. Quelques jalons de son histoire », dans *Livre du bicentenaire..*, Jean-François Sirinelli dir., *op. cit.*, p. 321-349 (voir p. 333-335). Pour l'épreuve de version, d'autres langues vivantes que l'anglais et l'allemand vont être introduites s'excluant l'une l'autre : en 1914 l'espagnol et l'italien, en 1920 l'arabe.

3. Sur les difficultés pour réaliser ce projet voir Françoise Mayeur, « Sèvres », *op. cit.*, p. 107-110.

4. Jean Zay est ministre du 4 juin 1936 jusqu'à la guerre.

> sont pas classées pour entrer à l'École de Sèvres pourront obtenir des bourses de licence.
> Les dispositions qui régissent pour les jeunes gens le concours commun de l'École normale supérieure et des bourses de licence devront s'appliquer aux jeunes filles » [1].

Dans son rapport sur le concours d'entrée à Sèvres de 1937 le président du jury, Georges Bruhat [2], tire un certain nombre de conclusions de la comparaison des résultats des concours des deux Écoles. Tout d'abord il indique :

> « Au point de vue de leur origine, deux des 12 élèves reçues à l'École normale, la première et la dernière proviennent des classes de Spéciales des lycées de garçons ; 5 viennent de Fénelon, 3 de Versailles, 2 du lycée de Marseille. Il est encourageant de remarquer que si la première provient d'une des Spéciales les plus réputées du lycée Saint-Louis, la seconde, qui n'a pas paru au jury lui être beaucoup inférieure, provient d'une des classes de Spéciales féminines : c'est la preuve que l'enseignement des classes de Spéciales des lycées de jeunes filles est dès maintenant capable de former nos élèves aussi bien que l'enseignement masculin ».

Ensuite il explique :

> « Une comparaison intéressante entre les deux concours masculin et féminin, est aussi fournie par le fait assez anormal d'ailleurs que cinq candidates ont subi à la fois les épreuves des deux concours de Sèvres et de la rue d'Ulm. L'une d'elle [3] a été reçue première à Sèvres et 6e à la rue d'Ulm ; c'est la preuve que les élèves classés en tête des deux concours sont sensiblement du même niveau dans les deux Écoles. Les autres n'ont pas été admissibles à la rue d'Ulm ; elles ont été au concours de Sèvres, soit refusées à l'écrit, soit classées à l'oral parmi les candidates non proposées pour une bourse de licence. Si l'on tient compte que l'une d'elles n'était

1. « Rapport du 8 octobre 1937 et décret du 8 octobre 1937 », *L'information universitaire,* n° 838, janvier 1938, p. 2. Voir aussi « Concours commun des Écoles normales supérieures », *Revue universitaire*, n° 1, 1938, p. 251-252. Le décret du 8 octobre 1937 étant entré immédiatement en vigueur, le décret du 9 mars 1938 stipule que « les jeunes filles ne peuvent plus se présenter au concours de l'École normale supérieure des jeunes gens » (*L'agrégation,* n° 241, avril 1938, p. 441-442). Pour le concours d'entrée 1939 seules sont autorisées à se présenter au concours de la rue d'Ulm « les jeunes filles qui se sont présentées en 1938 à ce concours et ont été admissibles aux épreuves orales, toutes les autres devant se présenter à Sèvres » (*Revue universitaire*, n° 1, 1939, p. 158).

2. Georges Bruhat, « Extraits du rapport sur le concours d'entrée à l'École normale supérieure de Sèvres en 1937 », *Bulletin de l'Association des professeurs de mathématiques,* n° 102, décembre 1937, voir p. 56-57.

3. Il s'agit de Paulette Chevallier qui choisit d'entrer à la rue d'Ulm ; compte tenu de la démission des 2e, 3e et 4e, elle sera la 3e entrante.

qu'à deux ou trois rangs après l'admissibilité à la rue d'Ulm et que cinq seulement des 99 admissibles à la rue d'Ulm n'ont pas été proposés pour une bourse de licence, on voit qu'on peut conclure que les derniers boursiers de licence des deux concours sont, comme les candidats classés en tête, du même niveau ».

Ainsi :

« Le jury est unanime à considérer que ces comparaisons encouragent très nettement à poursuivre l'assimilation des deux concours. Mais il existe encore une assez grande différence entre les deux programmes de mathématiques et il est nécessaire de ménager certaines transitions [...] Le jury estime donc que l'assimilation complète ne peut être réalisée qu'en trois étapes, c'est-à-dire pour le concours de 1940 : c'est dans ce sens qu'il a proposé le projet de programme pour 1938 ».

Le concours d'entrée de 1938 a permis de faire un test, profitant de ce qu'on avait essayé de rapprocher le concours d'entrée à Sèvres de celui de la rue d'Ulm, autant que le permettaient des programmes encore légèrement différents. Georges Bruhat explique dans son rapport[1] :

« La plupart des examinateurs, et en particulier les trois examinateurs qui disposent des coefficients les plus importants (Mathématiques et Physique) avaient déjà fait partie du jury de la rue d'Ulm. On a proposé le même problème pour la seconde composition de mathématiques, et on s'est assuré par la comparaison des copies que les examinateurs des deux concours avaient employé la même échelle de cotation ».

Puis Georges Bruhat compare les résultats aux deux concours de Sèvres et de la rue d'Ulm :

« [...] le concours des jeunes filles de 1938 ressemblerait beaucoup au concours des jeunes gens, si l'on retirait de ce dernier les quelques sujets exceptionnellement doués pour les sciences qui s'y trouvent chaque année et s'y classent incontestablement en tête.
C'est d'ailleurs l'impression qu'on a en comparant les moyennes de notes obtenues dans les deux concours.
Le candidat reçu premier à l'École normale a obtenu une moyenne générale de 16,7 et cinq jeunes gens en tout, dont deux d'ailleurs sont entrés à l'École normale, ont eu un total de points supérieur à celui de la candidate reçue première à Sèvres. Le dernier candidat

1. Georges Bruhat, « Extraits du rapport sur le concours de 1938 pour l'admission à l'École normale supérieure de jeunes filles », *Bulletin de l'Association des professeurs de mathématiques,* n° 107, décembre 1938, p. 43-48 (voir p. 47).

entré à l'École normale, à la suite des démissions [1], avait une moyenne de 14,15, à peine supérieure à la moyenne 13,9 de la dernière candidate reçue à Sèvres ; il est à noter que c'est à cette moyenne de 13,9 que le jury de la rue d'Ulm avait arrêté la liste des candidats susceptibles d'entrer à l'École normale par suite des démissions. [...]
Sans doute doit-on faire des réserves sur la comparaison de notes données par des examinateurs différents, mais la comparaison précise faite sur la seconde composition de mathématiques montre que dans les conditions où s'est déroulé le concours, les indications ainsi obtenues donnent une idée d'ensemble assez juste : on peut dire qu'en 1938 l'entrée à l'École normale supérieure et l'obtention d'une bourse de licence ont exigé à peu près la même valeur pour les jeunes gens et les jeunes filles ».

Mais il ajoute une réserve :

« La comparaison se serait peut-être présentée de façon un peu différente si les démissions avaient été moins nombreuses chez les jeunes gens. Il me semble toutefois qu'on peut conclure de l'expérience de 1938 que si, pour des raisons matérielles (nombre de candidats et surtout conditions particulières faites à l'École normale supérieure de la rue d'Ulm par l'existence de l'École polytechnique) on sera toujours obligé de laisser les deux concours distincts, il n'en est pas moins désirable de poursuivre jusqu'au bout l'assimilation ».

Les classes de Spéciales

La question de l'unification des concours d'entrée à la rue d'Ulm et à Sèvres est mise à l'ordre du jour de l'assemblée générale de 1935 de l'Union des professeurs de Spéciales [UPS] [2]. Sans en discuter le principe, l'UPS pose le problème des répercussions possibles sur le fonctionnement des classes de Spéciales, en expliquant :

« Il ne s'agit pas naturellement de discuter le principe, qui est d'ailleurs fondé en soi, et ne concerne pas notre Association. Mais, une conséquence logique sera la création dans certains lycées de jeunes filles de classes de Spéciales féminines ; si d'aventure ces

1. L'harmonisation des programmes des concours d'entrée à l'École normale de la rue d'Ulm et à l'École polytechnique a induit des doubles candidatures en nombre important, entraînant en cas de double succès des démissions. À ce sujet voir Nicole Hulin, « La section des sciences de l'ÉNS... », *op. cit.*, p. 338-343.

2. *Bulletin de l'UPS*, n° 34, juin 1935, p. 5-6. L'UPS fondée en 1927 réunit mathématiciens et physiciens pour traiter des problèmes spécifiques à leur enseignement en classe de Spéciales.

classes étaient créées dans des villes ne comportant pas de classe de Spéciales masculine, ne verrait-on pas certains taupins obligés d'émigrer au lycée de jeunes filles, puisqu'inversement on oblige les jeunes filles candidates à l'École normale et à l'École centrale à venir au lycée de garçons le plus voisin de leur résidence ? Nos collègues ne voient-ils pas un grave inconvénient pédagogique s'entend, à des innovations de ce genre ? »

Puis le problème pédagogique posé est dûment explicité :

> « Il ne s'agit pas certes de discuter de la compétence du personnel féminin qui sera affecté à ces classes, et remplira parfaitement son rôle vis-à-vis des élèves féminines ; mais en sera-t-il de même auprès des élèves masculins, plus indociles et plus enclins à la fantaisie ? Nous sommes trop bien placés pour savoir avec quelle brutalité et quelle franchise nous devons souvent intervenir pour ramener dans le droit chemin un taupin qui s'égare et c'est dans cette action personnelle que réside une grande part de notre tâche ».

En conclusion, on insiste sur le fait que c'est par « un légitime souci pédagogique » que la question est soumise à la réflexion de l'assemblée.

C'est en 1940 que le concours de Sèvres doit devenir identique à celui de la rue d'Ulm, le concours de 1939 marquant la fin d'une période de transition avec un programme limitatif moins étendu que celui de la rue d'Ulm [1]. En conséquence de cette unification décidée en 1935, plusieurs professeurs de l'enseignement féminin, préparant à Sèvres, demandent leur admission à l'UPS. Or les statuts [2] de l'UPS, établis en 1928, stipulent dans l'article 2 :

> « L'Union est ouverte à tous les professeurs ou anciens professeurs enseignant ou ayant enseigné les mathématiques ou la physique et la chimie dans les classes de mathématiques spéciales et les classes assimilées (classes préparatoires à l'École centrale, à l'École navale, aux Écoles des mines, à l'École supérieure d'électricité ».

Et l'article 7 précise que toute modification à ces statuts doit être votée par une assemblée générale. Aussi, à la demande formulée par les professeurs préparant à Sèvres, il est répondu en 1937 : « Le Bureau n'a trouvé aucun obstacle à cette demande, d'autant plus que nos collègues sont (et nous nous en félicitons) en voie d'être assimilées aux professeurs de Spéciales. La prochaine assemblée générale examinera dans quelles condi-

---

1. *Bulletin de l'UPS,* n° 42, mars 1938, p. 5.

2. Ces statuts publiés en décembre 1928 dans le n° 8 du *Bulletin,* sont reproduits dans le n° 46 de juin 1939 (p. 4).

tions cette adhésion peut être précisée »[1]. En attendant cette décision on leur donne la possibilité de s'abonner au Bulletin de l'Union, au tarif des membres. Et, en juin 1938 Edmée Amiot, qui assure à Marseille la préparation à Sèvres et enseigne les mathématiques, figure dans l'annuaire de l'UPS comme adhérente[2].

Mais il faut souligner que Melle Amiot est la deuxième femme mentionnée comme adhérente dans l'annuaire de l'UPS ; en effet, en mai 1934 figurait déjà Mme Rivière (née Marguerite Rouvière) titulaire d'une chaire de Spéciales[3] à Toulon et enseignant les sciences physiques. Comme nous le verrons (chapitre VIII), Mme Rivière est la première femme ayant intégré à la rue d'Ulm et elle est titulaire de l'agrégation masculine de sciences physiques.

Lorsque la guerre est déclarée de nombreux professeurs de Spéciales sont mobilisés et les classes de Paris ainsi que des régions frontalières sont repliées en prévision des bombardements éventuels. De nombreuses classes sont alors confiées à des femmes[4] (cf. tableau 21), parmi elles des « ulmiennes » (voir chapitre VIII) : en mathématiques on trouve Colette Rothschild, Mme Flamant (née Georgette Parize), Madeleine Chaumont ; en sciences physiques Mme Rivière, Noëlle de Leiris. On trouve aussi des Sévriennes comme Marie-Angèle Pompei ou Lucienne Félix. Edmée Amiot enseigne alors en Spéciales préparatoires.

TABLEAU 21

Les femmes professeurs de Spéciales

(en mars 1940)

académie	établissement	classe	mathématiques	sciences physiques
Bordeaux	Bordeaux	Nav-air Spé Spé prépa	Colette Rothschild Lucienne Félix Jacqueline Brulard	Flore Foch
Grenoble	Tournon	N.S.E.	Mme Flamant	Mme Rivière
Montpellier	Nîmes	Spé		Noëlle de Leiris
Paris	Orléans	Spé		Marie-Angèle Pompei
Poitiers	Limoges	Spé Spé prépa	Madeleine Chaumont Suzanne Leconte	Marie Roptin
Rennes	Rennes Nantes	Spé prépa Spé prépa	Jacqueline Brulard Mme Bauc	
Toulouse	Toulouse	Spe prépa	Edmée Amiot	

1. « Extension de l'UPS », *Bulletin de l'UPS,* n° 41, novembre 1937, p. 5. Un rappel en sera fait en mars 1938.

2. *Bulletin de l'UPS,* n° 43, juin 1938.

3. *Bulletin de l'UPS,* n° 31, mai 1934, p. 7.

4. *Bulletin de l'UPS,* n° 47, mars 1940, p. 13-14.

Quelques chiffres

Dans les décennies 1920-1930, pour un nombre assez stable de places avec un maximum isolé en 1925, tant au concours d'agrégation de mathématiques qu'à celui de sciences physiques, se présentent des candidates en nombre croissant. Entre 1925 et 1935 le nombre des candidates a plus que doublé à l'agrégation de mathématiques et quasiment quadruplé à celle de sciences physiques (cf. tableau 22). Cette croissance est quasiment continue avec une légère baisse en 1928 à l'agrégation de mathématiques ainsi qu'en 1930 et 1932 en sciences physiques, avec par ailleurs une stabilisation en 1932 à l'agrégation de mathématiques et en 1936 en sciences physiques.

TABLEAU 22
Statistique sur les agrégations féminines [1]

Agrégation de sciences mathématiques (en 1923 a lieu la première session du concours réorganisé)				
année	**I**	**E**	**A**	**R**
1920			12	6
1921			16	8
1922	44		16	8
1923	51	47	16	9
1924	55		17	8
1925	46		19	10
1926	51	49	16	7
1927	62	53	16	8
1928	60	55	15	8
1929	67	62	16	9
1930	83	76	18	8
1931	97	91	16	8
1932	94	84	17	9
1933	95	80	13	7
1934	99	85	13	8
1935	107	98	12	7

1. Les chiffres présentés proviennent essentiellement des rapports d'agrégation publiés dans le *Bulletin de l'Association des professeurs de mathématiques* et le *Bulletin de l'Union des physiciens*. Ils ont été complétés grâce au tableau statistique publié dans *L'information universitaire*, n° 726, 14 mars 1936 et grâce aux listes des candidates admises établies par André Chervel (*Les Lauréats des concours d'agrégation de l'enseignement secondaire 1821-1950*, Paris, INRP, 1993).

Agrégation de sciences physiques et naturelles (jusqu'au concours 1930)				
année	**I**	**E**	**A**	**R**
1920			10	6
1921			12	8
1922	28		16	9
1923	27		16	9
1924	18	14	13	8
1925	25	21	14	10
1926	33	31	16	5
1927	35	33	16	8
1928	44	35	14	7
1929	49	41	13	8
1930	43	35	17	8
Agrégation de sciences physiques (à partir du concours 1931)				
année	**I**	**E**	**A**	**R**
1931	52	37	12	7
1932	44		12	7
1933	70		12	6
1934	72		12	6
1935	94			6
1936	85			7
1937	86		18	11
1938	87	65	20	9

Légende du tableau : I = nombre d'inscrits ; E = nombre de candidates ayant fait toutes les compositions écrites ; A = nombre d'admissibles ; R = nombre de reçues

Dans ses différents rapports d'agrégation [1], l'inspecteur général Arthur Tresse, président du jury de mathématiques, commente cette évolution dans son domaine et en analyse les répercussions sur le niveau du concours ; ainsi il écrit dans son rapport sur le concours 1930 :

« Il y aurait à se féliciter de cet afflux de vocations nouvelles, s'il répondait à des besoins nouveaux dans l'organisation de notre Enseignement, et s'il amenait une élévation du niveau du concours.

---

1. *Bulletin de l'Association des professeurs de mathématiques*, n° 68, février 1931, p. 92-105 (voir p. 92) ; n° 74, avril-mai 1932, p. 122-135 (voir p. 122) ; n° 77, décembre 1932, p. 47-62 (voir p. 47) ; n° 87, décembre 1934, p. 52-68 (voir p. 52).

> Or, à ce point de vue ce n'est pas le cas. Il est bon d'avertir aujourd'hui les aspirantes que nos cadres sont complets, que le nombre d'agrégées nouvelles répond rigoureusement aux besoins de l'heure présente et que, cette année, il n'a pas été possible d'appeler dans nos services toutes les candidates ayant été admissibles, ni donc, *a fortiori,* aucune de celles qui, dans les compositions écrites, se sont honorablement classées à leur suite ».

Quant au niveau du concours, il n'est pas en progrès sensible en 1930, avec une valeur des épreuves orales rigoureusement constante ; mais au concours de 1931 Arthur Tresse souligne une progression en qualité. L'arrêt de l'augmentation du nombre de candidates au concours de 1932 retient son attention :

> « Le concours de 1932 marque, pour la première fois, depuis 8 ans [...] un arrêt dans la progression continue du nombre de candidates. Il faut s'en féliciter alors qu'il n'y a aucune raison de prévoir une progression dans le nombre de postes disponibles à répartir entre les postulantes. Il faut s'en féliciter aussi, car cet arrêt ne correspond pas à un arrêt dans la valeur du concours, laquelle n'a cessé de progresser ».

Cette stabilisation du nombre de candidates est bien accueillie par Arthur Tresse qui explique dans son rapport sur le concours de 1934 : « Trop de personnes s'obstinent pendant des années à tenter leur chance, et dépensent sans profit leurs forces et leurs aptitudes, au lieu de les consacrer plus utilement à des buts plus modestes ».

Une statistique sur le nombre des lauréats des concours d'agrégation [1] montre que, dans la période de douze ans allant de 1883 à 1894 comme dans la suivante 1895-1914, le nombre de reçus pour l'ensemble des disciplines scientifiques est, sensiblement, dans les concours masculins quatre fois supérieur à celui des concours féminins. Par ailleurs sur un total de 880 reçus aux agrégations scientifiques masculines, en trente ans, entre 1883 et 1914 on dénombre 4 femmes (soit environ 0,45%) : une en mathématiques (la première d'entre elles en 1885), puis deux en sciences naturelles (1907 et 1911) et enfin une en sciences physiques (1913). Dans la période de neuf ans allant de 1931 à 1939, sur 87 reçus à l'agrégation de sciences naturelles, devenue mixte, on compte 20% de femmes. Pendant cette même période l'ensemble des reçus aux deux agrégations de mathématiques et de sciences physiques, masculines et féminines, n'est plus que dans un rapport trois.

Si au début du fonctionnement des collèges et lycées de jeunes filles, avant que l'École de Sèvres ait pu fournir le personnel suffisant, les cours de mathématiques de 3e, 4e et 5e années ont été confiés à des professeurs

---

1. D'après les listes établies par André Chervel dans *Les Lauréats des concours d'agrégation ..., op. cit.*

hommes, en 1911 ils ne le sont plus qu'exceptionnellement note Anna Amieux[1] : « Tantôt le même professeur femme est chargé des cours dans les cinq classes, tantôt plusieurs se partagent les cours ; en général la même personne fait le cours dans plusieurs années consécutives de façon à suivre ses élèves ».

Et un pointage effectué par Catherine Schulhof[2] pour l'année 1928 fait apparaître la présence d'agrégées dans les lycées de garçons : 7 à Paris et 20 dans les départements ; on y trouve aussi des certifiées ou licenciées : 1 à Paris et 33 dans les départements. Certes la majorité du personnel féminin enseignant dans les établissements masculins est constituée d'institutrices et de professeurs élémentaires, soit 369. Dans l'enquête, menée en 1928 par la *Revue universitaire,* sur les premiers résultats de l'identification des programmes masculins et féminins dans le secondaire, une question concernait la place faite aux professeurs masculins dans les établissements féminins, ce qui amenait à poser la question de la coéducation mais aussi celle de la fusion des cadres enseignants[3].

---

1. Anna Amieux, « Rapport sur la place des mathématiques dans le plan d'études, l'organisation générale et l'enseignement obligatoire », dans *Commission internationale de l'enseignement mathématique..., op. cit.*, p. 5-28 (voir p. 10).

2. Catherine Schulhof, « Les agrégées en fonctions dans l'enseignement masculin », *L'agrégation,* n° 101, juin 1930, p. 433-434. Catherine Schulhof est une Sévrienne de la promotion 1904, agrégée de sciences physiques (1907).

3. Jeanne P. Crouzet-Ben Aben, « Notre enquête sur les premiers résultats de l'identification des programmes masculins et féminins », *Revue universitaire,* n° 2, 1928, p. 300-313 (voir p. 312-313).

Chapitre VIII

LES FEMMES ET LES CONCOURS MASCULINS

Dans les deux premières décennies du XXe siècle les jeunes filles se présentent en nombre croissant au baccalauréat (cf. tableaux 7 et 8) et les lycées de jeunes filles organisent une 6e année d'études en vue de sa préparation. Or, explique Berthe Milliard[1] en 1911 : « L'infériorité, infériorité en soi, la valeur personnelle des individus étant mise hors de cause et que personne ne nie jusqu'ici, des diplômes féminins, avait rendu nécessaire dans toutes les 6e années des lycées des cours de spécialistes, c'est-à-dire de professeurs masculins... ». Aussi ajoute-t-elle : « Il n'est pas seulement juste que les femmes puissent, si elles le veulent, se présenter aux concours masculins où elles seront classées à leur rang, mais il est bon pour les générations futures et utiles pour elles-mêmes qu'elles s'y présentent ». Elle conclut alors : « Et si elles ne réclament point de place dans l'enseignement secondaire de garçons, en revanche dans l'enseignement des jeunes filles elles revendiquent alors toutes les places qu'elles seront désormais capables de remplir ».

Cette question de l'admission des femmes aux concours universitaires jusque-là réservés aux hommes s'était trouvée posée par deux vœux, émanant de divers membres du Conseil supérieur de l'Instruction publique[2].

Dans le premier vœu, datant du 20 mars 1911 et signé de Berson, Suran, Risson, Clavière, il est demandé :

> « 1° Que les concours destinés au recrutement du personnel enseignant aient une destination nettement spécifiée, délimitée et exclusive.

---

1. « L'enseignement des femmes devant le Conseil supérieur », *Bulletin de l'Union française des Associations d'anciennes élèves des lycées et collèges de jeunes filles,* 15 octobre 1911, article cité dans « Questions féministes », *Revue internationale de l'enseignement,* t. 63, n° 1, 1912, p. 69-70.

2. Archives nationales AJ 16/2876. Voir aussi *Revue internationale de l'enseignement,* t. 63, n° 1, 1912, p. 68-69.

> 2° Que l'admission à un concours spécial destiné au recrutement d'une catégorie déterminée ne donne aucun droit à l'entrée dans une autre catégorie possédant des concours spéciaux ».

Les signataires expliquent « qu'on a institué, en vue du recrutement respectif de l'enseignement secondaire des garçons et de l'enseignement secondaire des jeunes filles, des concours [...] dont la raison d'être disparaît si l'on admet des femmes aux concours masculins ou des hommes aux concours féminins » ; ils ajoutent que d'ailleurs seules certaines jeunes filles « bénéficiant de conditions particulières » ont la possibilité de préparer les concours masculins.

Avec le deuxième vœu, datant du 30 juin 1911 et signé de Belot, Bernès, Blutel, Berson, Clédat, Dognon, Moniot, Rangès, il est requis :

> « Que les jeunes filles qui se font recevoir au concours d'admission à l'École normale supérieure et aux bourses de licence, ou aux divers concours des agrégations jusqu'ici masculines, réserve faite au besoin pour celui des langues vivantes pour lequel il existe un régime spécial, soient sur la liste d'admission classées avec les autres candidats et à leur rang, pour qu'elles en aient tout l'honneur, mais qu'elles soient considérés, au point de vue du chiffre fixé d'avance des admissions à ces concours, comme étant en surnombre et que ce chiffre reste intégralement valable pour les candidats masculins ».

Les signataires, après s'être félicités du « mouvement qui pousse un nombre croissant de jeunes filles vers les examens et concours professionnels, jusqu'ici propres à l'enseignement des garçons », avancent l'argument

> « que [...] si l'introduction des femmes dans le corps enseignant des lycées et collèges de garçons pour les classes enfantines et primaires a été une excellente mesure, les mêmes raisons ne semblent pas exister pour qu'on leur ouvre les chaires des classes supérieures ; que ni l'état actuel des mœurs, en tout cas, ne semble comporter cette innovation, ni personne en exprimer le désir, ni le nombre des candidats masculins, par une insuffisance quelconque, la rendre nécessaire ».

Le concours de la rue d'Ulm

Le problème de l'admission des femmes à la rue d'Ulm se pose dès la première décennie du XXe siècle. Au total 19 scientifiques entreront à l'École entre 1910 et 1939 (cf. tableau 23), dont une majorité de mathématiciennes (les premières littéraires n'entrent qu'en 1927).

TABLEAU 23
Jeunes filles reçues à la rue d'Ulm. Concours sciences
(1910-1939)

Promotion	Nom	Spécialité
1910	Marguerite Rouvière	Sciences physiques
1912	Jeanne Rouvière	
1917	Georgette Parize	Mathématiques
1919	Madeleine Chaumont	Mathématiques
1926	Marie-Louise Jacotin	Mathématiques
1930	Christiane Gouard	Mathématiques
1931	Noëlle de Leiris	Sciences physiques
	Lucie Noël	Sciences naturelles
	Marguerite Girault	Sciences naturelles
1932	Madeleine Bocquet	Mathématiques
	Marie Bartozewska	Sciences naturelles
1934	Marie-Hélène Lévy	Mathématiques
1936	Jacqueline Ferrand	Mathématiques
	Colette Rothschild	Mathématiques
1937	Hélène Cartan	Mathématiques
	Paulette Chevallier	Sciences physiques
1938	Marie-Odette Blaise	Mathématiques
	Colette Chaminade	Sciences physiques
1939	Geneviève Bass	Mathématiques

La première normalienne[1] est une scientifique, Marguerite Rouvière, reçue au concours 1910, après un échec en 1909. Lors de sa première candidature le directeur de l'École normale supérieure, Ernest Lavisse, dans une lettre du 25 mars 1908, avait donné un avis favorable expliquant que déjà des jeunes filles avaient été autorisées à se présenter à l'agrégation des hommes et plusieurs avec succès, et qu'à la sortie de l'École normale il existe d'autres voies que l'enseignement[2]. Le souhait de la candidate est d'ailleurs de préparer un doctorat de sciences physiques. Le 30 mars 1908 le ministre donne son accord. Au concours 1909

---

1. Au sujet des premières normaliennes voir René Girard, *Bulletin de la Société des amis de l'École normale supérieure*, n° 1576, décembre 1981, p. 27-30 ; Pierre Albertini, *ibid.*, n° 1681, décembre 1986, p. 4-13 ; Jacqueline Ferrand, *ibid.*, n° 1688, mai 1987, p. 19.

2. Archives nationales AJ 16/2876.

Marguerite Rouvière est classée 49e alors que par suite des démissions en faveur de l'École polytechnique [1] (12 cette année là) le rang du dernier intégré est 34e. Au concours 1910 elle est reçue 13e sur 22 et admise avec une bourse d'externat. Déjà nantie du certificat de physique générale, avec l'accord du directeur (11 novembre 1910) [2] elle entre en 2e année pour préparer le certificat de chimie générale exigé pour l'agrégation.

Lors d'une réunion, qui se tient le 3 février 1911 à l'Académie de Paris en présence du doyen de la faculté des sciences Paul Appell, si l'unanimité se fait pour l'admission des filles au concours de l'École normale supérieure et des bourses de licence [3], il n'en est pas de même pour leur entrée à l'École si elles sont reçues. Deux candidates (dont Jeanne Rouvière) se présentant au concours 1911, on décide que si elles se classent dans les 22 premiers elles entreront à l'École en qualité d'élève externe comme Marguerite Rouvière et en surnombre [4]. Finalement une circulaire du 2 mars 1912 va stipuler qu'aucune jeune fille ne peut être admise à l'École.

Après un échec au concours 1911 Jeanne Rouvière se classe 34e pour 22 places au concours 1912. Alors que par son rang, compte tenu du jeu des démissions (23 cette année là), elle pouvait être admise, elle obtient une bourse de licence près l'Université de Paris (en fait, elle va pouvoir travailler à l'École comme élève externe).

Le problème de l'admission des jeunes filles à l'École se pose à nouveau au concours 1917 où Georgette Parize est reçue 2nde de la liste des boursiers et, par suite des démissions, est en position d'entrer à l'École. Elle va obtenir une bourse près l'Université de Paris, avec l'autorisation de suivre, comme externe, les enseignements et exercices de l'École pour la licence, le diplôme d'études supérieures et l'agrégation, « avantages essentiels qu'elle a le droit d'attendre de son rang » explique Ernest Lavisse [5] en ajoutant « sans risquer les inconvénients graves démontrés par l'expérience de 1910 ». L'entrée de Marguerite Rouvière (surnommée Magali) avait suscité maintes réactions, les opposants accumulant les arguments pour dénier l'entrée de l'École aux filles, raconte René Girard :

> « L'École est doublée de l'École normale supérieure de Sèvres qui est réservée aux jeunes filles : Magali a pris la place du premier taupin refusé. L'École prépare à l'agrégation masculine : Magali prendra la place du premier agrégatif refusé. Les élèves doivent le

---

1. À ce sujet voir Nicole Hulin, « La section des sciences de l'École normale supérieure… », *op. cit.*, p. 338-343.

2. Archives nationales, AJ 16/2885.

3. Ces bourses étaient attribuées pour les Universités de province.

4. Archives nationales, AJ 16/2876.

5. Lettre du 14 août 1917 adressée au vice-recteur, Archives nationales, AJ 16/2886.

service militaire : Magali en est dispensée, et gagne ainsi deux ans pour la préparation d'une thèse de doctorat » [1].

Traitant du cas de Georgette Parize, Ernest Lavisse en profite pour faire le point sur la question de l'admission des jeunes filles à l'École :

> « Il est vrai, écrit-il, qu'aucune disposition du décret du 10 mai 1904 [2] n'établit l'impossibilité pour une femme d'être admise à l'École normale supérieure. Mais il est également vrai qu'aucune disposition de ce décret n'en établit la possibilité. Or, c'est là ce qui importe.
> Que, avant ce décret, l'École normale supérieure fût, en droit comme en fait, exclusivement masculine, c'est ce qui n'a pas besoin d'être démontré. L'admission des jeunes filles dans cette École de jeunes gens en serait une transformation trop profonde pour qu'elle ait pu être passée sous silence lors de la réforme de 1904.
> Non seulement on ne peut raisonnablement la considérer comme impliquée par prétérition dans le décret du 10 mai 1904, mais encore le texte des lois sur le recrutement de l'armée de 1905 et de 1913 prouve bien qu'elle n'a pas cessé d'être une École réservée aux jeunes gens ».

Et il ajoute :

> « Dans l'intérêt même des jeunes filles, il convient, je crois, de procéder avec précautions. Il n'y a pas de parti pris contre elles, et il ne saurait être question d'aller contre une transformation des mœurs qui résulte de causes puissantes et profondes.
> Le jour où la transformation sera assez complète pour qu'on puisse fondre en une seule les Écoles normales de Fontenay et de Saint-Cloud, et admettre des jeunes gens à l'École normale supérieure de Sèvres, l'admission des jeunes filles à l'École normale supérieure ira d'elle-même, et la loi l'enregistrera. Mais elle ne peut résulter du silence de la loi ; et il convient, en attendant de se contenter de moyens termes comme celui auquel on s'est arrêté en 1912, en le régularisant par décret, si cela paraît indispensable ».

Lors de la candidature en 1926 de Marie-Louise Jacotin on rappelle la teneur de la circulaire du 2 mars 1912 :

---

1. René Girard, *op. cit.* René Girard appartenait à la promotion à laquelle Marguerite Rouvière fut incorporée. Il relate l'incident où Jacques Alfred Bancelin, élève de l'École, se présente chez le directeur avec un dossier de demande d'inscription au concours de Sèvres.

2. *Bulletin administratif,* t. 75, 1904, p. 633-639.

« En conséquence, explique-t-on, si Melle Jacotin figure sur la liste d'admission dressée par le jury du concours, elle sera classée avec les autres candidats et à son rang.
Si elle est comprise dans le nombre des candidats qui constituent le contingent de la promotion annuelle de l'École normale supérieure, elle n'entrera pas à cette école et sera considérée au point de vue du chiffre fixé d'avance pour cette promotion comme étant en surnombre. Melle Jacotin pourra obtenir une bourse près l'une quelconque des Universités y compris l'Université de Paris. Si elle est classée à la suite du dernier candidat masculin, nommé élève de l'École normale supérieure, elle pourra obtenir dans les conditions ordinaires, une bourse près une Université des départements » [1].

Reçue au concours 1926 Marie-Louise Jacotin demande à être admise en surnombre. À sa session du 19-21 janvier 1927 le Conseil supérieur de l'Instruction publique examine la question des jeunes filles à l'École normale de la rue d'Ulm, et le cas de Melle Jacotin – question qui avait piqué la curiosité des journalistes ; le compte rendu qui en est fait explique :

« [...] le concours d'entrée à l'École normale supérieure des garçons servant aussi à désigner les boursiers de licence, il avait bien fallu consentir à laisser les jeunes filles s'y présenter. Convenait-il en cas de succès, de leur refuser le titre d'élève de l'École normale et les facilités d'études qu'elles y pourraient trouver, en ne leur accordant, quel que fût leur rang, qu'une bourse de licence ? C'est la solution à laquelle avaient fini par s'arrêter, il y quinze ans, l'Administration et le Conseil supérieur lui-même ; une seule École normale supérieure d'enseignement secondaire pouvait s'ouvrir aux jeunes filles, l'École de Sèvres. Mais celle-ci ne conduit pas encore au but que visent déjà un certain nombre de jeunes filles, à savoir, après la licence, les agrégations masculines.
Il a donc paru juste et conforme aux intérêts de l'Université de donner un avis favorable sur les mesures que suggérait le ministre : les jeunes filles classées au concours dans un rang qui leur y donne droit seront nommées en surnombre élèves de l'École normale de la rue d'Ulm, obligatoirement externes, autorisées à suivre tous les cours, conférences et exercices pratiques de l'établissement [...] » [2].

L'arrêté du 7 février 1927 nomme Melle Jacotin élève de l'École [3]. Cette modification apportée aux droits des jeunes filles est commentée

---

1. Archives nationales, AJ 16/2878.

2. « Compte rendu de la session du Conseil supérieur de l'Instruction publique du 19-21 janvier 1927 », *Revue universitaire*, n° 1, 1927, p. 134-135.

3. Archives nationales, 61 AJ 82.

dans une lettre [1] du directeur de l'enseignement supérieur au recteur de l'Académie de Paris :

> « Cette mesure exceptionnelle n'a été adoptée que parce que l'École normale supérieure de Sèvres ne prépare pas encore aux agrégations masculines auxquelles sont autorisées les jeunes filles. Elle ne sera appliquée que jusqu'à l'époque où, les programmes de l'enseignement secondaire des garçons et des filles étant définitivement unifiés, ceux des Écoles de la rue d'Ulm et de Sèvres le seront également et leurs élèves recrutés par le moyen d'un concours unique ».

Reste la question de la nomination en surnombre, qui est abordée dans une note non signée [2] :

> « Si l'assimilation est complète (l'instruction militaire mise à part) entre les élèves hommes et les élèves femmes, et si les lycées admettent, après l'agrégation, des professeurs femmes, il n'y a plus aucune raison d'inscrire en surnombre la candidate qui se classe au concours dans le contingent de l'École. Mr Vessiot [3] est d'avis de continuer jusqu'à nouvel ordre à recevoir les femmes en surnombre, pour éviter toute réclamation des candidats masculins. Mais je ne crois pas la raison décisive, et je pense que l'an prochain l'égalité complète devra être établie, en l'annonçant dès maintenant.
> En réalité, le nouveau régime que la concurrence (légitime d'ailleurs) des femmes conduit à établir, aurait pour conséquence une refonte générale du statut de l'École normale. L'admission de Melle Jacotin fournit une raison de plus pour souhaiter que ce difficile problème soit enfin abordé ».

Au début de l'année 1930 le nombre des candidatures féminines à la rue d'Ulm augmente sensiblement (cf. tableau 24) [4], étant de l'ordre de la dizaine pour environ 300 candidats garçons.

Une première étape vers l'unification des concours d'entrée aux deux Écoles normales de Sèvres et de la rue d'Ulm est franchie en 1935 [5]. Puis en 1936 est opéré le rattachement de l'École de Sèvres à l'enseignement supérieur, ce qui va permettre de réaliser l'identification des régimes d'études des deux écoles (décret du 8 octobre 1937) [6]. On juge alors que,

---

1. Lettre du 8 décembre 1927, Archives nationales, AJ 16/2876.

2. Archives nationales, 61 AJ 82.

3. Ernest Vessiot est sous-directeur de l'École de 1920 à1927 et directeur de 1927 à 1935.

4. Archives nationales, 61 AJ 94.

5. Voir chapitre VII.

6. *Ibid.*

si on laisse la possibilité aux jeunes filles d'entrer à la rue d'Ulm, on risque de nuire au recrutement de l'École de Sèvres en la privant de ses meilleurs éléments. D'ailleurs en 1937 Paulette Chevallier, reçue 1re à Sèvres et 6e à la rue d'Ulm, opte pour l'École de garçons. La décision est donc prise d'interdire la rue d'Ulm aux jeunes filles (décret du 9 mars 1938).

TABLEAU 24
Candidatures féminines à la rue d'Ulm

Année	Nombre de candidatures	Nombre de reçues
1923	0	
1924	0	
1925	4	0
1926	1	1
1927	1	0
1930	12	1
1933	14	0
1934	11	1
1935	15	0

Les agrégations masculines

Au début des années 1880, lorsqu'est instituée *une* agrégation féminine de sciences, il existe *trois* agrégations scientifiques masculines : sciences mathématiques, sciences physiques, sciences naturelles. Cette agrégation de sciences naturelles devient mixte[1] à partir du concours de 1931, une quarantaine d'années avant les autres spécialités[2]. Entre 1911 et 1930, cinq jeunes filles sont reçues à l'agrégation masculine de sciences naturelles.

En mathématiques et en sciences physiques on enregistre régulièrement des candidatures féminines à l'agrégation masculine jusqu'à ce que l'arrêté[3] du 19 décembre 1941 les interdise. Certaines, et en particulier celles des élèves de la rue d'Ulm, sont couronnées de succès (cf. tableau 25). Il y aura ainsi 9 agrégées masculines en mathématiques et 7 en sciences physiques avant que l'arrêté de 1941 entre en vigueur (cf. tableau 26).

---

1. Voir chapitre VII.

2. Voir chapitre IX.

3. *L'information universitaire,* n° 1060, 3-10 janvier 1942, p. 1. Une dérogation sera accordée pour le concours d'agrégation de sciences physiques en 1959 (cf. chapitre IX).

TABLEAU 25
Les femmes aux agrégations masculines
(d'après les rapports d'agrégation) [1]

Sciences physiques				
Année du concours	*Nombre de candidates*	*Candidates ayant fait toutes les compositions écrites*	*Candidates admissibles*	*Candidates reçues*
1913				1 : Marguerite Rouvière
1925	3		3	2 : Melle Hanot Melle Lévy
1926	2			1 : Melle Waltz
1927	2		0	0
1928	4		0	0
1929	5	2	0	0
1930	8	4	0	0
1931	4		0	0
1932	2		0	0
Sciences mathématiques				
Année du concours	*Nombre de candidates*		*Candidates admissibles*	*Candidates reçues*
1920			2	2 : Madeleine Chaumont Georgette Parize
1927			1	1 : Germaine Curie
1929				1 : Marie-Louise Jacotin
1931	4		1	0
1932	2			0
1933	1		1	1 : Christiane Gouard

Dès la fin du XIXe siècle une jeune fille se présente à l'agrégation masculine de mathématiques où elle est brillamment reçue. Liouba Bortnicker, boursière d'agrégation à Paris, est reçue 2e derrière le normalien Xavier Stouff au concours 1885. À ce concours, où sur 104 inscrits 75 ont fait toutes les compositions d'admissibilité, Liouba Bortnicker est la

1. *Bulletin de l'Union des physiciens* : n° 189, janvier 1926, p. 97-110 ; n° 197-198, novembre-décembre 1926, p. 49-63 ; n° 209, janvier 1928, p. 126-137 ; n° 219, janvier 1929, p. 146-167 ; n° 229, janvier 1930, p. 167-183 ; n° 239, janvier 1931, p. 167-183 ; n° 249, janvier 1932, p. 163-178 ; n° 259, janvier 1933, p. 16-171. *Bulletin de l'Association des professeurs de mathématiques* : n° 55, avril 1928, p. 134-145 ; n° 73, février 1933, p. 67-74 ; n° 78, mars 1933, p. 76-92 ; n° 83, mars 1934, p. 80-102.

TABLEAU 26
Les femmes reçues à l'agrégation masculine
(1885-1941)
et les « ulmiennes » à l'agrégation

Année du concours	*Sciences mathématiques*	*Sciences physiques*	*Sciences naturelles*
1885	Liouba Bortnicker (2e)		
1907			Marie Robert (2e)
1911			Gabrielle Fandard (2e)
1913		*Marguerite Rouvière*	
1920	*Madeleine Chaumont* (1re)		
1925	*Georgette Parize* (3e)	Melle Hanot Melle Lévy	
1926		Melle Waltz	
1927	Germaine Curie		Lucienne George
1928			Jeanne Bourdin
1929	*Marie-Louise Jacotin* (3e ex aequo)		
1930			Marcelle Poujoul

			Le concours devient mixte en 1931
1933	*Christiane Gouard*		
1935			*Marguerite Girault*
1936		*Noëlle de Leiris* (2e ex aequo)	
1939	*Jacqueline Ferrand* (1re ex aequo) *Colette Rothschild*		*Mme Kofler (Lucie Noël)*
1941	*Mme Dubois-Violette (Marie-Odette Blaise)*	France Gaume *Paulette Chevallier*	
------------	--------------------------	--------------------------	
	Concours masculin fermé aux femmes	Concours masculin fermé aux femmes	
1944	*Geneviève Bass* (agrég.F)	*Colette Chaminade* (agrég.F)	

En italique les noms des élèves de la rue d'Ulm.

4e admissible sur 23. Le rapport du jury [1] fait mention de la qualité des épreuves de la candidate, et souligne que sa leçon de mathématiques spéciales « se distingue de toutes les autres par la largeur des idées et la lucidité de l'exposé ». Le succès de cette pionnière va retenir l'attention. Ainsi le directeur de l'enseignement secondaire Charles Zévort, inaugurant en septembre 1885 le nouveau lycée de jeunes filles du Havre, insiste sur la performance accomplie [2] :

> « [...] une jeune fille [...] n'a pas hésité à aborder la plus difficile de nos agrégations classiques, celle de mathématiques pures, à laquelle nos professeurs n'arrivent guère qu'après avoir traversé l'École normale supérieure. Elle a obtenu le second rang, presque le premier, avec une supériorité marquée sur de nombreux candidats reçus après elle et dont la plupart vont être chargés des cours les plus importants de nos lycées ».

Et il en profite pour ajouter : « [...] pour les aptitudes artistiques et intellectuelles les femmes n'ont rien à nous envier et [...] si elles sont restées inférieures, c'est qu'on leur a trop marchandé cette forte éducation de l'intelligence ».

Tel autre explique que « les jeunes filles qui, dans le but pratique du professorat, veulent se diriger vers l'enseignement supérieur, savent que ce n'est pas l'École de Sèvres qu'elles doivent préparer » et fait immédiatement référence au succès éclatant de cette jeune fille à l'agrégation masculine [3].

D'autres jeunes filles, élèves de la rue d'Ulm, seront d'ailleurs brillamment reçues à l'agrégation masculine de mathématiques. Madeleine Chaumont, entrée rue d'Ulm au concours 1919 alors qu'elle est déjà licenciée, est reçue 1re à l'agrégation en 1920. Répondant à un questionnaire sur la « possibilité pour les jeunes filles de se présenter à l'agrégation des sciences mathématiques des lycées de garçons », Madeleine Chaumont se déclare pour « la suppression de l'agrégation particulière aux jeunes filles » [4] et réclame « pour les jeunes filles, non le droit, mais l'obligation de se présenter à l'agrégation des lycées de garçons », car les professeurs doivent avoir une culture suffisante pour préparer leurs élèves au moins au baccalauréat ; elle précise d'ailleurs n'avoir aucunement trouvé excessif le travail exigé par la préparation du concours masculin. D'autres jeunes filles vont avoir des résultats éclatants au concours : Marie-Louise Jacotin, reçue au concours 1929, obtient

---

1. Archives nationales, F 17/7109/57.

2. *Revue internationale de l'enseignement,* t. 10, n° 2, 1885, p. 314-317 (voir p. 316).

3. Henri de La Ville de Mirmont, « De l'enseignement supérieur des femmes », *Revue internationale de l'enseignement,* t. 14, n° 2, 1887, p. 246-252 (voir p. 247).

4. Madeleine Chaumont, « Agrégation de mathématiques des jeunes filles », *Bulletin de l'Association des professeurs de mathématiques,* n° 20, mai 1921, p. 41-42.

la meilleure note d'oral (19+18)[1] ; Jacqueline Ferrand, quant à elle, se classe 1re au concours 1939.

La première femme reçue à l'agrégation masculine de sciences physiques est Marguerite Rouvière en 1913. Entre 1925 et 1932, alors que le nombre d'inscrits, en croissance régulière, double en passant de 73 à 152 pour un nombre relativement stable d'admis (autour de la vingtaine), le nombre de candidates ne dépasse jamais 5 sauf en 1930. Cette année là il n'y aura cependant aucune candidate admise, la moitié d'entre elles n'ayant pas participé à toutes les épreuves écrites (cf. tableau 25). Jean Lamirand, dans son rapport sur le concours de 1932, justifie le faible nombre de candidatures féminines : « Le petit nombre de candidates s'explique par le fait de l'existence d'un deuxième concours d'agrégation de sciences physiques pures, réservé aux femmes, et dont le programme est moins élevé que celui de l'agrégation masculine correspondante [...] »[2].

L'admission à la Société des agrégés

La Société des agrégés ayant décidé d'étendre son recrutement à tous les agrégés, quelque soit leur lieu d'exercice, une modification des statuts est adoptée en 1925 par l'Assemblée générale. L'article I est désormais libellé comme suit : « Il est formé une Société des agrégés de l'Université (titulaires masculins d'une agrégation de l'enseignement secondaire des garçons). [...] »[3]. Pierre Couissin commente[4] ce changement de libellé : « La parenthèse n'est pas à sa place dans l'article I, qui énonce le titre de la Société ; elle aurait dû se trouver dans l'article III qui traite des conditions d'admission. Mais l'Assemblée avait voulu éliminer les femmes, sans l'exprimer trop crûment ».

En fait en 1925 il existait un conflit aigu entre partisans et adversaires de l'égalité des traitements masculins et féminins. Parmi les opposants certains étaient hostiles à l'assimilation qu'on voulait établir entre l'enseignement masculin et l'enseignement féminin ; les autres, sans être hostiles à cette assimilation, refusaient que soit établie une égalité des traitements antérieure à l'identification des titres et concours. Or en 1927, avec la réalisation quasi totale de l'identification des deux enseignements secondaires masculin et féminin et la décision de supprimer les agrégations féminines aux environs de 1938, la situation a évolué. Aussi va se

---

1. Émile Blutel, « Rapport sur le concours, en 1929, de l'agrégation de sciences mathématiques », *Bulletin de l'Association des professeurs de mathématiques,* n° 63, décembre 1929, p. 61-72 (voir p. 72).

2. Jean Lamirand, « Agrégation de sciences physiques. Rapport sur le concours de 1932 », *Bulletin de l'Union des physiciens,* n° 259, janvier 1933, p. 61-72 (voir p. 72).

3. Pierre Couissin, « Modification à l'article Ier des statuts », *L'agrégation,* n° 64, février 1928, p. 8-10.

4. *Ibid.*

poser la question de la suppression de la parenthèse figurant dans l'article I des statuts, sans toutefois remettre en cause le refus de l'admission des titulaires des agrégations féminines. Ainsi l'article III des statuts indiquerait que pour être membre de la Société « il faut être agrégé de l'enseignement secondaire *des garçons* ». Pour Pierre Couissin : « [...] La Société doit s'ouvrir aux femmes pourvues d'une agrégation masculine. Nous n'avons aucune raison, dit-il, pour les exclure. Notre Société a pour but de défendre l'agrégation ; et si, par ce mot, nous entendons l'agrégation masculine, c'est à cause de la valeur du concours, non à cause du sexe de ses titulaires ! ».

Les agrégations féminines présentent alors une moindre difficulté que les agrégations masculines homologues. Nous avons vu en 1932 le commentaire de Jean Lamirand sur les programmes pour l'agrégation de sciences physiques. En ce qui concerne l'agrégation féminine de mathématiques, Fernand Ozil [1] explique :

> « Un de nos élèves moyens d'une classe de mathématiques spéciales y serait reçu sans peine, toutes les matières et toutes les questions portant sur un programme moins étendu que celui de cette classe, tandis que ce même élève devra faire encore trois ans d'excellentes études dans une faculté ou à l'École normale supérieure, s'il veut seulement *affronter* l'agrégation "hommes" » [2].

Joseph Maillan [3], quant à lui, est opposé à l'admission des femmes titulaires d'une agrégation masculine :

> « Admettre aujourd'hui les quelques femmes pourvues d'une agrégation masculine, c'est se condamner à admettre automatiquement toutes les futures agrégées quand les concours seront communs. Premier risque : car il y aura ainsi, par notre faute, au cœur même du groupement qui représentait le mieux les traditions essentielles de l'Université, un élément nouveau que les événements de ces dernières années doivent *a priori* rendre suspect. Deuxième risque : les détentrices actuelles d'une agrégation féminine, invoquant l'égalité des traitements, la similitude des titres et les services rendues par elles à la cause commune des femmes, demanderont à leur tour leur propre admission. La solidarité du sexe jouant une fois de plus, comme elle n'a cessé de jouer, et contre nous, depuis le jour où les organismes masculins ont lié leur sort à celui des sociétés féminines, les nouvelles venues, c'est fatal, feront la courte échelle à leurs aînées. Ce sera la ruée à nos portes qui, entr'ouvertes par nous imprudemment aujourd'hui, li-

---

1. Normalien de la promotion sciences 1893.

2. Cité par Pierre Couissin, « Modification à l'article Ier des statuts », *op. cit.*

3. Joseph Maillan, « Tournant dangereux. Restons entre nous », *L'agrégation,* n° 68, mars 1928, p. 24-29.

vreront passage demain à l'armée des femmes toute entière. N'oublions pas le cheval de Troie ! »

La mise à l'ordre du jour de l'Assemblée générale de 1930 de la question de l'admission des femmes pourvues d'une agrégation masculine est décidée au Comité de la Société des agrégés du 26 décembre 1929, après une discussion passionnée [1]. Gustave Rodrigues explique qu'on ne peut éluder la question de l'admission des dames agrégées de l'enseignement masculin et qu'il n'y a contre leur admission que « des arguments honteux », ajoutant que « la Société n'est pas une association étroitement corporative, elle défend le titre et la valeur du concours ». Pierre Chenevier est du même avis. Dans une lettre Gustave Rodrigues expliquait d'ailleurs : « [...] j'ai toujours été partisan, non pas de l'admission dans la *Société des agrégés*, des femmes possédant l'agrégation masculine, ce qui à mes yeux ne veut rien dire, mais de *tous* les *agrégés* sans exception » [2]. Et il ajoute : « [Une dame] serait *une agrégée* si elle avait passé l'agrégation féminine. Elle est *un agrégé* dès l'instant qu'elle a passé l'agrégation masculine. C'est l'évidence même. L'agrégation est un titre. L'agrégation n'a pas de sexe ».

Dans la discussion Louis Benaërts souligne « qu'on aurait pu fermer l'agrégation masculine aux femmes ; c'était une thèse, mais puisqu'on a adopté l'autre, il est logique de les admettre dans [la] Société ». André Sainte-Laguë résume la discussion et note qu'au point de vue de la justice on ne voit pas au nom de quel principe on peut s'opposer à l'admission des femmes. « L'inscription à l'ordre du jour est finalement décidée par 14 voix contre 7. Ont voté pour : Benaërts, Chenevier, Couissin, Dedron, Derolle, Lackenbacher, Letellier, Picardat, Rodrigues, Schulhof, Sizaire, Tirlemont, Villat et, par correspondance, Lesourd. Ont voté contre : Cressot, Fedel, Gros, Lejeune, Mahé, Robert-Pimienta et, par correspondance, Roger ». Deux rapporteurs sont alors désignés : Gustave Rodrigues [3] (en faveur de l'admission) et Georges Roger [4] (contre l'admission). Georges Roger justifie d'ailleurs sa position par l'existence d'une société-sœur, la Société des agrégées [5].

---

1. « Fixation de l'ordre du jour de l'Assemblée générale », *L'agrégation,* n° 92, février 1930, p. 192-194.

2. *L'agrégation* n° 90, janvier 1930, p. 151-152.

3. Gustave Rodrigues, « Rapport sur l'admission des dames titulaires d'une agrégation masculine dans la Société des agrégés », *L'agrégation,* n° 95, mars 1930, p. 268-273.

4. Georges Roger, « Rapport contre l'admission des dames titulaires d'une agrégation masculine », *ibid.*, p. 273-276.

5. La publication récente d'une lettre émanant d'une dame, titulaire d'une agrégation masculine, qui présentait une demande d'admission à la Société des agrégés en faisant référence à la société-sœur (*L'agrégation,* n° 87, novembre 1929, p. 80-81) avait suscité une réponse de la présidente de la société des agrégées G. Véroux et une lettre ouverte signée de Lucy Prenant et Jeanne Calbairac-Daste, soulignant le rôle joué par la Société

À l'Assemblée générale du 14 avril 1930, au sujet de cette question de l'admission éventuelle des dames titulaires d'une agrégation masculine, Jean Icole demande qu'on vote sans débat car les arguments pour et contre sont connus depuis longtemps. Cette proposition étant repoussée à une faible majorité, la discussion générale est ouverte. Jean Icole se prononce contre l'admission des agrégées masculines considérant qu'il ne serait pas loyal de faire concurrence à la société-sœur et qu'« il faut ou bien le *statu quo*, ou bien une Société d'agrégés et d'agrégées unique ». À l'issue du vote l'admission est repoussée (pour : 363 ; contre : 632 ; abstentions : 168) [1].

des agrégées (*L'agrégation,* n° 92, février 1930, p. 201-203). Une société unique, résultant de la fusion des deux Sociétés, verra le jour en 1948 (cf. chapitre IX).

1. *L'agrégation,* n° 99, mai 1930, p. 395-399.

Chapitre IX

DE L'UNIFICATION À LA FUSION DES CONCOURS

L'identification des enseignements masculin et féminin se situe à deux niveaux : celui des élèves avec l'identification des programmes – qui a été réalisée par la réforme Bérard (voir chapitre IV) – et celui des maîtres avec l'identification des concours d'agrégation. Le rapprochement des agrégations masculines et féminines, amorcé à la fin des années 1920 aboutit à une unification quasi complète une douzaine d'années plus tard (voir chapitre VII).

L'étape initiale a consisté à débarrasser des sciences naturelles l'agrégation féminine de sciences physiques et naturelles, qui correspondait à deux agrégations masculines : on établit en 1927 la mixité à l'agrégation de sciences naturelles tout en maintenant une agrégation féminine distincte de sciences physiques.

Rendant compte de la session de janvier 1927 du Conseil supérieur de l'Instruction publique Georges Beaulavon explique :

> « Désormais celles des candidates qui se préparent à l'enseignement des sciences naturelles devront se présenter à la même agrégation que les hommes, celle-ci paraissant leur être accessible. Les autres trouveront provisoirement devant elles une agrégation de sciences physiques et chimiques seulement, débarrassée du lourd surcroît des sciences naturelles ; les candidates pourront ainsi renforcer leur préparation mathématique, et il a été entendu que les mesures convenables seraient prises à Sèvres à cette fin. Malgré tout, comme l'agrégation de physique des hommes leur aurait encore présenté, en général du point de vue mathématique, des difficultés insurmontables, on institue pour elles une agrégation provisoire. Elle comportera des épreuves pratiques jugées indispensables »[1].

---

1. Georges Beaulavon, « Conseil supérieur... (19-21 janvier 1927) », *op. cit.*, p. 138.

Toutefois, comme l'expose Georges Beaulavon :

> « Il a été décidé, en 1927, que toutes les agrégations dites féminines disparaîtront complètement en 1938, parce que à ce moment toutes les candidates en âge de s'y présenter utilement auront reçu, d'un bout à l'autre de leurs études la même instruction que les hommes, la même formation intellectuelle, et que, destinées à donner le même enseignement que les hommes, elles devront y être habilitées par les mêmes titres et les mêmes concours, dans les mêmes conditions. Mais il a été en même temps établi un régime provisoire, destiné à prendre fin en 1938 [...] » [1].

Ce ne sera qu'au milieu des années 1970 que s'opérera la fusion des agrégations masculines et féminines de sciences physiques et de mathématiques, avec l'établissement d'épreuves communes et d'un classement unique.

Le problème de l'unification

La formation des professeurs de mathématiques

Si l'identification des épreuves scientifiques est opérée dès 1927 à l'agrégation de sciences physiques, à l'agrégation de mathématiques elle ne sera amorcée qu'en 1938 et rendue totale en 1940 (cf. chapitre VII). Cette différence disciplinaire dans l'approche de l'unification est soulignée en 1933 par le physicien Georges Bruhat :

> « Tandis que les physiciens croient pouvoir déduire de l'expérience que les cerveaux féminins ont la même capacité que les cerveaux masculins, et tentent de s'approcher de l'idéal de l'assimilation de l'agrégation féminine à l'agrégation masculine, les mathématiciens ne croient pas pouvoir utilement initier leurs étudiantes aux programmes traditionnels de la licence ès sciences mathématiques [...] » [2].

En fait l'adoption, en 1924, pour l'enseignement secondaire de jeunes filles du plan d'études des établissements secondaires de garçons pose immédiatement la question de la formation des professeurs des lycées et collèges de jeunes filles. S. Detchebarne [3], professeur au lycée Molière,

---

1. Georges Beaulavon, « Conseil supérieur de l'Instruction publique (1er-3juillet 1929) », *Revue universitaire,* n° 2, 1929, p. 143-144.

2. Georges Bruhat, « Avant-propos », dans *Mécanique,* Paris, Masson, 1955, p. v.

3. S. Detchebarne, « Les professeurs de mathématiques de l'enseignement secondaire des jeunes filles », *Bulletin de l'Association des professeurs de mathématiques,* n° 34, février 1924, p. 108-109. Dès 1921, d'ailleurs, elle avait souhaité que les programmes d'agrégation de mathématiques soient modifiés compte tenu de ce que la préparation au baccalauréat était établie dans presque tous les établissements secondaires de jeunes filles (*Bulletin de l'Association des professeurs de mathématiques,* n° 18, janvier 1921, p. 5).

juge alors nécessaire que les études mathématiques des jeunes filles deviennent « plus sérieuses et plus méthodiques » :

> « Il importe [...] qu'on nous permette de faire de solides études mathématiques : pourquoi pas celles que font les agrégés des lycées de garçons ? On doit les trouver bonnes, sans doute, puisqu'on ne les modifie pas. Après une préparation identique, peut-être pourrons-nous alors nous mesurer, *en toute équité,* avec les futurs agrégés. L'expérience peut bien être tentée sans grand dommage pour personne. Les résultats obtenus par quelques professeurs des lycées de jeunes filles, qui ont affronté l'agrégation des hommes – et dans quelle déplorables conditions de préparation – nous donnent bon courage et bon espoir ».

Mais dans son rapport sur le concours d'agrégation de 1926 le président du jury, Abel Marijon, recommande la prudence dans la réalisation de l'unification :

> « Mettre l'agrégation des jeunes filles au niveau de l'agrégation de mathématiques des jeunes gens ne peut être qu'une œuvre de longue haleine dont la réalisation, en admettant qu'elle soit possible, doit être tentée avec beaucoup de prudence. Nous devons éviter de tarir, par des mesures trop brusques, une source de recrutement qui a fait ses preuves, et d'où nous sont venus, avec d'incomparables professeurs des classes du premier cycle, des maîtresses capables, dans l'ensemble, de soutenir la comparaison avec leurs collègues du cadre masculin, pour les classes du baccalauréat » [1].

Un questionnaire, publié dans le *Bulletin de l'Association des professeurs de mathématiques,* fait apparaître l'existence de deux thèses pour l'organisation de l'agrégation [2] :

> « 1° Une seule agrégation pour les professeurs des lycées de jeunes filles et de garçons ; thèse soutenue par une minorité, mais très affirmative et convaincue.
> 2° Deux agrégations distinctes, pour les professeurs de lycée de jeunes filles et de garçons ; thèse soutenue par la majorité, mais sans hostilité absolue à la première thèse ».

Cette deuxième thèse est justifiée par l'« inutilité pour les professeurs-femmes de s'assimiler une trop grande quantité de questions de mathématiques spéciales ou supérieures, qu'elles n'auront jamais à enseigner ».

---

1. Abel Marijon, « Rapport sur le concours, en 1926, de l'agrégation de l'enseignement secondaire de jeunes filles section des sciences mathématiques », *Bulletin de l'Association des professeurs de mathématiques,* n° 48, décembre 1926, p. 47-57 (voir p. 57).

2. S. Detchebarne, « Propositions pour la préparation des professeurs de mathématiques de l'enseignement secondaire des jeunes filles », *Bulletin de l'Association des professeurs de mathématiques,* n° 41, septembre 1925, p. 156-158.

Comme cette remarque s'applique, en fait, aussi bien à la majorité des professeurs-hommes qu'à leurs collègues des lycées de jeunes filles, la proposition est avancée de réaliser l'unification complète et de créer une « agrégation à deux degrés ».

L'idée de deux agrégations de mathématiques, l'une pour les classes supérieures et de mathématiques spéciales, l'autre pour les classes du premier cycle, a d'ailleurs été exprimée par Émile Borel. Il la défendra de nouveau à la session de juillet 1937 du Conseil supérieur de l'Instruction publique :

> « M. Borel, professeur à la faculté des sciences de Paris, est partisan de l'assimilation ; mais il explique que cette mesure peut avoir des conséquences très fâcheuses, si l'on maintient une seule agrégation de mathématiques. Il faudra nécessairement, selon lui, ou abaisser le niveau de l'agrégation ou y refuser trop de jeunes filles. La solution serait la création de deux agrégations de mathématiques, accessibles toutes deux aux jeunes gens et aux jeunes filles [...] M. Borel insiste sur la nécessité de maintenir une agrégation de mathématiques comportant des épreuves difficiles d'analyse et de mécanique. Le recrutement des professeurs de spéciales et de l'enseignement supérieur l'exige absolument. Il conclut que la création de ces deux agrégations de mathématiques est une condition essentielle de la réforme qu'on veut entreprendre » [1].

Henri Lebesgue, de son côté, intervient dans le débat en 1928 avec un article intitulé « Contre la fusion des agrégations de mathématiques, masculine et féminine » [2] : « Il y a trente ans, un très bon élève de mathématiques élémentaires pouvait traiter à peu près tous les problèmes proposés à l'agrégation féminine ; aujourd'hui, on entend déclarer qu'il faut, et au plus tôt, imposer aux jeunes filles le programme de l'agrégation masculine. C'est tomber d'un extrême dans l'autre ». Et il ajoute : « Si, pourtant, certaines femmes pensaient que le programme masculin doit être imposé désormais aux candidates, elles auraient plus d'autorité pour soutenir leur opinion, si elles commençaient par conquérir l'agrégation masculine ».

Pour Henri Lebesgue, identifier les programmes des concours masculin et féminin, « c'est oublier qu'agrégés et agrégées n'ont pas à rendre des services identiques ; c'est surtout négliger les différences entre mentalités masculine et féminine ; c'est supposer imprudemment que les programmes masculins sont excellents ». Et il développe son point de vue :

---

1. Albert Millot, « La session du Conseil supérieur de l'Instruction publique », *Revue universitaire*, n° 2, 1937, p. 220.

2. Henri Lebesgue, « Contre la fusion des agrégations de mathématiques, masculine et féminine », *L'enseignement secondaire de jeunes filles*, n° 4, novembre 1928, p. 49-55. Le texte est republié dans le *Bulletin de l'Association des professeurs de mathématiques*, n° 59, février 1929, p. 123-130.

> « Un programme vaste, trop vaste, flatte l'amour propre du jeune homme [...] la jeune fille a besoin d'être mise en confiance [...]
> Imposer aux femmes le vaste programme des hommes, c'est ne tenir aucun compte de leurs qualités naturelles [...] Et, c'est, pour un résultat nul ou mauvais, exiger d'elles, qui en sont physiologiquement incapables, un effort plus grand que celui demandé aux jeunes gens.
> En mathématiques, en particulier, ce serait leur demander un effort trop considérable. Les mathématiques ne s'apprennent pas, elles se reconstruisent ; leur étude exige une initiative, une décision intellectuelle continuelle et c'est ce qui coûte le plus aux femmes. Avec le programme des hommes – si on l'exigeait réellement ! – on ne pourrait recruter que très peu d'agrégés parmi les très rares femmes qui ont naturellement les qualités masculines ».

Puis il ajoute un dernier argument, à savoir que si beaucoup d'agrégés auront à enseigner les mathématiques spéciales à quelque moment de leur carrière, il sera tout à fait exceptionnel d'avoir à demander à une femme un tel enseignement ».

Sans aborder la discussion même de l'article de Lebesgue, le *Bulletin de la Société des agrégées* exprime « le regret que l'auteur n'ait pas tiré la conclusion qui [...] paraît la seule logique : nécessité de deux agrégations de mathématiques pour l'enseignement masculin comme pour l'enseignement féminin », et rappelle la position d'Émile Borel[1]. À ce commentaire Henri Lebesgue va formuler une réponse[2] : « Que mes prémisses soient acceptables ou non, à vos lectrices d'en juger ; l'intéressante suggestion du *Bulletin* n'est pas, en tout cas, la conclusion logique de mes arguments ; entre ceux-ci et celle-là il n'y a même que des liens assez lâches ». Puis il se déclare intéressé par la proposition du *Bulletin* car, dit-il,

> « [...] peut-être permettrait-elle de satisfaire tout le monde sans immoler quelques générations de candidates au sacré principe de l'identification des agrégations masculine et féminine. Qu'on ne croie pas que j'exagère ; déjà, avec les programmes actuels, que de mises en congé, que de santés perdues, que de morts ; l'identification des agrégations de mathématiques augmenterait la durée des études de deux ans pour le moins ; elle tuerait quantité de candidates ».

Et il ajoute :

> « [...] est-il prudent, ou plutôt n'est-il pas déraisonnable de bouleverser brutalement, et *sans nécessité*, l'agrégation masculine qui,

---

1. *Bulletin de la Société des agrégées,* n° 4, décembre 1928.

2. Henri Lebesgue, « À propos de l'agrégation féminine de mathématiques », *Bulletin de l'Association des professeurs de mathématiques,* n° 62, octobre 1929, p. 38-41.

> malgré ses imperfections, a toujours permis un bon recrutement ? Le bon sens n'exige-t-il pas qu'on commence par perfectionner l'agrégation féminine, qu'on expérimente la valeur d'un nouveau programme avant de prétendre l'imposer aux hommes ? »

Finalement, comme nous l'avons vu, il y aura unification des deux concours d'agrégation de mathématiques en trois étapes à partir du concours de 1938, avec l'adjonction finale en 1940 d'une composition de mathématiques spéciales.

La question de l'interchangeabilité du personnel enseignant

Le problème de l'unification des concours d'agrégation va être lié à celui de l'interchangeabilité des personnels enseignants masculin et féminin.

Après que les premières mesures aient été prises pour préparer l'assimilation complète des agrégations féminines aux agrégations masculines à la session de janvier 1927 du Conseil supérieur de l'Instruction publique, Hippolyte Commissaire [1], qui a émis un vote favorable au projet présenté par la Direction de l'enseignement secondaire, manifeste néanmoins des réticences dans son compte rendu [2] de ladite session :

> « Ces mesures n'appelleraient aucune réserve si elles s'accompagnaient de textes interdisant à l'Administration d'employer des dames professeurs dans les lycées de garçons. Une telle introduction serait un moyen commode et économique de parer, dans une certaine mesure, à la crise de recrutement du personnel masculin. D'autre part, on ne peut se défendre d'une certaine inquiétude en songeant au parti que l'enseignement libre pourrait tirer d'une certaine communauté de personnel dans les établissements féminins et les établissements masculins ».

S. Detchebarne, qui a été désignée par ses collègues comme déléguée au Conseil supérieur de l'Instruction publique (où elle prend part aux délibérations à titre consultatif), réagit à ce texte [3] :

> « [...] je ne crois pas que quelques insinuations perfides, voire même quelques petites calomnies, risquent de ruiner le prestige du personnel ou de nuire à l'enseignement secondaire tout entier. Les professeurs des lycées de jeunes filles, les anciennes, celles du début, en ont vu d'autres et entendu bien d'autres. Cela ne les a pas empêchées de poursuivre et d'accomplir leur tâche ; l'ardeur des

---

1. Hippolyte Commissaire est un normalien de la promotion sciences 1891.

2. Hippolyte Commissaire, « Conseil supérieur de l'Instruction publique. Session de janvier 1927 », *Bulletin de l'Association des professeurs de mathématiques,* n° 49, février 1927, p. 80-81.

3. « Communication de Mlle Detchebarne », *Bulletin de l'Association des professeurs de mathématiques,* n° 50, avril-mai 1927, p. 118-119.

luttes passées n'est pas un de leurs plus mauvais souvenirs de jeunesse ; les jeunes générations ne seront pas moins vaillantes. Quant à l'enseignement secondaire féminin, son développement actuel est la meilleure preuve de l'inanité des attaques qu'il a dû supporter, et je ne suppose pas qu'on puisse redouter sérieusement, pour l'enseignement secondaire des garçons, tellement plus ancien et mieux assis, les coups de griffe qui, autrefois, n'ont rien pu contre l'enseignement secondaire féminin, si frêle et si discuté de toutes parts.

Aujourd'hui la réforme [...] des agrégations est une question vitale pour l'enseignement féminin. Tous nos collègues le savent bien qui nous ont aidées de leurs conseils, de leur influence, de leurs démarches, et je saisis l'occasion de les en remercier. Aussi, en lisant le compte rendu de M. Commissaire, ne peut-on se défendre en outre d'une certaine inquiétude, car si les professeurs femmes assistent aux délibérations du Conseil supérieur et y peuvent défendre leurs revendications, elles ne votent pas... Nous voulons penser que, lorsque les questions [...] de l'agrégation de l'enseignement secondaire des jeunes filles seront examinées au Conseil Supérieur, le vote de M. Commissaire sera basé sur d'autres considérations que celles que nous avons trouvées dans son compte rendu ».

Hippolyte Commissaire est ainsi amené à expliciter plus clairement les raisons des réserves qu'il a émises ; tout d'abord explique-t-il [1] :

« Il est de notoriété publique que l'Administration ne peut plus trouver tout le personnel indispensable au bon fonctionnement des lycées et collèges de garçons. La solution rationnelle, la seule susceptible de maintenir la haute qualité de notre enseignement secondaire, est celle qui consisterait à porter les traitements du personnel à un taux suffisant et à l'honorer assez pour que la carrière universitaire soit attrayante. Au lieu de cela [...] on accepte un abaissement assez net du niveau de l'agrégation [...] à la faveur de la fusion des agrégations masculine et féminine on entrevoit peut-être la possibilité de pourvoir par un personnel féminin à certaines chaires de l'enseignement masculin ».

Puis il en vient à une seconde raison :

« À mon sens, dit-il, il n'est pas souhaitable que, dans les lycées de jeunes filles, l'enseignement soit confié à des hommes. Cette règle ne devrait souffrir d'exception que dans les cas de nécessité absolue et pour des préparations spéciales. De même, tant au point de vue de la formation du caractère de nos garçons qu'à celui de l'autorité qu'un professeur doit exercer sur ses élèves, je me de-

1. « Communication de M. Commissaire », *ibid.*, p. 119-120.

mande s'il convient d'introduire des professeurs dames dans nos lycées ».

Les conditions de l'unification des concours d'agrégation masculin et féminin font l'objet de maintes discussions à la Société des agrégés au début des années 1930 [1]. Plusieurs modalités sont en effet envisageables.

Un premier système possible est celui d'un *concours unique* avec un *classement unique*. Mais, ici, la difficulté résiderait dans le fait que les besoins de l'un ou l'autre des deux enseignements, masculin et féminin, pourraient ne pas être satisfaits par les résultats du concours, les candidats admis dans l'un des deux sexes pouvant être en surnombre et ceux de l'autre se révéler insuffisants. Le seule remède serait alors l'*interchangeabilité des personnels* comme l'explique Pierre Couissin. Cette solution logiquement inattaquable est repoussée en 1933 à la fois par la Société des agrégés et celle des agrégées ; elle sera de nouveau repoussée à l'Assemblée générale de la Société des agrégés en 1934, puis en 1935 à l'unanimité moins quatre voix.

Un deuxième système est celui du *concours unique* avec un *jury unique* et deux *listes séparées*, système qui a été soutenue par la Société des agrégées. Cette organisation, qui sauvegarde la séparation des personnels, est jugée inacceptable car elle pourrait conduire à ce qu'un candidat, placé dans un rang inférieur à celui d'un candidat refusé, soit admis du fait de son appartenance à l'autre sexe.

Une troisième solution est celle de *deux concours distincts* avec des *programmes identiques*, mais *deux jurys* et *deux listes de classement*. Cette organisation qui maintient la dualité des concours, avec toutefois une identité de programme apparaît comme un compromis entre l'identification absolue, la fusion, et la situation existante.

Ces diverses modalités, étudiées par une commission composée de représentants des deux Sociétés d'agrégés et d'agrégées, de ceux des Sociétés de spécialistes et de représentants syndicaux, a rencontré l'opposition irréductible de certains membres [2]. Aussi une thèse conciliatrice, soutenue par Caroline Vacher, est proposée par la commission : institution d'un concours unique dans chaque spécialité, même programme et mêmes épreuves écrites pour tous avec double correction, liste

---

1. L. Villard, « Communication », *L'agrégation*, n° 142, décembre 1932, p. 68-70 ; « Unification de l'enseignement masculin et féminin », *ibid.*, n° 152, mai 1933, p. 280-281 ; Pierre Couissin, « Modalités de l'identification des concours d'agrégation masculins et féminins », *ibid.*, n° 166, mars 1934, p. 239-240 ; « Modalités de l'identification des concours d'agrégation masculins et féminins », *ibid.*, n° 168, avril 1934, p. 284 ; « Identité des agrégations masculine et féminine », *ibid.*, n° 170, mai 1934, p. 334 ; « Modalités de l'identification des concours d'agrégation masculins et féminins », *ibid.*, n° 185, mars 1935, p. 293-295, n° 188, avril-mai 1935, p. 390, n° 189, mai 1935, p. 117-118.

2. Pierre Chenevier, « Modalités de l'identification des concours d'agrégation masculins et féminins », *L'agrégation*, n° 185, mars 1935, p. 293-295.

unique d'admissibilité établie par un jury unique ; pour l'oral dédoublement du jury sous la direction du même président.

Finalement, comme nous l'avons vu (cf. chapitre VII) deux concours distincts vont être maintenus avec des jurys et des listes séparés.

Cette question de l'évolution du concours d'agrégation a été suivie de très près par la Société des agrégés et celle des agrégées. La Société des agrégés, fondée en avril 1914 et réactivée en 1917, n'admettait pas dans son sein les agrégées de l'enseignement féminin. En 1920 est donc fondée la Société des agrégées dont l'objectif est d'obtenir les mêmes conditions d'études, de recrutement et d'exercice que leurs collègues masculins. Mais un débat va s'ouvrir, à la fin des années 1920, sur l'admission des femmes titulaires d'une agrégation masculine à la Société des agrégés (cf. chapitre VIII) ; l'assemblée générale du 14 avril 1930 va repousser cette éventualité à un forte majorité [1].

L'existence de deux Sociétés s'expliquait par le fait que les deux enseignements secondaires masculin et féminin avaient « chacun leurs concours de recrutement, leurs statuts, leurs programmes, leurs horaires, leurs maxima de service ». Mais les différences ont été peu à peu gommées en obtenant

> « en 1924, l'identité des programmes pour les deux enseignements et l'ouverture aux femmes des concours masculins d'agrégation ; en 1927, l'égalité des traitements ; en 1928, l'accès des femmes aux jurys de baccalauréat ; en 1930, l'accès des jeunes filles au concours général ; en 1932, l'égalité des maxima de service ; en 1933, la représentation du personnel féminin au Conseil supérieur ; en 1936 et 1937, le rapprochement du statut et du concours d'entrée des deux Écoles normales supérieures ; enfin, l'assimilation progressive des concours d'agrégation » [2].

Aussi à partir de 1945, au sortir de la guerre, s'ébauche le rapprochement des deux Sociétés d'agrégés et ceci aboutit à la fusion en 1948, cette Société unifiée comprenant une « section des intérêts féminins » [3] placée sous la présidence de Catherine Schulhof qui avait présidé la Société des agrégées depuis 1932 ; cette section sera dissoute en 1956.

---

1. « L'admission éventuelle des dames titulaires d'une agrégation masculine », *L'agrégation,* n° 99, mai 1930, p. 395-399.

2. Alberte Mélot et Raphaël Barquissau, « La fusion des deux Sociétés d'agrégés. Rapport », *L'agrégation,* n° 293, mars 1948, p. 150-151.

3. « Les agrégées après la fusion des deux Sociétés. La section des intérêts féminins (1948-1956) », *L'agrégation,* n° 162, mai 1968, p. 561-564.

De la séparation à la fusion

Les dispositions de 1941

Une mesure, qui résulte de l'unification établie à partir du concours de 1940 à l'agrégation de mathématiques comme à l'agrégation de sciences physiques (cf. chapitre VII), va être la fermeture des concours masculins aux femmes à partir de 1942 par l'arrêté [1] (art. 4) pris par Jérôme Carcopino pendant le gouvernement de Vichy. Par ailleurs à l'agrégation de sciences naturelles, où la mixité a été établie, désormais doivent être constituées des listes séparées d'admissibilité et d'admission pour les candidats et les candidates.

Les modifications des concours d'agrégation 1959

Mais, tout en étant totalement séparés, les concours d'agrégation masculins et féminins de mathématiques et de sciences physiques comportent, dans chaque spécialité, des épreuves identiques et telles qu'elles ont été définies en fait par l'arrêté du 18 juin 1904 pour les deux agrégations masculines. Or des arrêtés du 31 juillet 1958 vont apporter des modifications aux seuls concours masculins à partir de 1959. Une commission avait été constituée le 20 mars 1957 par le ministère de l'Éducation nationale pour étudier les problèmes relatifs au recrutement et à la formation des personnels scientifiques [2]. Parmi les réformes préconisées figurait celle des agrégations ; les propositions formulées sont reprises dans les arrêtés de juillet 1958.

Ainsi, à l'agrégation masculine de mathématiques, la nature des compositions écrites est redéfinie et les épreuves définitives sont limitées aux deux leçons avec la suppression des épreuves d'épure et de calcul numérique [3]. À la session du 23 juin 1959 du Conseil supérieur de l'Éducation nationale [4] un projet est présenté, et reçoit un avis favorable, pour étendre à l'agrégation féminine la réforme adoptée pour l'agrégation masculine de mathématiques, les deux agrégations pouvant désormais faire l'objet d'une préparation unique. Ce sera avec un décalage d'une année, à partir du concours 1960, que le concours féminin sera à son tour modifié (arrêté du 9 juillet 1959) [5].

---

1. Arrêté du 19 décembre 1941, *Journal officiel,* 21 décembre 1941, p. 5491.

2. *L'agrégation,* n° 31, avril 1958, p. 372-375.

3. Arrêté du 31 juillet 1958, *Bulletin officiel de l'Éducation nationale,* n° 32, 1958, p. 2519-2520.

4. Voir *L'Éducation nationale,* 17-9-59, p. 5. Voir aussi la circulaire du 8 décembre 1959, *Bulletin officiel de l'Éducation nationale,* n° 38, 1959, p. 22.

5. Arrêté du 31 juillet 1958, *Bulletin officiel de l'Éducation nationale,* n° 32, 1958, p. 2537.

TABLEAU 27
Agrégations masculines
(Arrêtés du 31 juillet 1958)

Mathématiques	**Sciences physiques**
Épreuves écrites	*Épreuves écrites*
composition de mathématiques élémentaires et spéciales (durée 6h - coeff. 2)	composition de physique (durée 6h - coeff. 4)
composition d'analyse (durée 6h - coeff. 2)	composition de chimie (durée 6h - coeff. 4)
composition de mécanique générale (durée 6h - coeff. 2)	problème - épreuve à option (durée 7h - coeff. 5)
composition de mathématiques appliquées (durée 6h - coeff. 2)	
Épreuves définitives	*Épreuves définitives*
leçon de mathématiques élémentaires (coeff. 5)	leçon de physique (coeff. 4)
leçon de mathématiques spéciales (coeff. 5)	leçon de chimie (coeff. 4)
	montage de physique (coeff. 3)
	montage de chimie (coeff. 3)

En sciences physiques, un arrêté [1] du 31 juillet 1958 modifie la structure de l'agrégation masculine en introduisant dans les compositions écrites une épreuve à option, d'une durée de 7 heures, portant au choix du candidat sur la physique ou la chimie, les autres épreuves étant les mêmes pour tous ; une réforme importante du concours masculin est donc effectuée avec la création de deux options, physique et chimie, ayant deux classements distincts. Cette réforme de la structure du seul concours masculin de sciences physiques remettait en cause l'unification des agrégations masculine et féminine. La direction de l'École de Sèvres s'en émut, d'autant plus que Sévriennes et normaliens de la rue d'Ulm préparaient en commun les épreuves orales aux laboratoires de physique et chimie de la rue Lhomond ; elle demanda que des dérogations soient accordées et que les Sévriennes aient la possibilité de se présenter au concours masculin. Une élève fut candidate et reçue, comme le souligne le rapport sur le concours 1959 [2] : « Comme l'agrégation féminine n'avait pas encore été modifiée, une candidate a été autorisée à se présenter à l'agrégation masculine, dans l'option physique ; elle a été classée avec les candidats et a été proposée pour l'admission [...] ».

---

1. Jean Wyart et Guy Lazerges, « Agrégation de sciences physiques (hommes) 1959 », INP, 1959, p. 2. Voir aussi la note jointe à la liste des reçus dans *Le Monde* du 4 août 1959, p. 7. À ce concours il y aura 39 admis à l'option physique pour 127 inscrits et 11 admis à l'option chimie pour 37 inscrits, soit un taux de réussite de 30,7% et 29,5% respectivement.

2. *L'Éducation nationale,* 17-9-59, p. 5.

À sa session du 23 juin 1959 le Conseil supérieur de l'Éducation nationale donne un avis favorable au projet qui a « pour objet d'étendre à l'agrégation féminine de sciences physiques les modifications de structure apportées au régime de l'agrégation masculine par l'arrêté du 31 juillet 1958 » [1]. À son tour l'agrégation féminine de sciences physiques est alignée sur son homologue masculin à partir du concours 1960 (arrêté du 15 juillet 1959) [2].

Les options au concours d'agrégation

Soulignons que par l'arrêté du 31 juillet 1958 [3] deux options sont aussi introduites au concours mixte de sciences naturelles avec des classements séparés : option sciences de la terre, option sciences biologiques.

Le système d'options, introduit pour le concours 1959 aux agrégations de sciences physiques et de sciences naturelles, permet une certaine spécialisation. Celle-ci est accentuée à l'agrégation de sciences physiques pour le concours 1965 par l'arrêté du 27 février 1964 [4], d'une part en introduisant un troisième option de physique appliquée, d'autre part en apportant des modifications dans les épreuves des options physique et chimie : suppression du montage de chimie (resp. physique) à l'option physique (resp. chimie), augmentation du poids de l'épreuve à option (cf. tableaux 28 et 29).

Une comparaison de l'évolution du poids de la physique (resp. chimie) à l'option chimie (resp. physique) met bien en évidence l'accroissement de la spécialisation dans la discipline choisie entre l'organisation de 1958 et celle de 1964 (cf. tableau 29).

À l'agrégation de mathématiques des options sont aussi introduites à partir du concours 1972. Les épreuves écrites, désormais au nombre de trois, comportent outre une composition de mathématiques spéciales et une composition d'analyse une épreuve à options avec au choix du candidat : analyse numérique, mécanique, probabilités. La répartition des candidats dans les trois options (cf. tableau 31 en annexe 4) met en évidence un déficit au niveau de la mécanique tant à l'agrégation masculine que féminine [5].

---

1. Voir la circulaire du 8 décembre 1959, *Bulletin officiel de l'Éducation nationale,* n° 38, 1959, p. 22.

2. Arrêté du 31 juillet 1958, *Bulletin officiel de l'Éducation nationale,* n° 32, 1958, p. 2539-2540.

3. Arrêtés du 31 juillet 1958, *Bulletin officiel de l'Éducation nationale,* n° 32, 1958, p. 2537. Au sujet de l'évolution de cette agrégation voir Nicole Hulin et Bénédicte Bilodeau, « Les sciences naturelles à l'agrégation », *op. cit.*, p. 566-567.

4. Arrêté du 27 février 1964, *Bulletin officiel de l'Éducation nationale,* n° 12, 1964, p. 728-730.

5. D'après les rapports de concours d'agrégation.

TABLEAU 28
Agrégation de sciences physiques
(Arrêté du 27 février 1964)

option physique	option chimie	option physique appliquée
Épreuves écrites	*Épreuves écrites*	*Épreuves écrites*
composition de physique (durée 6h - coeff. 2) composition de chimie (durée 4h - coeff. 1) problème de physique (durée 7h - coeff. 2)	composition de physique (durée 4h - coeff. 1) composition de chimie (durée 6h - coeff. 2) problème de chimie (durée 7h - coeff. 2)	composition de physique (durée 6h - coeff. 2) composition d'électricité générale et électrotechnique générale (durée 4h - coeff. 1) problème d'électricité appliquée (durée 7h - coeff. 2)
Épreuves définitives	*Épreuves définitives*	*Épreuves définitives*
leçon de physique (coeff. 3) leçon de chimie (coeff. 2) montage de physique (coeff. 2)	leçon de physique (coeff. 2) leçon de chimie (coeff. 3) montage de chimie (coeff. 2)	leçon de physique (coeff. 2) leçon d'électricité (coeff. 3) montage d'électronique ou électrotechnique (coeff. 2)

(L'arrêté du 21 novembre 1968 écourtera d'une heure les deux épreuves les plus longues de l'écrit) [1].

TABLEAU 29
Agrégation de sciences physiques

	Arrêté du 31 juillet 1958		*Arrêté du 27 février 1964*	
	option physique poids de la chimie	option chimie poids de la physique	option physique poids de la chimie	option chimie poids de la physique
écrit	0,30		0,12	
oral	0,50		0,28	

La fusion

La réunification des concours d'agrégation masculin et féminin de mathématiques est donc réalisée en 1960. Les concours, tout en restant distincts avec chacun leur jury et leur classement, ont alors des épreuves écrites communes. Les deux jurys peuvent avoir le même président (par exemple Maurice Pougnand en 1971) ou chacun leur propre président (par exemple, en 1974, Edmond Ramis au concours masculin et Émile Riche au concours féminin), mais à partir de 1971 les concours font l'objet d'un unique rapport commun. C'est à partir du concours 1976 que

1. Arrêté du 21 novembre 1968, *Bulletin officiel de l'Éducation nationale,* n° 42, 1968, p. 3130.

les candidats des deux sexes passent les mêmes épreuves devant le même jury et sont classés ensemble. Pour cette première année de mixité – comme on le note encore en 1980 – le pourcentage de candidates figurant dans les admis est marquée par une baisse certaine (cf. tableau 32 en annexe 4). Le jury souligne ce fait dans son rapport : « En 1976 les cinq premières candidates ont obtenu les n° de classement 6, 19, 24, 35, 41 ; il semble que la mixité ait été assez nettement favorable aux candidats hommes et ceci malgré la persistance d'un meilleur comportement des femmes à l'oral ».

À l'agrégation de sciences physiques on distingue, depuis le concours 1965, trois options avec des épreuves communes et deux classements séparés. Ainsi il arriva, raconte Hubert Gié, qu'une candidate en physique appliquée soit reçue 1re, étant la seule candidate de l'option. En 1974 est établie la mixité du concours impliquant un classement unique pour chaque option. Les jurys en soulignent les incidences sur le recrutement féminin qui peuvent différer d'une option à l'autre (cf. tableau 30). Ainsi au concours 1975, pour l'option chimie : « La répartition des admissibles a été la suivant : 55 hommes pour 52 femmes ce qui correspond à peu près à la proportion des candidatures. Par contre la répartition des admis et leur classement fait apparaître une meilleure réussite d'ensemble des hommes aux épreuves pratiques et orales ».

TABLEAU 30
Agrégation de sciences physiques

	Option physique nombre d'admis		*Option chimie* nombre d'admis	
	H	F	H	F
1973	76	44	25	18
***********	************	************	************	************
1975	72	33	24	7

Pour l'option physique, à l'issue du concours 1980, le président du jury André Saison fait un bilan des résultats de la mixité ; il note que les candidates ont réalisé en proportion le même palmarès qu'en 1973, proportion qui s'est maintenue en 1974 et n'a été dépassée qu'en 1978. Au concours 1982, André Saison note que « les candidates continuent à obtenir des résultats de grande valeur » mais que ce sont essentiellement des normaliennes. Puis de 1982 à 1986 on constate une progression du nombre de reçues chez les candidates non normaliennes (cf. tableau 33 en annexe 4). Dans son rapport sur le concours de 1986 le président du jury Michel Hulin souligne encore les bonnes performances des candidates :

> « Les candidates obtiennent des résultats de nouveau sensiblement supérieurs à ceux des candidats : l'écrit est mené jusqu'au bout le

> plus souvent, le pourcentage d'admissibles par rapport aux inscrits est sensiblement plus fort ; enfin, et surtout, l'oral conduit à un déchet bien moindre de candidates non normaliennes (les résultats pour les élèves des Écoles normales supérieures étant indépendants du sexe) ».

Il faut donc souligner le bon comportement des candidates après l'établissement de la mixité (voir tableau 34 en annexe 4) au concours [1].

Restait alors la question des concours d'entrée aux deux Écoles normales de Sèvres et de la rue d'Ulm, dont la première étape de l'unification avait été réalisée en 1935. Avait suivi l'interdiction aux jeunes filles de se présenter à la rue d'Ulm (décret du 9 mars 1938), car on considère que « l'assimilation des études de l'École normale de jeunes filles à celles de l'École normale de garçons ne pourra être tentée avec succès tant que les promotions seront ainsi décapitées » [2]. Mais, pour que le concours de Sèvres ait le même prestige que celui de la rue d'Ulm, on envisage l'organisation d'un seul concours avec un jury unique comportant deux sous-commissions (l'une pour les jeunes filles, l'autre pour les jeunes gens) et deux classements distincts. On explique en effet : « Il ne saurait être question pour le moment d'établir un classement unique. Ce serait là un saut dans l'inconnu qui risquerait de compromettre gravement dans certaines disciplines le recrutement de l'une ou l'autre des deux écoles ».

D'ailleurs, si on examine en 1936 la question du transfert de l'École de Sèvres à Paris en souhaitant « la situer au voisinage de l'École normale de la rue d'Ulm pour que les normaliennes puissent profiter des nouveaux laboratoires construits dans cette École », on s'empresse d'ajouter [3] :

> « Il ne peut être question d'avoir une École normale supérieure unique, ni pour le présent où les concours d'agrégation ne sont pas encore unifiés, ni pour l'avenir où, en admettant que l'unification se fasse, l'organisation de la vie intellectuelle des jeunes filles devra affirmer son originalité [...]
> Nous envisageons donc une École normale supérieure de jeunes filles à Paris, en collaboration avec l'École normale supérieure de garçons, au voisinage de celle-ci, mais néanmoins distincte d'elle ».

C'est cinquante ans plus tard que la transformation aura lieu : fusion des deux Écoles (1985) et établissement d'un seul concours avec un classement unique à partir de 1986. Ceci a entraîné un effondrement du re-

---

1. D'après les rapports des présidents de jury : Robert Picoux (1973, 1974), Vitalis Delarue (1975-1978), André Saison (1979-1982), Michel Hulin (1983-1986).

2. Archives nationales, 61 AJ 94.

3. *Ibid.*, Texte de huit pages émanant de l'administration de Sèvres.

crutement féminin dans le groupe math.-physique. Ainsi au concours 1989 [1] pour 657 candidats présentés, on compte 134 admissibles et 41 reçus alors que pour les 69 candidates présentées, on compte 4 admissibles et 2 reçues. On peut noter ici des proportions bien différentes de celles constatées aux agrégations.

---

1. D'après le *Rapport d'évaluation* de septembre 1990. Au concours 2000, sur 42 reçus dans le groupe math.-physique on compte trois filles (*Bulletin de la Société des amis de l'École normale supérieure,* n° 217-218, novembre 2000, p. 167-168).

Conclusion

En un siècle l'évolution a été spectaculaire, allant de la constitution d'un enseignement féminin spécifique avec la loi Sée de 1880 à la mixité et la fusion complète des agrégations scientifiques masculines et féminines dans les années 1970.

La réforme Bérard amorce le processus d'identification des deux enseignements secondaires, mais les agrégations scientifiques restent distinctes. Cependant la mixité ne tarde pas à être introduite à l'agrégation de sciences naturelles, donc bien avant la fusion des agrégations de mathématiques et de sciences physiques. Certains s'opposent au processus de fusion comme le mathématicien Henri Lebesgue, invoquant en 1929 l'incapacité physiologique des femmes à faire face au vaste programme imposé aux hommes. Et pourtant des jeunes filles avaient obtenu d'excellents résultats à l'agrégation masculine de mathématiques : une boursière d'agrégation reçue seconde en 1885, une « ulmienne » reçue première en 1920 ! Se référant à l'expérience, le physicien Georges Bruhat affirme, de son côté, l'identique capacité des cerveaux féminins et masculins pour les études scientifiques. Dans les trois premières décennies du XXe siècle, quatre candidates sont reçues à l'agrégation masculine de sciences physiques, quatre autres à l'agrégation masculine de mathématiques. Parmi elles figurent les « ulmiennes ». En trente ans, de 1910 à 1939, sur les dix-neuf candidates scientifiques reçues au concours d'entrée de la rue d'Ulm, quatorze le sont dans la dernière décennie et onze ont choisi pour spécialité les mathématiques.

Le rôle des pionnières, qui se sont présentées aux examens et concours masculins, est à souligner car elles ont aidé à convaincre de la légitimité des transformations à opérer. Il convient aussi de noter le soutien de certains hommes qui ont aidé « de leurs conseils, de leur influences, de leurs démarches » leurs collègues femmes dans leur action pour obtenir cette égalité complète dans l'enseignement, mais aussi la tiédeur de certaines femmes attachées à la spécificité de leur enseignement et à sa pédagogie propre.

Au terme du parcours historique, il peut être éclairant de faire un bilan sur la place désormais occupée par les femmes dans le milieu scientifique, en se plaçant à l'interface de l'enseignement et des sciences et en choisissant de s'intéresser à celles qui ont été investies de responsabilités, soit en qualité d'inspectrice générale, soit comme présidente d'une association de spécialistes ou d'une société savante. Repérer la première nommée à un tel poste ainsi que l'ensemble – assez limité – de celles qui l'ont occupé jusqu'en 2007, tel a été l'objet de l'enquête [1] qui a été menée.

L'Inspection générale. C'est seulement depuis 1945 que des femmes ont accédé à l'inspection générale [2]. En ce qui concerne les disciplines scientifiques, c'est en sciences physiques qu'a lieu la première nomination avec Madeleine Courtin en 1957 ; la deuxième nomination dans cette discipline concerne Florence Robine en 2004. Dans le groupe des sciences de la vie et de la terre trois femmes ont été nommées dans le corps de l'Inspection générale : Christiane Serre (1990), Janine Geyssant (1997) et Annie Mamecier (2000). Cette dernière accède au décanat en 2003 et termine son deuxième mandat en juin 2007. Mais c'est le groupe des mathématiques qui compte le plus grand nombre de femmes. Marie-Odette Dubois-Violette, nommée à l'Inspection générale en 1971, est la première d'entre elles. Viendront ensuite, dans une liste qui peut ne pas être exhaustive, Nicole Deleau, Françoise Virtel, Monique Augé, puis Line Mailhos (1990), Claudine Ruget (1993), Jeannette Marchal (2000) et Brigitte Bajou (décembre 2006). Parmi elles, Claudine Ruget accède au décanat en décembre 1999 et effectue deux mandats de deux ans. Première doyenne de mathématiques, elle est aussi la toute première doyenne nommée dans les disciplines scientifiques, rejointe en 2003 par Annie Mamecier pour les sciences de la vie et de la terre.

Les associations de spécialistes. La constitution d'associations de spécialistes est consécutive à la réforme de 1902, qui apporte des changements profonds à l'enseignement secondaire masculin. L'Union des physiciens [UdP], fondée en 1906, accueille les naturalistes, et ceux-ci prennent leur indépendance en 1910 en créant l'Union des naturalistes [UdN] qui publie son premier bulletin en 1911, comme l'Association des professeurs de mathématiques de l'enseignement public [APMEP]. La première présidente de l'UdP [3] est Madeleine Courtin, élue en 1945 ; une cinquantaine d'années plus tard se succèdent, sans interruption, trois autres présidentes : Jacqueline Tinnès (1993-1999), Josette Maurel (1999-2002) et Madeleine Sonneville (2002-2005). À l'APMEP Pascale Pombourcq, nommée en septembre 2006, est la septième femme prési-

---

1. J'adresse mes très vifs remerciements à tous ceux et celles qui, avec une extrême gentillesse, m'ont apporté leur aide et tout particulièrement à Henri Bareil, Jeannette Marchal et Dominique Rojat.

2. Guy Caplat, *L'inspection générale au XXe siècle*, Paris, INRP, 1997, p. 72 et 109..

3. Notons que Marie Mourgues est vice-présidente de l'UdP en 1907 quand paraît le premier *Bulletin de l'Union des physiciens (BUP)* auquel elle contribue par un article (« Fonctionnement du service de renseignements », *BUP*, n° 1, mars 1907, p. 13-15).

dente. Les deux premières Anne-Marie Touyarot (1968-1970) et Christiane Zehren (1978-1980) ont été suivies de Jeanne Bolon, Élisabeth Busser, Michèle Pécal et Catherine Dufossé (née Combelle). L'Association des professeurs de biologie et de géologie, qui a fait suite à l'UdN, est présidée en 2007 par Éliane Vernet, mais l'Union des professeurs Spéciales (fondée en 1927) n'a eu aucune présidente.

Les sociétés savantes. Un siècle après leur création au début des années 1870, la Société française de physique [SFP] et la Société mathématique de France [SMF] [1] confient leur présidence à une femme : à la SFP en 1972 Huguette Mathieu-Faraggi, à la SMF en 1975 Yvette Amice. C'est une vingtaine d'années plus tard que d'autres femmes leur succéderont : à la SFP [2] Mariane Lambert (1995-1996), puis Michèle Leduc (2007-2008) ; à la SMF Mireille Martin-Deschamps (de juin 1998 à juin 2001), puis Marie-Françoise Roy [3] (de juin 2004 à juin 2007). À la Société géologique de France (SGF) créée en 1830, avec une première présidente nommée en 1970, Henriette Alimen, et une deuxième en exercice de 2001 à 2003, Mireille Polvé, on compte deux femmes sur un total de 167 présidents. Quant à la Société française de minéralogie et cristallographie, elle est présidée en 2007 par Catherine Meval. Par contre à la Société française de chimie [4] aucune femme n'a été présidente générale ; notons que la première présidente de la division enseignement (1997-2000) est Gilberte Chambaud, qui a été nommée par la suite (février 2006) directeur scientifique du département de chimie du CNRS. De même la Société des mathématiques appliquées et informatique, créée en 1983, n'a jamais eu de présidente.

Parmi toutes ces femmes qui ont exercé des responsabilités, Madeleine Courtin [5] (Sévrienne de la promotion 1910) occupe une place privilégiée. Première présidente de l'UdP avec une désignation en 1945, Madeleine Courtin est, par sa nomination en 1957, la première femme appartenant à l'Inspection générale pour les sciences physiques mais aussi pour l'ensemble des disciplines scientifiques. Il faut attendre ensuite le début des années 1970 pour que les femmes soient plus nombreuses à

---

1. La SMF, créée en 1872, publie son premier bulletin en 1873 année où se constitue la SFP.

2. La première et unique femme secrétaire générale de la SFP est Madeleine Veyssié (1985-1990).

3. Cofondatrice en 1987 de l'association « Femmes et mathématiques », elle en a été la première présidente.

4. La Société française de chimie est fondée en 1983 par la Société chimique de France (créée en 1857) et la Société de chimie-physique (créée en 1908).

5. Madeleine Courtin s'intéressait aussi à l'histoire des sciences, comme en témoigne le contenu de sa bibliothèque personnelle (avec, par exemple, *La Mécanique* d'Ernst Mach ou la *Philosophie chimique* d'A.-M. de Fourcroy). En 1953 elle participe au 7ᵉ congrès international d'histoire des sciences, qui se déroule à Jérusalem, en présentant une communication sur « La méthode historique dans l'enseignement des sciences physiques ».

accéder à ces fonctions avec, en particulier, Marie-Odette Dubois-Violette (« ulmienne » de la promotion 1938) à l'Inspection générale en mathématiques ou encore Yvette Amice (Sévrienne de la promotion 1956) à la présidence de la SMF. Les années 1990-2000 sont marquées par une accélération du processus.

Beaucoup de chemin a été parcouru depuis que ces pionnières du XIXe siècle ont montré d'excellentes capacités, en particulier pour les mathématiques : Liouba Bortnicker avec l'agrégation masculine en 1885, Dorothée Klumpke avec le doctorat en 1893. Paul Dupuy, n'écrivait-il pas en 1884 : « Les sciences conviennent [...] à merveille à l'esprit féminin, et les sciences abstraites toutes les premières [...] Ce domaine dont on les a tenues éloignées de parti préconçu, c'est, à vrai dire, leur terre promise ».

Toujours est-il qu'en ce début du XXIe siècle on note un déficit de vocations scientifiques chez les filles. Le Haut Conseil de la science et de la technologie (HCST), installé en septembre 2006 et sollicité pour un « avis sur la désaffection des jeunes pour les études scientifiques », constate que, si la disproportion entre les nombres de filles et de garçons est relativement faible dans les séries scientifiques de l'enseignement secondaire, celle-ci s'amplifie au niveau de l'enseignement supérieur. Alors que le pourcentage des femmes dans les universités a été de 58% en 2006, les femmes ne représentent qu'à peine plus du quart des étudiants dans les sciences fondamentales et les sciences de l'ingénieur. Le Haut Conseil, présidé par Serge Feneuille, avance des raisons d'ordre culturel pour expliquer le phénomène : « préjugés au sein des familles et dans la société, autocensure, manque de modèles à suivre... » [1]. Il souligne que cette question des différences observées entre filles et garçons dans les sciences nécessite une réflexion approfondie. Une piste suggérée, dans le rapport [2] remis en juin 2007 par la Commission européenne présidée par Michel Rocard, est celle d'un renouveau de la pédagogie scientifique pour accroître l'intérêt des filles pour les sciences et leur faire acquérir plus d'assurance dans ce domaine.

Vaincre les blocages d'ordre culturel soulignés par le Haut Conseil est une nécessité incontournable. Si elle était mieux connue, l'histoire pourrait ici jouer un rôle en montrant tous les progrès réalisés et les acquis obtenus, l'engagement et les succès des pionnières. Désormais l'identification complète des deux enseignements masculin et féminin est réalisée, la mixité établie. Il reste un dernier défi à relever qui se situe au niveau de l'orientation vers les carrières scientifiques.

---

1. *Avis sur la désaffection des jeunes pour les études scientifiques supérieures.* http://www.enseignementsup-recherche.gouv.fr/conseil/hcst/avisenergie.pdf

2. *Science education now : A renewed pedagogy for the future of Europe,* European communities, 2007.

Annexes

ANNEXE 1
Sur l'éducation des femmes

Extrait du *Rapport de Condorcet à la Convention nationale*

Ce texte a été publié en 1881 par la Revue internationale de l'enseignement *(t. 1, p. 44-48) dans la rubrique « Revue rétrospective des ouvrages de l'enseignement ». Il s'agit d'un extrait du* Premier Mémoire sur l'Instruction publique *publié par Condorcet en 1791 (p. 49-58 de la réédition, Paris, Mille et une nuits, 2002).*

L'instruction doit être la même pour les femmes et pour les hommes.

Nous avons prouvé que l'éducation publique devait se borner à l'instruction ; nous avons montré qu'il fallait en établir divers degrés. Ainsi rien ne peut empêcher qu'elle soit la même pour les hommes et pour les femmes. En effet, toute instruction se bornant à exposer des vérités, à en développer les preuves, on ne voit pas comment la différence des sexes en exigerait une dans le choix de ces vérités ou dans la manière de les prouver. Si le système complet de l'instruction commune, de celle qui a pour but d'enseigner aux individus de l'espèce humaine ce qui leur est utile de savoir pour jouir de leurs droits et pour remplir leurs devoirs, paraît trop étendu pour les femmes, qui ne sont appelées à aucune fonction publique, on peut se restreindre à leur faire parcourir les premiers degrés, mais sans interdire les autres à celles qui auraient des dispositions plus heureuses et en qui leur famille voudrait les cultiver. S'il est quelque profession qui soit exclusivement réservée aux hommes, les femmes ne seraient point admises à l'instruction particulière qu'elle peut exiger, mais il serait absurde de les exclure de celle qui a pour objet les professions qu'elles doivent exercer en concurrence.

Elles ne doivent pas être exclues de celle qui est relative aux sciences, parce qu'elles peuvent se rendre utiles à leurs progrès, soit en faisant des observations, soit en composant des livres élémentaires.

Quant aux sciences, pourquoi leur seraient-elles interdites ? Quand bien même elles ne pourraient contribuer à leurs progrès par les découvertes (ce qui, d'ailleurs, ne peut être vrai que de ces découvertes du premier ordre qui exigent une longue méditation et une force de tête extraordinaire), pourquoi celles des femmes dont la vie ne doit pas être remplie par l'exercice d'une fonction lucrative, et ne peut l'être en entier par des occupations domestiques, ne travailleraient-elles pas utilement pour l'accroissement des lumières en s'occupant de ces observations qui demandent une exactitude presque minutieuse, une grande patience, une vie sédentaire et réglée ? Peut-être même seraient-elles plus propres que les hommes à donner aux livres élémentaires de la méthode et de la clarté, plus disposées par leur aimable flexibilité à se proportionner à l'esprit des enfants, qu'elles ont observés dans un âge moins avancé et dont elles ont suivi le développement avec un intérêt plus étendu. Or un livre élémentaire ne peut être bien fait que par ceux qui ont appris au delà de ce qu'il renferme ; on expose mal ce que l'on sait lorsqu'on est arrêté à chaque pas par les bornes de ses connaissances.

Il est nécessaire que les femmes partagent l'instruction donnée aux hommes.

1° Pour qu'elles puissent surveiller celle de leurs enfants. L'instruction publique pour être digne de ce nom, doit s'étendre à la généralité des citoyens, et il est impossible que les enfants en profitent si, bornés aux leçons qu'ils reçoivent d'un maître, ils n'ont pas un instituteur domestique qui puisse veiller sur leurs études dans l'intervalle des leçons ; les préparer à les recevoir, leur en faciliter l'intelligence, suppléer enfin à ce qu'un moment d'absence ou de distraction a pu leur faire perdre. Or, de qui les enfants des citoyens pauvres pourraient-ils recevoir ces secours, si ce n'est de leurs mères, qui, vouées aux soins de leur famille ou livrées à des travaux sédentaires, semblent appelées à remplir ce devoir, tandis que les travaux des hommes qui, presque toujours, les appellent au dehors, ne leur permettraient pas de s'y consacrer ? Il serait donc impossible d'établir dans l'instruction cette égalité nécessaire au maintien des droits des hommes, et sans laquelle on ne pourrait même y employer légitimement ni les revenus des propriétés nationales, ni une partie du produit des contributions publiques, si, en faisant parcourir aux femmes au moins les premiers degrés de l'instruction commune, on ne les mettait en état de surveiller celle de leurs enfants.

2° Parce que le défaut d'instruction des femmes introduirait dans les familles une inégalité contraire à leur bonheur.

D'ailleurs, on ne pourrait l'établir pour les hommes seuls, sans introduire une inégalité marquée, non seulement entre le mari et la femme, mais entre le frère et la sœur et même entre le fils et la mère. Or, rien ne serait plus contraire à la pureté et au bonheur des mœurs domestiques. L'égalité est partout, mais surtout dans les familles, le premier élément de la félicité, de la paix et des vertus. Quelle autorité pourrait avoir la tendresse maternelle si l'ignorance dévouait les mères à devenir pour leurs enfants un objet de ridicule ou de mépris ?

On dira peut-être que j'exagère ce danger ; que l'on donne actuellement aux jeunes gens des connaissances que non seulement leurs mères, mais leurs pères mêmes ne partagent point, sans que cependant on puisse être frappé des inconvénients qui en résultent. Mais il faut observer d'abord que la plupart des connaissances, regardées comme inutiles par les parents et souvent par les enfants eux-mêmes, ne donnent à ceux-ci aucune supériorité à leurs propres yeux ; et ce sont des connaissances réellement utiles qu'il est aujourd'hui question de leur enseigner.

D'ailleurs, il s'agit d'une éducation générale, et les inconvénients de cette supériorité y seraient bien plus frappants que dans une éducation réservée à des classes où la politesse des mœurs et l'avantage que donne aux parents la jouissance de leur fortune, empêchent les enfants de tirer trop de vanité de leur science naissante. Ceux, d'ailleurs, qui ont pu observer des jeunes gens de familles pauvres auxquels le hasard a procuré une éducation cultivé, sentiront aisément que cette crainte est peu fondée.

3° Parce que c'est un moyen de faire conserver aux hommes les connaissances qu'ils ont acquises dans leur jeunesse.

J'ajouterai encore que les hommes qui auront profité de l'instruction publique, en conserveront bien plus aisément les avantages s'ils trouvent dans leurs femmes une instruction à peu près égale ; s'ils peuvent faire avec elles les lectures qui doivent entretenir leurs connaissances, si, dans l'intervalle qui sépare leur enfance de leur établissement, l'instruction qui leur est préparée pour cette époque n'est point étrangère aux personnes vers lesquelles un penchant naturel les entraîne.

4° Parce que les femmes ont le même droit que les hommes à l'instruction publique.

Enfin, les femmes ont les mêmes droits que les hommes ; elles ont donc celui d'obtenir les mêmes facilités pour acquérir les lumières qui, seules, peuvent leur donner les moyens d'exercer réellement ces droits avec une même indépendance et dans une égale étendue.

L'instruction doit être donnée en commun, et les femmes ne doivent pas être exclues de l'enseignement.

Puisque l'instruction doit être généralement la même, l'enseignement doit être commun et confié à un même maître qui puisse être choisi dans l'un ou l'autre sexe.

Elles en ont été chargées quelquefois en Italie et avec succès. Plusieurs femmes ont occupé des chaires dans les plus célèbres Universités d'Italie, et ont rempli avec gloire les fonctions de professeur dans les sciences les plus élevées, sans qu'il en soit résulté ni le moindre inconvénient, ni la moindre réclamation, ni même aucune plaisanterie, dans un pays que cependant on ne peut guère regarder comme exempt de préjugés et où il ne règne ni simplicité ni pureté dans les mœurs.

La réunion des enfants des deux sexes dans une même école est presque nécessaire pour la première éducation ; il serait difficile d'en établir deux dans chaque village et de trouver, surtout dans les premiers temps, assez de maîtres si on se bornait à les choisir dans un seul sexe.

Elle est utile aux mœurs, loin de leur être dangereuse.

D'ailleurs, cette réunion, toujours en public et sous les yeux des maîtres, loin d'avoir du danger pour les mœurs, serait bien plutôt un préservatif contre ces diverse espèces de corruption dont la séparation des sexes, vers la fin de l'enfance ou dans les premières années de la jeunesse, est la principale cause. À cet âge, les sens égarent l'imagination, et trop souvent l'égarent sans retour si une douce espérance ne la fixe pas sur des objets plus légitimes. Ces habitudes, avilissantes ou dangereuses, sont presque toujours les erreurs d'une jeunesse trompée dans ses désirs, condamnée à la corruption par l'ennui, et éteignant dans de faux plaisirs une sensibilité qui tourmente sa triste et solitaire servitude.

On ne doit pas établir une séparation qui ne serait réelle que pour les classes riches.

Ce n'est pas sous une constitution égale et libre qu'il serait permis d'établir une séparation purement illusoire pour la grande pluralité des familles. Or, jamais elle ne peut être réelle hors des écoles ni pour l'habitant des campagnes, ni pour la partie peu riche des citoyens des villes ; ainsi, la réunion dans les écoles ne ferait que diminuer les inconvénients de celle que, pour ces classes, on ne peut éviter dans les actions ordinaires de la vie, où elle n'est cependant ni exposée aux regards des témoins du même âge, ni soumise à la vigilance d'un maître. Rousseau, qui attachait à la pureté des mœurs une importance peut-être exagérée, voulait pour l'intérêt même de cette pureté, que les deux sexes se mêlassent dans leurs divertissements. Y aurait-il plus de danger à les réunir pour des occupations plus sérieuses ?

La séparation des sexes a pour principale cause l'avarice et l'orgueil.

Qu'on ne s'y trompe pas ; ce n'est point à la sévérité de la morale religieuse, à cette ruse inventée par la politique sacerdotale pour dominer les esprits ; ce n'est point à cette sévérité seule qu'il faut attribuer ces idées d'une séparation rigoureuse : l'orgueil, l'avarice y ont au moins autant de part ; et c'est à ces vices que l'hypocrisie des moralistes a voulu rendre un hommage intéressé. C'est, d'un côté, à la crainte des alliances inégales, et, de l'autre, à celle du refus de consacrer les liaisons fondées sur des rapports personnels que l'on doit la généralité de ces opinions austères. Il faut donc, loin de les favoriser, chercher à les combattre dans tous les États où l'on veut que la législation ne fasse que suivre la nature, obéir à la raison et se conformer à la justice. Dans les institutions d'une nation libre, tout doit tendre à l'égalité, non seulement parce qu'elle est aussi un droit des hommes, mais parce que le maintien de l'ordre et de la paix l'ordonne impérieusement. Un constitution qui établit l'égalité politique ne sera jamais ni durable ni paisible, si on la mêle avec des institutions qui maintiennent des préjugés favorables à l'inégalité.

Il serait dangereux de conserver l'esprit d'inégalité dans les femmes, ce qui empêcherait de le détruire dans les hommes.

Le danger serait beaucoup plus grand si, tandis qu'une éducation commune accoutumerait les enfants d'un sexe à se regarder comme égaux, l'impossibilité d'en établir une semblable pour ceux de l'autre les abandonnait à une éducation solitaire et domestique ; l'esprit d'inégalité qui se conserverait alors dans un sexe s'étendrait bientôt sur tous deux, et il en résulterait ce que nous avons vu arriver jusqu'ici de l'égalité qu'on trouve dans nos collèges, et qui disparaît à jamais au moment même où l'écolier croit devenir un homme.

La réunion des deux sexes dans les mêmes écoles est favorable à l'émulation et en fait naître une qui a pour principe des sentiments de bienveillance et non des sentiments personnels comme l'émulation des collèges.

Quelques personnes pourraient craindre que l'instruction nécessairement prolongée au delà de l'enfance ne soit écoutée avec trop de distraction par des êtres occupés d'intérêts plus vifs et plus touchants ; mais cette crainte est peu fondée. Si ces distractions sont un mal, il sera plus que compensé par l'émulation qu'inspire le désir de mériter l'estime de la personne aimée, ou d'obtenir celle de sa famille. Une telle émulation serait plus généralement utile que celle qui a pour principe l'amour de la gloire ou plutôt l'orgueil ; car le véritable amour de la gloire n'est ni une passion d'enfant ni un sentiment fait pour devenir général dans l'espèce humaine. Vouloir l'inspirer aux hommes médiocres (et des hommes médiocres peuvent cependant obtenir les premiers prix dans leurs classes), c'est les condamner à l'envie. Ce dernier genre d'émulation, en excitant les passions haineuses, en inspirant à des enfants le sentiment ridicule d'une importance personnelle, produit plus de mal qu'il ne peut faire de bien en augmentant l'activité des esprits.

La vie humaine n'est point une lutte où des rivaux se disputent des prix, c'est un voyage que des frères font en commun, et où chacun, employant ses forces pour le bien de tous, en est récompensé par les douceurs d'une bienveillance réciproque, par la jouissance attachée au sentiment d'avoir mérité la reconnaissance ou l'estime. Une émulation qui aurait pour principe le désir d'être aimé ou celui d'être considéré pour des qualités absolues et non pour sa supériorité sur autrui, pourrait devenir aussi très puissante ; elle aurait l'avantage de développer et fortifier les sentiments dont il est utile de faire prendre l'habitude ; tandis que ces couronnes de nos collèges, sous lesquelles un écolier se croit déjà un grand homme, ne font naître qu'une vanité puérile dont une sage instruction devrait chercher à nous préserver, si malheureusement le germe en était dans la nature et non dans nos maladroites institutions. L'habitude de vouloir être le premier est un ridicule ou un malheur pour celui à qui on la fait contracter, et une véritable calamité pour ceux dont le sort condamne à vivre auprès de lui. Celle du besoin de mériter l'estime conduit au contraire à cette paix intérieure qui, seule, rend le bonheur possible et la vertu facile.

Extrait d'une conférence de Jules Ferry

prononcée le 10 avril 1870 au profit de la Société pour l'instruction élémentaire

Ce texte est publié en 1891 par la Revue internationale de l'enseignement *(t. 22, p. 548-562) dans la rubrique « Revue rétrospective des ouvrages de l'enseignement ». Jules Ferry y fait référence à l'enquête menée aux États-Unis par Célestin Hippeau sur la coéducation* [1].

En Amérique, le riche paye l'instruction du pauvre. Et je me permets de trouver cela juste. [mais] réclamer l'égalité d'éducation pour toutes les classes ce n'est faire que la moitié de l'œuvre, que la moitié du nécessaire, que la moitié de ce qui est dû ; cette égalité, je la réclame, je la revendique pour les deux sexes, et c'est ce côté de la question que je veux maintenant parcourir en peu de mots. La difficulté, l'obstacle ici n'est pas dans la dépense, il est dans les mœurs ; il est, avant toutes choses, dans un mauvais sentiment masculin ; celui-ci beaucoup plus mauvais, beaucoup plus persistant, beaucoup plus farouche que l'autre ; cet orgueil masculin, ce sentiment de la supériorité masculine est dans un grand nombre d'esprits et dans beaucoup qui ne l'avaient pas, il se glisse dans les meilleures âmes et l'on peut dire qu'il est enfoui dans les replis les plus profonds de notre cœur. Oui, Messieurs, faisons notre confession ; dans le cœur des meilleurs d'entre nous, il y a un sultan ; et c'est surtout des Français que cela est vrai. Je n'oserais pas le dire, si depuis bien longtemps les moralistes qui nous observent, qui ont analysé notre caractère, n'avaient écrit qu'en France, il y a toujours, sous les dehors de la galanterie la plus exquise, un secret mépris de l'homme pour la femme. C'est vraiment là un trait du caractère français, c'est un je ne sais quoi de fatuité que les plus civilisés d'entre nous portent en eux-mêmes : tranchons le mot, c'est l'orgueil du mâle. Voilà un premier obstacle à l'égalisation des conditions des deux sexes.

Il en existe un second, qui n'est pas moins grave, et celui-là, il vient de vous, Mesdames, car cette opinion qu'ont les hommes de leur supériorité intellectuelle, c'est vous qui l'encouragez tous les jours, c'est vous qui la ratifiez. Oui... oui... Mesdames, je le sais, vous la ratifiez, vous êtes sur ce point-là en plébiscite perpétuel.

Vous acceptez ce que j'appellerai, non pas votre servitude, mais, pour prendre un mot très juste, qui est celui de Stuart Mill : vous acceptez cet *assujettissement* de la femme qui se fonde sur son infériorité intellectuelle, et on vous l'a tant

---

1. Rebecca Rogers, « L'impensable mixité de l'enseignement secondaire féminin en France au XIXe siècle », dans *La Mixité dans l'éducation. Enjeux passés et présents,* Rebecca Rogers dir., *op. cit.*, p. 25-32 (voir p. 30-31).

répété et vous l'avez tant entendu dire, que vous avez fini par le croire. Eh bien ! vous avez tort, Mesdames, croyez-moi, et si nous en avions le temps, je vous le prouverais.

Lisez du moins le livre de M. Stuart Mill sur l'*Assujettissement de la femme,* il faut que vous le lisiez toutes, c'est le commencement de la sagesse ; il vous apprendra que vous avez les mêmes facultés que les hommes. Les hommes disent le contraire, mais en vérité comment le savent-ils, c'est une chose qui me surpasse. Diderot disait : « Quand on parle des femmes, il faut tremper sa plume dans l'arc-en-ciel et secouer sur son papier la poussière des ailes d'un papillon » ; c'est une précaution que ne prennent pas, en général, les hommes quand ils parlent des femmes ; non, ils ont tous une opinion exorbitante sur ce point.

Les femmes, dites-vous, sont ceci et cela. Mais, mon cher monsieur, qu'en savez-vous ? Pour juger ainsi toutes les femmes, est-ce que vous les connaissez toutes ? Vous en connaissez une, peut-être, et encore !

Apprenez qu'il est impossible de dire des femmes, êtres complexes, multiples, délicats, pleins de transformations et d'imprévu, de dire : Elles sont ceci ou cela ; il est impossible de dire, dans l'état actuel de leur éducation, qu'elles ne seront pas autre chose, quand on les élèvera différemment. Par conséquent, dans l'ignorance où nous sommes des véritables aptitudes de la femme, nous n'avons pas le droit de la mutiler.

L'expérience, d'ailleurs, démontre le contraire de ce préjugé français ; et c'est encore l'Amérique qui nous en fournit la preuve. M. Hippeau est allé à Boston, à Philadelphie, à New-York ; il a visité des établissements dans lesquels sont réunies des jeunes filles destinées aux hautes études, des établissements mixtes où les jeunes filles et les jeunes garçons, par un phénomène extraordinaire, sont réunis sous l'œil d'un même maître, et cela sans aucun inconvénient pour la morale, – il faut le dire à l'honneur de cette race américaine que nous traitons parfois de si haut, que nous jugeons de loin un peu sauvage. En France, on a considéré comme un progrès de supprimer les écoles mixtes. En Amérique, la femme est tellement respectée qu'elle peut aller seule de Saint-Louis à New-York sans courir le risque d'une offense, tandis que chez nous une mère ne laisserait pas aller sa fille de la Bastille à la Madeleine avec la même confiance.

Dans ces écoles dont je vous parlais tout à l'heure, 12 ou 1500 jeunes gens des deux sexes se livrent aux mêmes études ; heureux sujet de comparaison : M. Hippeau l'a faite avec soin, il a voulu tout voir, s'informer de tout ; et, après avoir interrogé les professeurs et les élèves, il déclare qu'il est impossible de reconnaître une différence quelconque entre les aptitudes de la jeune fille et celles du jeune homme, qu'ils sont égaux en intelligence, qu'il y a des élèves forts et des élèves faibles dans les deux sexes, en proportion égale, et j'en conclus que l'expérience est faite, et que l'égalité d'éducation n'est pas seulement un droit pour les deux classes, mais aussi pour les deux sexes.

C'est, à mon avis, dans cette limite que le problème posé aujourd'hui, de l'égalité de la femme avec l'homme, devrait être restreint. Procédons par ordre, commençons la réforme par le commencement ; on nous dit qu'il faut donner aux femmes les mêmes droits, les mêmes fonctions ; je n'en sais rien, je n'en veux rien savoir, je me contente de revendiquer pour elles ce qui est leur droit, ce qu'on veut leur donner aujourd'hui, et le libre parcours fera le reste.

Les femmes américaines se montrent, du reste, très propres à certaines fonctions. M. Hippeau raconte qu'il eut l'honneur d'être présenté à une doctoresse en médecine de Philadelphie et c'était un excellent médecin, très bien occupé, très bien payé. Il y a 800 femmes médecins en Amérique, 200 000 institutrices, et cela prouve jusqu'à l'évidence que, du moment où les femmes auront droit à une éducation complète, semblable à celle des hommes, leurs facultés se développeront, et l'on s'apercevra qu'elles sont égales à celles des hommes.

Mon Dieu, mesdames, si je réclame cette égalité, c'est bien moins pour vous que pour nous, hommes. Je sais que plus d'une femme me répond à part elle : Mais à quoi bon toutes ces connaissances, tout ce savoir, toutes ces études ? à quoi bon ? Je pourrais leur répondre : À élever vos enfants, et ce serait une bonne réponse : mais, comme elle est banale, j'aime mieux dire : À élever vos maris.

L'égalité d'éducation, c'est l'unité reconstituée dans la famille.

Il y a aujourd'hui une barrière entre la femme et l'homme, entre l'épouse et le mari, ce qui fait que beaucoup de mariages, harmonieux en apparence, recouvrent les plus profondes différences d'opinions, de goûts, de sentiments ; mais alors ce n'est plus un vrai mariage, car le vrai mariage, Messieurs, c'est le mariage des âmes. Eh bien ! dites-moi s'il est fréquent, ce mariage des âmes ? dites-moi s'il y a beaucoup d'époux unis par les idées, par les sentiments, par les opinions ? Il se rencontre beaucoup de ménages où les deux époux sont d'accord sur toutes les choses extérieures, où il y a communauté absolue entre eux sur les intérêts communs ; mais quant aux pensers intimes et aux sentiments, qui sont le tout de l'être humain, ils sont aussi étrangers l'un à l'autre que s'ils n'étaient que de simples connaissances.

Voilà pour les ménages aisés. Mais dans les ménages pauvres, quelles ressources, si quelque savoir reliait la femme à son mari ! Au lieu du foyer déserté, ce serait le foyer éclairé, animé par la causerie, embelli par la lecture, le rayon de soleil qui colore la triste et douloureuse réalité. Condorcet l'avait bien compris, et il disait : que l'égalité d'éducation ferait de la femme de l'ouvrier, en même temps que la gardienne du foyer, la gardienne du commun savoir.

Dans tous les cas, il faut bien s'entendre, et bien comprendre que ce problème de l'éducation de la femme se rattache au problème même de l'existence de la société actuelle.

Aujourd'hui il y a lutte sourde, mais persistante, entre la société d'autrefois, l'ancien régime avec son édifice de regrets, de croyances et d'institutions qui n'acceptent pas la démocratie moderne, et la société qui procède de la Révolution française ; il y a parmi nous un ancien régime toujours persistant, actif, et quand cette lutte, qui est le fond même de l'anarchie moderne, quand cette lutte intime sera finie, la lutte politique sera terminée du même coup. Or, dans ce combat, la femme ne peut pas être neutre ; les optimistes, qui ne veulent pas voir le fond des choses, peuvent se figurer que le rôle de la femme est nul, qu'elle ne prend pas part à la bataille, mais ils ne s'aperçoivent pas du secret et persistant appui qu'elle apporte à cette société qui s'en va et que nous voulons chasser sans retour.

C'était bien là la pensée, à une époque récente, d'un ministre, dont je puis bien dire un peu de bien, maintenant qu'il est tombé, l'ayant beaucoup attaqué quand il était debout. Quand M. Duruy voulut fonder l'enseignement laïque des femmes, vous souvenez-vous de cette clameur d'évêques, de cette résistance qui le fit reculer et qui entrava son œuvre ? Que cet exemple soit pour nous un enseignement ; les évêques le savent bien : celui qui tient la femme, celui-là tient tout, d'abord parce qu'il tient l'enfant, ensuite parce qu'il tient le mari ; non point peut-être le mari jeune, emporté par l'orage des passions, mais le mari fatigué ou déçu de la vie.

C'est pour cela que l'Église veut retenir la femme, et c'est aussi pour cela qu'il faut que la démocratie la lui enlève ; il faut que la démocratie choisisse, sous peine de mort ; il faut choisir, citoyens, il faut que la femme appartienne à la science ou qu'elle appartienne à l'Église.

ANNEXE 2

Les sciences pour les filles

En octobre 1880, alors qu'ont lieu les délibérations du Sénat sur le projet de loi Sée, Paul Bert, membre du Conseil supérieur de l'Instruction publique, rédige la préface pour la publication de ses Leçons de zoologie *professées à la Sorbonne entre 1869 et 1879, sous le patronage de l'« Association pour l'enseignement secondaire des jeunes filles ». L'ouvrage est publié aux éditions Masson en 1881. La préface (p. I-V) est une occasion pour lui de souligner les capacités intellectuelles des jeunes filles, capacités trop souvent sous-estimées.*
Après le vote de la loi Sée et la fondation de l'École de Sèvres, Ernest Legouvé défend le principe de « l'égalité dans la différence » dans un texte intitulé « Comment faut-il instruire les femmes ? » et publié dans le Bulletin administratif *(t.25, 1882, p. 475-487). Dans son rapport sur le tout premier concours d'agrégation féminine en 1883, Ernest Legouvé corrige sa prise de position antérieure sur le peu d'aptitudes des femmes pour les mathématiques (*L'enseignement secondaire des jeunes filles, *novembre 1883, p. 184-191). Tout en se référant à ce rapport, Paul Dupuy, dans un commentaire sur « Une préface de M. Camille Sée » (*L'enseignement secondaire des jeunes filles, *mai 1884, p. 193-204) dénonce le préjugé qui consiste à dénier aux femmes une bonne capacité pour les sciences.*
Nous présentons ci-après des extraits de l'ensemble de ces textes.

Paul Bert (1880)

Peut-être, je l'avouerai, sans l'expérience que j'ai acquise je m'effraierais moi-même en parcourant ces prétendues *Leçons de Zoologie,* qui ne sont, il faut bien le dire, rien moins que des leçons d'Anatomie et de Physiologie, avec un soupçon de Pathologie. Je craindrais que le développement intellectuel d'une jeune fille de seize à dix-huit ans, que ses connaissances antérieures dans le domaine scientifique, ne lui permissent pas de s'intéresser aux questions traitées dans ce livre, et à plus forte raison de profiter des enseignements qu'il contient : que tout cela, pour dire la chose en un mot, ne lui semblât « trop difficile ».

Eh bien, qu'on me permette de le dire avec la même sincérité : l'expérience est faite, et elle a prouvé le contraire. Pendant dix années ces Leçons ont été professées, telles, à peu près, qu'elles sont ici reproduites, et c'était précisément de jeunes filles âgées de seize à dix-huit ans que se composait en grande majorité mon auditoire. Or, tout cela était parfaitement compris, et je n'en veux pour preuve que les excellentes compositions que, chaque semaine, mes élèves me remettaient en correction.

C'est que nous sommes, dans ces appréciations, nous surtout, je veux dire nous, les hommes, entraînés à nous tromper singulièrement sur la force intellectuelle, ou pour mieux dire, sur la maturité d'esprit des jeunes filles. Parce que nous avons coutume de leur mettre entre les mains des livres niais ou quintessenciés ; parce que nous prenons devant elles un langage de circonstance, tout de mièvreries et de banalités ; parce que nous ne leur préparons et ne leur permettons que des distractions futiles, nous sommes enclins à penser que les choses sérieuses sont hors de leur domaine. Et cependant l'examen de ce qui se passe à notre foyer domestique nous montre que cette jeune fille, qui dans un an peut-être sera à son tour chef de famille, et sur laquelle pèsent déjà tant de responsabilités, est, à valeur intellectuelle égale, bien autrement sérieuse, malgré ses airs enjoués, que son frère du même âge, et bien autrement prête pour la vie ; et l'expérience de l'enseignement mixte chez les peuples étrangers nous la montre, le plus souvent, à la tête des classes où les deux sexes sont réunis. [...]

Qu'on ne s'effraie donc pas, en trouvant dans ce livre qui s'ouvre par le mot « Mesdemoiselles » des notions qui peuvent sembler ou « bien difficiles », ou « bien élevées pour des jeunes filles ». J'exhorte les pères de famille à avoir plus de confiance dans leurs enfants. L'« élévation » est souvent plus compréhensible que la puérilité.

Peut-être me fera-t-on un autre reproche, celui d'avoir voulu aller trop loin ; et la terreur des *femmes savantes,* qui hante encore bien des esprits, se donnera carrière. Si par savantes on veut dire pédantes, personne ne les redoute plus que moi. Aussi me suis-je en toutes circonstances attaché à donner à mes élèves le respect des vrais savants, à leur montrer combien les notions que je leur enseignais sont peu de chose à côté de la science véritable. Elles ne croiront pas savoir *la* Physiologie, mais elles sauront *de la* Physiologie, et *ce qu'est* la Physiologie. C'est la modestie et non la vanité qu'inspire un enseignement ainsi conduit.

Et maintenant que le public se prononce ! J'ai la ferme et douce conviction que ce livre « pour les jeunes filles » sera recommandé par toutes mes anciennes élèves à leurs sœurs et à leurs amies. Je les prie de ne pas oublier leurs frères, Messieurs de Philosophie, qui y trouveront développées beaucoup de parties du programme officiel de leur classe.

Ernest Legouvé (1882)

Il y a trente-deux ans, au Collège de France, dans un cours sur les femmes, je terminai ainsi une leçon :

« L'État paye une Université pour les hommes, des cours de faculté pour les hommes, une École polytechnique pour les hommes, des écoles d'arts et métiers pour les hommes, des écoles d'agriculture pour les hommes, une École des beaux-arts pour les hommes, des écoles normales pour les hommes ! Et pour les femmes ? Qu'a-t-il fondé ? Des écoles primaires. Pourquoi s'arrêter là ? Pourquoi n'existe-t-il pas un enseignement secondaire pour les femmes ? Pourquoi les jeunes filles des classes moyennes et des classes élevées n'ont-elles pas droit à la même sollicitude que les jeunes filles ouvrières ? Il faut des lycées d'externes pour les jeunes filles, comme il y a des lycées pour les garçons ».

Ces paroles furent accueillies avec un sentiment presque général de défaveur et de dédain. Les uns se moquèrent de moi, les autres m'appelèrent socialiste ou destructeur de la famille ; et quand, un peu plus tard, je présentai mon livre, l'*Histoire morale des femmes,* à l'Académie, au concours de Montyon, il fut repoussé à cause de ce terrible mot : Lycée de filles.

Aujourd'hui, grâce à l'initiative généreuse de M. Camille Sée et à la protection de deux ministres, l'enseignement secondaire des jeunes filles entre de toutes parts dans l'instruction publique, et la fondation de l'École de Sèvres consacre définitivement ce principe : « Il faut instruire les jeunes filles des classes riches comme les jeunes filles des classes laborieuses, et il faut les instruire sérieusement ».

L'œuvre semble donc achevée ; non, elle commence. Une innovation légitime est toujours plus féconde que ne le croit l'innovateur. Le premier progrès en amène nécessairement un second. Le jour où une idée utile sort de la tête d'un homme, c'est lui qui la crée ; mais à peine vivante, c'est elle qui l'entraîne et le gouverne. Ainsi, à peine établie, cette règle : il faut instruire les femmes et les instruire sérieusement, se pose et s'impose cette seconde question : Comment faut-il les instruire, et qu'est-ce qu'une éducation sérieuse ?

La question ne se résout pas d'elle-même. Pour qu'une éducation mérite ce nom de sérieuse, suffit-il qu'elle porte sur des sujets d'études sérieux ? Nullement. Instruire, c'est nourrir. Or notre corps ne se nourrit pas de ce qu'il mange, mais de ce qu'il digère. Les aliments les plus sains, les plus substantiels peuvent devenir un poison, ou un fardeau, si l'organe qui les reçoit leur est réfractaire. De même pour les choses de l'esprit. On ne s'instruit pas avec ce qu'on apprend, mais avec ce qu'on assimile. La seule éducation sérieuse est celle qui développe l'intelligence, qui fortifie le caractère, qui élève l'âme, et ces résultats ne peuvent s'obtenir que par l'accord, je dirais presque la sympathie entre la nature de l'élève et l'enseignement qui lui est donné. Nous contenterons-nous donc, pour assurer aux femmes une éducation sérieuse, de transporter dans les lycées de filles, les programmes des lycées de garçons ? Grande serait notre erreur. Il y a entre la femme et l'homme autant de disparités que de ressemblances. Intelligente comme lui, ses facultés intellectuelles se rangent dans un autre ordre que les siennes ; sensibles comme lui, sa sensibilité n'a ni le même caractère, ni la même intensité ; active comme lui, son activité n'a pas le même objet ; appelée comme lui à tenir une place et à jouer un rôle dans la société, elle a un autre rôle et une autre place. Donc la femme, au nom de sa nature et de ses fonctions, a droit à être élevée aussi bien que lui, mais autrement que lui ; même dans le cas où on leur enseignerait à tous deux la même chose, il faut la lui enseigner à elle différemment ; et ainsi s'applique à l'éducation le principe qui doit présider à tout le développement légitime de la condition sociale des femmes, *l'égalité dans la différence.*

Ici commence la difficulté véritable. Cette différence, comment la déterminer ? En quoi consistera-t-elle ? Sur quel point portera-t-elle ? [...]

Commençons par les sciences, et dans les sciences commençons par les mathématiques, parce que c'est le point qui met le mieux en lumière l'idée générale de cet article.

Les mathématiques sont obligatoires pour tous les élèves des lycées de jeunes gens. Doivent-elles l'être également dans les lycées de filles ? Évidement non. Pourquoi ? parce que la nature des femmes s'y refuse presque toujours, et que leurs fonctions ne les y ramènent jamais. Les jeunes gens sont bien obligés de les apprendre, eux, puisque leur profession ou le baccalauréat les leur impose. Pour un grand nombre d'entre eux, les mathématiques sont un *instrumentum vitæ.* Ingénieurs, architectes, savants, grands constructeurs, élèves sortant de l'École polytechnique, de l'École des arts et métiers, et même de l'École de Saint-Cyr, tous ont un impérieux besoin d'être mathématiciens ; c'est la maîtresse science. Pour les jeunes filles, qu'est-ce, en général, que les mathématiques ? C'est, qu'on me pardonne ce mot, c'est un art d'agrément. Quelques-unes d'entre elles peuvent par exception se plaire dans les théorèmes, dans les problèmes, dans les formules géométriques ou algébriques ; j'ai connu des filles, des sœurs, des femmes de savants illustres, qui se mêlaient très utilement à leurs plus arides travaux ; mais, en général, car je parle toujours en général, les jeunes filles auxquelles s'adressera l'enseignement secondaire, ne devant pas avoir d'état, jamais la science des calculs transcendants ne se résoudra pour elles en un profit, en un avancement, en un honneur. Je n'en conclus pas que les mathématiques doivent être absolument rayées du programme de l'enseignement secondaire des jeunes filles. Mais elles n'y doivent rester que comme auxiliaires des autres sciences. En physique, en chimie, en astronomie, à côté des démonstrations, il y a les faits ; à côté des preuves, il y a les résultats ; à côté des calculs qui sont le chemin, il y a les découvertes qui sont le but ; à côté des abstractions, il y a les inventions et les inventeurs. Or, autant les femmes sont généralement inhabiles à comprendre et impropres à utiliser les spéculations scientifiques, autant leur intelligence se prête à saisir et à admirer tout ce qui, dans les sciences, se présente sous forme vivante : les faits et les hommes. Apprenez-leur donc assez de mathématiques pour apprécier et comprendre les résultats de la science, les bienfaits de la science, les héros de la science. Leur éducation n'en sera pour cela ni moins sérieuse ni moins féconde. Les faits valent bien les chiffres pour former les esprits. [...]

Du reste, le besoin de simplifier pour les femmes les hautes études abstraites est si généralement senti, qu'au Conseil supérieur de l'Instruction publique, quand est venu l'examen du programme proposé pour cet enseignement secondaire, M. Jules Simon a demandé la suppression de vingt questions sur trente en philosophie ; que M. Berthelot s'est écrié : « J'en demande autant pour la chimie ! » Et un autre membre aussi savant a dit plaisamment : « Je suis bien heureux de ne plus être en âge de me marier, car si j'en étais réduit à prendre une femme parmi les filles sachant tout cela, je resterais garçon ! » L'éducation des femmes autrefois était trop frivole, ne la faisons pas trop doctoral, et prenons pour devise : *Ni poupées, ni pédantes.*

Il est pourtant une science pour laquelle je demanderais, non des restrictions, mais un plus large développement. C'est l'histoire naturelle. Aucune ne convient mieux à la nature et aux fonctions des femmes. Toutes leurs qualités de perspicacité, de délicatesse, de goût, même de bonté, y trouvent leur place. Les plantes, les fleurs et les bêtes sont leurs pupilles naturelles. Qui s'entend mieux qu'elles à conduire et arranger élégamment les premières, à soigner délicatement les autres ? Femmes de ménage ou femmes du monde, châtelaines ou fermières, toutes auront également plaisir et avantage à l'étude, à l'éducation, à la domestication, à l'acclimatation de tous ces êtres vivants ou presque vivants, car croître c'est vivre, et on dit des végétaux qu'ils meurent. Je ne doute pas que le développement de l'histoire naturelle dans l'enseignement secondaire des jeunes filles ne fasse de plusieurs d'entre elles des élèves, des émules des Réaumur et des Huber ; le fond même de sœur de charité, que toute femme bien née porte en elle, trouvera ici son emploi ; les femmes sont, de naissance, membres de la Société protectrice des animaux. [...]

J'ai vivement désiré la création des lycées de jeunes filles ; aujourd'hui qu'on va les créer, je me sens saisi d'une certaine appréhension. J'ai peur qu'on n'y marque pas assez profondément la différence entre leur éducation et celle des jeunes gens. Autrefois, on en apprenait trop peu aux jeunes filles ; j'ai peur qu'on ne leur en apprenne trop, et ce trop, qu'on ne leur apprenne mal. [...] Dirai-je ma pensée toute entière ? Il me semble que Molière a défini tout ce que doit être l'enseignement nouveau en un vers : Je consens que la femme ait des clartés de tout.

Des clartés ! on ne peut pas mieux dire et plus dire. Car la clarté, c'est ce qui épure, c'est ce qui guide, c'est ce qui charme, c'est ce qui réchauffe, c'est ce qui vivifie ! Prenons donc pour devise ce vers admirable, et nous ferons de nos élèves de vraies jeunes filles, de vraies épouses, de vraies mères, de vraies femmes ; c'est à dire qui vaudront les hommes parce qu'elles ne leur ressembleront pas.

Ernest Legouvé (1883)

Les examens des élèves de sciences ont été notablement supérieurs à ceux des élèves de lettres.

Ce résultat contredit une opinion fort générale, et que j'ai, quant à moi, vivement soutenue, à savoir, qu'il faut reléguer au second rang dans l'éducation des femmes les études scientifiques, les sciences abstraites, les mathématiques, comme étant peu compatibles avec la nature même de l'intelligence féminine. Nous nous sommes trompés. À voir l'empressement des jeunes filles à se porter vers cet enseignement et les brillants succès qu'elles y obtiennent, on peut dire hardiment que les sciences abstraites ne sont pas plus interdites à un sexe qu'à l'autre, et que ce qu'il y a dans l'esprit des femmes de pratique et de subtil s'applique à merveille à l'intelligence des problèmes mathématiques. Mais en faut-il conclure qu'elles sont plus propres à l'étude des sciences qu'à l'étude des lettres, et qu'il convient de les pousser plutôt vers les unes que vers les autres ? Oh ! ici, la question change complètement.

[...] En outre, si les concours ont donné l'avantage aux scientifiques sur les littéraires, il y a à cela deux raisons : 1° c'est qu'il est plus facile d'apprendre et d'enseigner les sciences que les lettres ; 2° c'est que les livres pour l'enseignement scientifique sont faits, et que les livres pour l'enseignement littéraire des femmes ne le sont pas.

Je m'explique :

Il n'y a pas deux manières d'enseigner les mathématiques, et le sexe des élèves ne change rien au fond même de l'enseignement. [...]

Paul Dupuy (1884)

Oui, nous pensons comme lui [Camille Sée] que le Conseil supérieur en a pris à son aise avec la loi lorsqu'il a négligé d'organiser les classes élémentaires, lorsqu'après la troisième année il a placé un certificat d'études, comme une sorte d'encouragement à ne point pousser au-delà ; mais ce n'est pas en réclamant avec M. Sée un enseignement de huit ou neuf années que nous pouvons trouver exagéré le programme de connaissances qu'on veut donner aux jeunes filles. Les considérations de temps nous y décideraient à la rigueur ; mais ce sont des principes qu'invoque M. Camille Sée pour condamner l'œuvre du Conseil supérieur.

Je ne crois vraiment pas qu'avec deux heures par semaine de calcul et d'arithmétique dans les deux premières années, une heure de géométrie en troisième et quatrième année (nous ne parlons que des cours obligatoires), avec une heure de physique pendant trois ans, une de chimie pendant deux ans, et une d'histoire naturelle pendant quatre, on puisse mériter le reproche de traiter les jeunes filles comme des candidats à Brest, ou à Saint-Cyr, ou à l'École polytechnique. Que feront-elles de tant de chimie, de tant de physique, de tant d'histoire naturelle ? s'écrie M. Sée. Les éléments leur suffiraient pour les mettre en état de lire les beaux ouvrages et d'admirer les belles découvertes. Est-ce là une proposition tout-à-fait certaine ? « Que feront-elles surtout, ajoute-t-il, de ces règles compliquées d'arithmétique, de cette géométrie plane et dans l'espace, de cet algèbre ? » Eh ! mon Dieu ! l'on pourrait en dire autant de toute cette histoire et de toute cette littérature. En tout cela il s'agit de trouver la mesure, et je ne crois pas que le Conseil l'ait dépassée. Certes ce serait un bien méchant idéal que de vouloir faire de toutes nos élèves des institutrices ; mais il ne serait guère pire que de chercher seulement à en faire des femmes qui puissent causer dans le monde. Ce que nous voulons, c'est atteindre le fond même de l'intelligence féminine, c'est donner à nos filles une culture d'esprit qui ne soit point différente de celle que reçoivent nos fils. Or il est impossible de la borner aujourd'hui aux connaissances littéraires. [...] Nous sommes encore pour la plupart encore mal affranchis du préjugé qui fait des sciences une matière rebelle à l'intelligence des femmes, et pourtant l'expérience à peine commencée a suffi pour montrer jusqu'à quel point cette idée est fausse. M. Legouvé l'a constaté officiellement dans son rapport sur l'agrégation ; les professeurs de Sèvres, le disent à qui veut les entendre. Les sciences conviennent au contraire à merveille à l'esprit féminin, et les sciences abstraites toutes les premières. N'est-ce point un vrai chagrin de penser à tout le profit qu'a fait perdre à la science cet interdit jeté sur la moitié des forces intellectuelles de l'humanité ? Ne devons-nous pas penser à l'avenir et souhaiter que l'enseignement scientifique du lycée mette toutes les jeunes filles qui le recevront à même de comprendre les belles découvertes, mais encore éveille chez quelques-unes d'entre elles le goût de la recherche personnelle et l'ambition même de la découverte. Ce domaine dont on les a tenues éloignées de parti préconçu, c'est, à vrai dire, leur terre promise : du jour qu'on aura cessé de les en écarter par dégoûts imaginaires, beaucoup auront le désir d'y pénétrer. Pourquoi leur en défendre encore l'accès et ne leur permettre qu'une vue lointaine et confuse ? « Elles en sauront toujours assez », tel a été le mot d'ordre de l'ancien régime : prenons garde de le conserver dans quelque partie du nouveau. [...]

Est-ce à dire pour cela que nous souhaitons un enseignement de pure science et de pure raison ? Pas le moins du monde. Mais nous voulons que le professeur fasse à la fois effort pour mettre son enseignement à la portée de l'esprit de ses élèves et pour agrandir la portée de leur esprit. Sans cela il n'y aura pas de véritable enseignement secondaire. Hélas ! nous craignons bien [...] que les professeurs qu'on lui ménage ne soient préparés qu'à la première moitié de cette tâche.

ANNEXE 3

Agrégations scientifiques féminines
Épreuve de composition française *

Le premier concours d'agrégation pour l'enseignement secondaire des jeunes filles est ouvert en juillet 1883 et les épreuves dans l'ordre des sciences sont alors uniquement de nature scientifique (arrêté du 31 janvier 1883). Le concours est réorganisé en 1884 (arrêté du 5 janvier) et une « composition littéraire » est introduite à l'agrégation unique de sciences. Puis l'arrêté du 31 juillet 1894 distingue deux spécialités (sciences mathématiques, sciences physiques et naturelles) qui ont pour épreuve commune une « composition sur un sujet de morale ou d'éducation » ; en 1924 on précise que « les sujets auront un caractère pédagogique et pratique ». Cette épreuve sera supprimée à partir du concours 1938 (arrêté du 6 août 1937).

---

* On trouve les libellés de ces compositions, soit dans les copies d'agrégation conservées à l'INRP, soit dans diverses revues : *L'enseignement secondaire des jeunes filles,* août 1884, p. 65 ; août 1885, p. 91 ; octobre 1886, p. 161 ; août 1887, p. 68-69 ; août 1888, p. 55 ; septembre 1889, p. 117 ; août 1890, p. 90 ; août 1891, p. 86 ; juillet 1892, p. 16 ; août 1893, p. 69 ; août 1894, p. 71 ; août 1895, p. 86 ; août 1896, p. 68 ; août 1897, p. 79 ; septembre 1898, p. 105 ; octobre 1899, p. 156 ; octobre 1900, p. 158 ; septembre 1901, p. 140 ; août 1902, p. 55 ; septembre 1903, p. 101 ; octobre 1904, p. 145 ; août 1905, p. 78 ; octobre 1906, p. 149 ; octobre 1907, p. 178 ; septembre 1908, p. 105 ; septembre 1909, p. 125 ; septembre 1910, p. 109 ; octobre 1911, p. 149 ; août 1912, p. 57 ; septembre 1913, p. 100 ; août 1914, p. 56 ; septembre 1915, p. 106 ; août 1916, p. 58 ; décembre 1917, p. 251 ; septembre 1918, p. 59 ; novembre 1920, p. 210 ; *Revue de l'enseignement secondaire et de l'enseignement supérieur,* t. XII, n° 12, 1889, p. 535 ; *Bulletin de l'Union des physiciens,* n° 130-131, février-mars, 1920, p. 112 ; n° 182-183, avril-mai 1925, p. 200-201 ; n° 190-191, février-mars 1926, p. 152-153 ; n° 200-201, février-mars 1927, p. 152-153 ; n° 210-211, février-mars 1928, p. 190 ; n° 217-218, novembre-décembre 1928, p. 102 ; n° 227-228, novembre-décembre 1929, p. 116 ; n° 237-238, novembre-décembre 1930, p. 117-118 ; n° 247-248, novembre-décembre 1931, p. 134-135 ; n° 257-258, novembre-décembre1932, p. 116 ; n° 267, novembre 1933, p. 113 ; n° 277, novembre 1934, p. 124 ; n° 288, décembre 1935, p. 169 ; n° 299, janvier 1937, p. 235 ; n° 308, janvier 1938, p. 172-173; *Bulletin de l'Association des professeurs de mathématiques de l'enseignement public,* n° 24, février 1922, p. 68 ; n° 28, décembre 1922, p. 46 ; n° 33, décembre 1923, p. 60 ; n° 48, décembre 1926, p. 53-54.

Poids de la composition française à l'écrit

	Sciences mathématiques			Sciences physiques et naturelles		
	total coefficients à l'écrit	coefficient composition française		total coefficients à l'écrit	coefficient composition française	
1897				10	2	1/5
1902	10	2	1/5	10	2	1/5
1923	30	2	1/15	12	2	1/6
1930				20	2	1/10

Composition littéraire (1884-1894)

Concours 1884 :

Quels ont été, au XVIIe siècle, les grands auteurs français qui ont écrit sur des sujets scientifiques, et quel est le caractère particulier de leur style ?

Concours 1885 :

Pascal écrit : « Ceux qui sont accoutumés à juger par le sentiment ne comprennent rien aux choses de raisonnement ; car ils veulent d'abord pénétrer d'une vue, et ne sont point accoutumés à chercher les principes. Et les autres, au contraire, qui sont accoutumés à raisonner par principes, ne comprennent rien aux choses de sentiment, y cherchant des principes, et ne pouvant voir d'une vue ». (*Pensées,* édit. Havet, art. VII, n°33).

Vous expliquerez cette pensée, vous l'apprécierez. Vous en tirerez des conclusions applicables à l'éducation de l'esprit, en général, et à l'instruction de la jeunesse en particulier.

Concours 1886 :

La Bruyère écrit : « L'on a guère vu jusques à présent un chef d'œuvre d'esprit qui soit l'ouvrage de plusieurs ». Il appliquait ce jugement à la collaboration littéraire. Comment expliquez-vous qu'au contraire les grandes inventions scientifiques soient souvent l'ouvrage de plusieurs ?

Concours 1887 :

Vauvenargues dit : « Je n'approuve pas la maxime qui veut qu'un homme sache un peu de tout : c'est savoir presque toujours inutilement, et quelquefois pernicieusement, que de savoir superficiellement et sans principes. Il est vrai que la plupart des hommes ne sont guère capables de connaître profondément ; mais il est vrai aussi que cette science superficielle qu'ils recherchent ne sert qu'à contenter leur vanité ».

Vous approfondirez cette pensée. Dans quelle mesure est-elle juste, et peut-on relever quelque chose d'exagéré ? – Une culture un peu étendue est-elle tout-à-fait sans fruit ? – N'y a-t-il point quelque inconvénient à ne savoir qu'une chose ? – Dans ces conditions, peut-on même la bien savoir ?

Concours 1888 :

Du rôle utile et des dangers de l'imagination dans l'étude des sciences.

Abandonnée à elle-même, elle substitue trop souvent la fantaisie et la chimère à la déduction régulière, à l'observation patiente.

Sagement contenue, et dirigée par la raison et la réflexion, elle agrandit le champ de la science.

C'est à la puissance de l'imagination que sont dues en partie les hypothèses fécondes et les grandes découvertes.

Concours 1889 :

Fontenelle, dans l'Éloge de Viviani (savant géomètre italien, mort en 1703), s'exprime ainsi :

« Il avait cette innocence et cette simplicité de mœurs que l'on conserve ordinairement quand on a moins de commerce avec les hommes qu'avec les livres, et il n'avait point cette rudesse et une certaine fierté sauvage que donne assez souvent le commerce des livres sans celui des hommes ».

Vous développerez cette pensée en montrant que la lecture des bons livres et la connaissance du monde sont nécessaires à la culture et au perfectionnement de l'esprit ; l'une ou l'autre, employée trop exclusivement, serait insuffisante, ou pourrait même devenir funeste.

Concours 1890 :

Le célèbre naturaliste Lacépède, en dehors de ses savants travaux, remplissait de hautes fonctions administratives.

Cuvier raconte « qu'il conduisait des affaires multipliées avec une facilité qui étonnait les plus habiles. Une heure ou deux par jour lui suffisait pour tout décider, et en pleine connaissance de cause. Cette rapidité surprenait l'empereur Napoléon Ier, cependant assez célèbre aussi dans ce genre. Un jour, il lui demanda son secret, M. de Lacépède répondit en riant : “c'est que j'emploie la méthode des naturalistes”. Ce mot, dit Cuvier, sous l'apparence d'une plaisanterie, a plus de vérité qu'on ne croirait. Des matières bien classées, sont bien approfondies, et la méthode des naturalistes n'est autre chose que l'habitude de distribuer, dès le premier coup d'œil, toutes les parties d'un sujet, jusqu'aux plus petits détails, selon leurs rapports essentiels » (Éloge de Lacépède).

Vous expliquerez le sens de cette réponse laconique de Lacépède à Napoléon, et vous montrerez l'utilité d'une telle méthode non seulement dans la recherche scientifique, mais en général dans la conduite de la vie.

Concours 1891 :

Sophie Germain, célèbre mathématicienne, née à Paris en 1776, morte en 1831, dans un discours sur l'état des sciences et des lettres chez les anciens et les modernes, exprime cette opinion que l'esprit humain, dans sa marche vers le vrai, ne connaît qu'une seule voie, et que la séparation qu'on prétend faire entre les facultés de l'esprit n'a rien de réel : « Dirigées vers un même but (la vérité) nos recherches, dans les différents genres d'études, emploient des procédés qui sont les mêmes. Les oracles du goût ressemblent aux arrêts de la raison ».

Cette affirmation vous paraît-elle fondée ? La rigueur absolue du raisonnement mathématique peut-elle convenir à tous les genres d'études ? Est-elle même applicable à toutes les formes de la recherche scientifique ? Ou bien la diversité des méthodes ne doit-elle pas répondre à la variété infinie des sujets ?

Concours 1892 :

Un maître inégal ou partial n'est ni aimé ni respecté. D'autre part, l'expérience nous apprend que, parmi les enfants, les uns ont besoin d'être traités avec beaucoup d'indulgence et de douceur ; d'autres avec fermeté ; plusieurs même sévèrement.

Comment peut-on dans la conduite d'une classe, tout en s'appropriant aux divers caractères, rester juste envers tous, et le paraître ?

Concours 1893 :

Développer, en y joignant, s'il est possible, quelques exemples, cette pensée de Fontenelle :

« L'esprit géométrique n'est pas si attaché à la géométrie qu'il ne puisse en être tiré et transporté à d'autres connaissances. Un ouvrage de morale, de critique, peut-être même d'éloquence, en sera plus beau, toute choses d'ailleurs égales, s'il est fait de main de géomètre ».

Concours 1894 :

Développer, avec exemples à l'appui, cette remarque du physicien anglais John Herschell :

« On ne saurait trop attirer l'attention de celui qui étudie la nature sur ce point, qu'il n'y a guère de phénomène naturel qui puisse être complètement expliqué dans tous ses détails sans la connaissance de plusieurs sciences, et peut-être même de toutes ».

Composition sur un sujet de morale ou d'éducation (1895-1937)

Concours 1895 :

Commenter cette pensée d'Herbert Spencer :

« *Dire* des choses à un enfant et les lui *montrer*, ce n'est pas lui apprendre à observer et à juger ; c'est faire de lui un simple récipient des observations des autres ».

Concours 1896 :

On a dit que faire du développement de la personnalité le but essentiel de l'éducation, c'est affaiblir le sentiment de solidarité, et risquer de dissoudre la société. – Que pensez-vous de ce reproche ?

Concours 1897 :

Qu'entend-on par devoirs stricts et devoirs larges ? Quel est le sens exact et le véritable fondement de cette distinction.

Concours 1898 :

La mémoire ; qualité d'une bonne mémoire ; éducation de la mémoire.

Concours 1899 :

Habitude et moralité.

Concours 1900 :

Discuter cette parole : « L'homme est tout entier dans les langes de son berceau ».

Concours 1901 :

De la confiance en soi. – À quelles conditions est-elle une qualité morale ? – Dans quelle mesure l'enseignement des sciences exige-t-il des maîtres cette qualité et contribue-t-il à en faire l'éducation chez les élèves ?

Concours 1902 :

L'indépendance de l'esprit et l'indépendance du caractère ; leur éducation : l'étude des sciences y contribue-t-elle ?

Concours 1903 :

Quels devoirs la crédulité naturelle de l'enfant impose-t-elle à ses maîtres ?

Concours 1904 :

Un auteur a dit que « le vice et la vertu paraissent une somme donnée qui n'augmente ni ne diminue ». Que pensez-vous de cette opinion ? Le continuel progrès de la science qui a son retentissement dans les mœurs ne s'inscrit-il pas en faux contre une pareille assertion, qui semble d'ailleurs démentie par l'histoire de l'humanité ?

Concours 1905 :

La science, qui fait tant pour la puissance et le bien-être de l'homme, contribue-t-elle également à son bonheur et à sa moralité ?

Concours 1906 :

Quelle différence y a-t-il entre l'éducation et le dressage ? A-t-on recours, dans les deux cas, aux mêmes moyens ? Se propose-t-on la même fin ?

Concours 1907 :

On a dit que « la valeur d'un homme se mesure, non à son savoir, mais à son vouloir ». Cette pensée n'est-elle pas plus vraie encore de celui à qui est confiée l'éducation des enfants ?

Concours 1908 :

De l'esprit d'observation. Comment peut-on le former ou le fortifier chez l'enfant ?

Concours 1909 :

Les uns disent que l'on « naît éducateur », les autres qu'on le devient par de longs efforts, « par la méditation, la réflexion et la science ». Que pensez-vous de ces opinions opposées ?

Concours 1910 :

« Dans les plus humbles travaux il y a de la poésie, de l'idéal, s'ils sont accomplis avec zèle, avec intelligence, avec le désir joyeux et affectueux de collaborer à la tâche commune » (M. Boutroux).

Concours 1911 :

Commentez et discutez cette pensée de La Bruyère : « Quand il est vrai – ce que plusieurs disent – que l'éducation ne donne point à l'homme un autre cœur ni une autre complexion, qu'elle ne change rien dans son fond et ne touche qu'aux superficiels, je ne laisserais pas de dire qu'elle ne lui est pas inutile ».

Concours 1912 :

Montrer l'importance du précepte pédagogique contenu dans ces mots : « L'élève ne doit pas seulement apprendre, il doit apprendre à apprendre. Acquérir de bonnes habitudes intellectuelles, c'est mieux qu'acquérir des notions ».

Concours 1913 :

Commenter cette pensée : « Bien dirigée, l'éducation physique est déjà un commencement d'éducation morale et d'éducation sociale ».

Concours 1914 :

Pourquoi a-t-on pu dire que l'éducation est « le problème le plus grand et le plus ardu qui puisse nous être proposé » ? (Kant).

Concours 1915 :

Commenter cette pensée de Pasteur : « Si la science n'a pas de patrie, l'homme de science doit en avoir une ».

Concours 1916 :

Commenter cette pensée d'un éducateur contemporain : « Les hommes peuvent, au besoin, se passer de chemin de fer, de lumière électrique et de téléphones ; mais ils ne sauraient vivre sans se maîtriser eux-mêmes ».

Concours 1917 :

Quelles sont les qualités et les habitudes intellectuelles que l'enseignement scientifique vous paraît particulièrement destiné à développer dans l'enseignement secondaire de jeunes filles ?

Concours 1918 :

On a dit : « Toute l'œuvre éducatrice vaut ce que vaut le maître. L'éducation est faite d'influence, d'ascendant, et pour tout dire, d'*autorité* ». – En quoi consiste l'autorité et quelle en est la source ?

Concours 1919 :

De la place et du rôle de l'interrogation ; indiquer les préceptes essentiels de l'art de bien interroger.

Concours 1920 :

L'émulation : ses avantages et ses dangers ; quelle place estimez-vous qu'il convienne de lui faire et sous quelle forme la concevez-vous ?

Concours 1921 :

Commentez cette pensée d'un pédagogue contemporain : « Apprendre et retenir ne sont pas des fins ; mais ce sont d'indispensables moyens de comprendre et de juger d'une façon intelligente et personnelle ».

Concours 1922 :

Expliquer et apprécier cette pensée d'un moraliste : « La probité intellectuelle est la meilleure préparation à la loyauté morale ». En faire l'application à l'enseignement scientifique.

Concours 1923 :

La discipline imposée du dehors favorise-t-elle ou contrarie-t-elle l'acquisition de la discipline intérieure qu'on s'impose volontairement à soi-même ?

Concours 1924 :

« S'il est vrai qu'on porte attention aux choses dans la mesure où elles intéressent, il est non moins vrai qu'on s'intéresse aux choses dans la mesure où on y a appliqué son attention ». On demandait d'expliquer et d'apprécier cette opinion, et de rechercher quelles applications pédagogiques elle comporte.

Concours 1925 :

En quel sens et dans quelle mesure est-il vrai de dire de l'enseignement scientifique : *Enseigner c'est avant tout former un esprit ; c'est ensuite le remplir ?*

Commentaire dans le rapport d'agrégation : « Ce sujet avait été choisi dans l'espoir qu'il permettrait aux candidates de vivifier, de compléter et au besoin de remplacer les données acquises par des réflexions personnelles qu'elles devaient avoir faites sur un enseignement auquel elles se destinent ».

Concours 1926 :

L'idéal de l'enseignement scientifique n'est-il pas d'éviter de faire naître chez ceux qui le reçoivent « cette impression de science définitive et morte que donne l'enseignement dogmatique des lois et des faits » et de les familiariser avec « la notion de l'effort vivant et continu que fait la science pour s'adapter aux réalités extérieures, pour constituer, à partir de principes ou d'hypothèses que l'esprit décrète en se laissant guider par l'induction expérimentale, l'édifice harmonieux de notre représentation » ? (Langevin : *L'esprit de l'enseignement scientifique*, [conférence du Musée pédagogique, 1904] »

Commentaire dans le rapport d'agrégation : « Le sujet est tiré des conférences faites en 1904 et en 1905 sur l'enseignement des sciences mathématiques, physiques et naturelles [1] par MM. H. Poincaré, Lippmann, L. Poincaré, Langevin, Borel, Marotte, Le Dantec, Mangin, Péchoutre, Caustier. On espérait que ces conférences publiées par les soins du Musée pédagogique avaient retenu l'attention des futurs professeurs de sciences et les avaient amenées à réfléchir sur la nature de la science et sur les méthodes de l'enseignement scientifique. S'il en était ainsi pour les candidates à l'agrégation des sciences, elles auraient à exercer leur esprit critique sur une matière précise, solide et familière ».

Concours 1927 :

« Le progrès spirituel est fait d'un équilibre entre le progrès scientifique et le progrès moral. Or, si la conscience moderne constate avec admiration la rapidité vertigineuse du progrès scientifique, tant en ce qui concerne les découvertes théoriques qu'en ce qui concerne les inventions pratiques, elle se demande par-

---

1. On trouvera les conférences prononcées en 1904 sur la physique dans *Physique et « humanités scientifiques »...*, Nicole Hulin dir., *op. cit.* Les conférences prononcées en 1905 sur les sciences naturelles sont republiées dans *Sciences naturelles et formation de l'esprit...*, Nicole Hulin dir., *op. cit.*

fois avec angoisse si le progrès moral suit du même pas et si, par là n'est pas menacé un accord dont dépend l'avenir de notre civilisation ».

Que pensez-vous de cette affirmation d'un philosophe contemporain ?

Commentaire dans le rapport d'agrégation : Il est indiqué que le sujet était tiré des « derniers chapitres du beau livre de M. Brunschvicg sur le progrès de la Conscience dans la Philosophie occidentale ».

Concours 1928 :

Que pensez-vous de ces remarques de Joubert : « La morale est la connaissance des règles auxquelles il nous importe de conformer non seulement nos actions, mais encore nos affections... Nos affections, en effet, sont à nos actions ce que les idées sont aux mots. Le point essentiel, en morale comme en logique, est que les premières soient bonnes ».

Concours 1929 :

Y a-t-il des vocations individuelles dans la vie intellectuelle et dans la vie morale ? Quel parti pouvons-nous tirer, dans la poursuite de la vérité ou du bien, des dispositions originales de notre nature ?

Commentaire dans le rapport d'agrégation : « En ce qui concerne le fond, la plupart des candidates ont bien remarqué que les véritables vocations étaient rares et même exceptionnelles, qu'on les rencontre surtout chez l'homme de génie et le saint, mais qu'il serait dangereux de laisser croire que tout homme a de bonne heure une vocation déterminée, à laquelle il doit tout sacrifier. Elles ont bien montré que la vocation se révélait parfois tardivement, qu'elle pouvait rester longtemps hésitante, qu'il appartenait à l'éducation, à la réflexion personnelle, aux circonstances, de l'orienter et de la cristalliser. En particulier, la volonté ne doit pas abdiquer devant elle : son rôle est de la découvrir, parfois de la provoquer, dans tous les cas de l'exploiter et de la régler ».

Concours 1930 :

Le châtiment et le pardon.

Commentaire dans le rapport d'agrégation : « Le sujet avait été choisi de façon à permettre à toutes les candidates de montrer leurs qualités d'observation et de réflexion, sans avoir recours à des connaissances pédagogiques d'ordre technique qu'elles ne peuvent pas avoir le temps d'assimiler et qu'elles utilisent en général assez maladroitement ».

Concours 1931 :

Idée d'expérience morale et ses rapports avec l'idée d'expérience scientifique.

Commentaire dans le rapport d'agrégation : « L'expression même d'expérience morale est d'un emploi assez répandu : il semble que l'usage de la vie, accompagné d'une réflexion sur les événements auxquels on a été mêlé, sur les actions qu'on a accomplies soi-même, ou qu'on a vu accomplir par les autres, puisse seul donner une valeur réelle et une signification intérieure aux maximes qui dirigent notre conduite, soit qu'elles remontent à notre première éducation, soit que nous les ayons reçues de l'opinion. Le mot expérience a alors à peu près le même sens que celui qu'il reçoit dans cette expression : un homme d'expérience. Mais la morale est une discipline philosophique qui utilise des méthodes plus rigoureuses. On remarque souvent qu'elle porte sur l'idéal et non pas sur le réel et qu'il n'y a pas d'expérience de l'idéal : aussi la morale est-elle considérée parfois comme une science de l'*a priori*. Cependant Rauh, en intitulant l'un de ses ouvrages « L'expérience morale », avait vivement réagi contre cette idée et cherché à montrer que les règle morales, comme les lois scientifiques, ne peuvent être dégagées que du contact avec le réel, et, pour ainsi dire, des vérifications que la conduite même leur apporte. Mais le mot expérience désigne encore certaines modifications imprimées par le savant à la nature, conformément à un plan préconçu et qui permettent de découvrir, en les isolant, les causes des phénomènes. On peut se demander si des études positives comme la sociologie ou la psychologie ne facilitent pas elles-mêmes certaines expériences dont le succès permettrait d'énoncer des règles morales. Mais en comparant ces expériences avec les expériences scientifiques proprement dites, il importe de ne pas oublier que les résultats qu'elles fournissent demandent toujours à être interprétés par l'esprit de finesse : que les valeurs morales ne peuvent être ni mesurées, ni pesées, – qu'elles dépendent d'une attitude intérieure du sujet, qui est l'intention, et qui, bien qu'elle soit la source même de la moralité, échappe à toute observation objective, – qu'il y a, soit dans l'individu, soit dans les groupes sociaux, les dispositions originales dont il faut tenir compte et qui donnent à la moralité un caractère personnel et inimitable, – enfin que l'homme possède une puissance d'initiative et de liberté qui est toujours susceptible de démentir ou de dépasser les expériences les mieux faites ».

Concours 1932

Selon un philosophe contemporain, « si nous voulons donner de l'action morale une définition succincte et conforme aux faits, nous ne saurions mieux dire que de l'appeler une action dans le sens de la plus grande résistance ». Cette opinion vous paraît-elle justifiée, au moins dans certains cas ? Quelles conséquences doit-on en tirer concernant la pratique et l'éducation ?

Commentaire dans le rapport d'agrégation : « Les candidates ont été invitées à apprécier la définition que W. James nous donne de l'action morale et à rechercher les conséquences qu'elle comporte dans la pratique pour ceux qui l'adoptent. [...]

Les meilleures compositions expliquent avec assez de clarté et de force que l'accomplissement du devoir demande souvent une lutte qui peut être très dure contre certaines énergies de notre nature complexe dans laquelle se heurtent des tendances opposées. Elles aperçoivent aussi plusieurs objections ou réserves qu'il convient de faire. L'âme bonne et généreuse est, dans bien des cas, soulevée vers le bien par un ardent désir, un élan enthousiaste qui semblent ne rencontrer aucune résistance. Chez l'individu médiocre lui-même, le respect du droit, les affections de famille, la pitié triomphent parfois très aisément des obstacles et les suppriment au moins pour un moment. Enfin, la pratique du bien diminue la force antagoniste des penchants inférieurs. Mais, sans dissimuler l'importance de ces objections, il fallait en limiter la portée et ne pas laisser supposer qu'à partir d'un certain degré de moralité on ne connaît plus l'effort, ni la lutte contre soi.

La plupart des candidates ont été surtout préoccupées de rechercher dans quelle mesure l'opinion de W. James était fondée. [...] Elles ont négligé d'étudier les conséquences pédagogiques [...] Elles n'ont pas vu que la discussion aboutissait naturellement à se demander comment il convient d'exercer l'enfant à l'effort. Il était intéressant de faire voir que le souci légitime du bonheur de nos enfants et le respect de leur personnalité n'exigent pas nécessairement, ainsi que l'ont cru certains pédagogues, qu'on renonce au travail sérieux et à l'éducation virile pour transformer l'enseignement en un simple amusement et les parents ou les maîtres en des compagnons toujours souriants, d'une patience inlassable, dont l'optimiste candide se borne à attendre, tout au plus à solliciter discrètement, des élans spontanés vers le vrai et le bien qui ne peuvent manquer de se produire tôt ou tard ».

Concours 1933

Une ancienne maxime affirme : le plus grand respect est dû à l'enfance. Ceux qui l'invoquent ne peuvent-ils adopter des conduites assez différentes ? Comment l'éducateur doit-il la comprendre et l'appliquer selon vous ?

Concours 1934

A-t-on le droit de parler d'humanités scientifiques ? La question est souvent discutée aujourd'hui. De quelle façon et dans quelle mesure l'enseignement des sciences peut-il selon vous, contribuer non seulement à l'éducation intellectuelle, mais aussi à l'éducation proprement morale ?

[Noter qu'en 1914, pour la composition sur un sujet de morale et d'éducation du certificat d'aptitude au professorat des écoles normales d'instituteurs, le sujet était : « Les études scientifiques sont-elles aussi, à leur façon des humanités au sens large du mot ? Apprécier et commenter ». (*Revue de l'enseignement des sciences,* décembre 1914, n°80, p. 298.]

Concours 1935

Quel rôle faut-il accorder à l'expérience dans le domaine de la connaissance et dans celui de l'action ?

Concours 1936

Claude Bernard écrit : « Je pense que la *croyance* aveugle dans le fait qui prétend faire taire la raison est [...] dangereuse pour les sciences expérimentales [...] dans la méthode expérimentale, comme partout, le seul *critérium réel est la raison* ». [*Introduction à l'étude de la médecine expérimentale,* 1re partie, chapitre II, §7 Du principe du critérium expérimental]

Que pensez-vous de cette opinion ? Pouvez-vous expliquer comment elle s'applique à la méthode expérimentale ? A-t-elle encore comme le suggère Claude Bernard, une valeur dans d'autres domaines ?

Concours 1937

Quel intérêt l'histoire des sciences présente-t-elle, selon vous, pour les sciences mêmes ? Est-il utile, ou même nécessaire, que le savant, ou celui qui travaille à devenir un savant, ait des notions d'histoire des sciences ?

Commentaire dans le rapport d'agrégation : « [...] exprimons un regret : l'épreuve est destinée à disparaître ; elle permettait pourtant à quelques esprits très mûrs et très pénétrants de se faire reconnaître et donnait pour l'ensemble, un résultat fort intéressant et des plus honorables ».

ANNEXE 4

Agrégations de mathématiques et de sciences physiques Statistiques années 1970-1980

Sont regroupés dans cette annexe quatre tableaux présentant des statistiques sur les deux agrégations de mathématiques et de sciences physiques, qui sont devenues mixtes dans les années 1970 (1974 pour les sciences physiques, 1976 pour les mathématiques), une quarantaine d'années après l'agrégation de sciences naturelles.

TABLEAU 31

Agrégation de mathématiques

Répartition des candidats dans les options (1972-1975)

Analyse numérique						
année	*ont composé*		*% pour ce choix*		*admis*	
	H	F	H	F	H	F
1972	361	225	38,9%	38,4%	64	40
1973	510	277	44%	42,4%	78	37
1974	620	360	47,3%	45,7%	87	51
1975	671	342	49%	45,5%	71	26
Mécanique						
année	*ont composé*		*% pour ce choix*		*admis*	
	H	F	H	F	H	F
1972	212	105	22,8%	18%	15	6
1973	198	81	17%	12,4%	8	5
1974	207	77	15,8%	9,8%	12	6
1975	167	73	12,2%	9,7%	4	4
Probabilités						
année	*ont composé*		*% pour ce choix*		*admis*	
	H	F	H	F	H	F
1972	356	255	38,3%	43,6%	64	40
1973	451	295	38,9%	45%	51	36
1974	483	351	36,9%	44,5%	43	38
1975	528	337	38,7%	44,8%	54	57

TABLEAU 32
Agrégation de mathématiques
Statistique générale
(1971-1980)

année	*inscrits*		*admissibles (% par rapport aux inscrits par sexe)*		*admis (% par rapport aux admissibles par sexe)*		*% F dans total admis*
	H	F	H	F	H	F	
1971	989	617	266 (26,9%)	188 (30,4%)	146 (54,9%)	102 (54,2%)	41,00%
1972	1231	763	314 (25,5%)	164 (21,5%)	143 (45,5%)	86 (52,4%)	37,50%
1973	1496	839	333 (22,2%)	162 (19,3%)	137 (41%)	78 (48%)	36,20%
1974	1701	1026	331 (19,4%)	174 (17%)	142 (42,9%)	95 (54,6%)	40,00%
1975	1857	1044	316 (17%)	176 (16,8%)	129 (40,8%)	87 (49,4%)	40,20%
******	*****	*****	********	********	********	*********	*******
1976	1768	1052	359	116	159	60	27,40%
1977	1734	946	259	94	147	57	27,90%
1978	2519		281		167		
1979	2264		251		128		
1980	1826		226		59	24	28,90%

TABLEAU 33
Agrégation de sciences physiques
Jeunes filles reçues à l'option physique
(1980-1986)

année	*filles reçues*	*dont élèves ÉNS*	*pourcentage élèves ÉNS dans les reçues*
1980	25	23	92%
1981	17	13	76,4%
1982	27	25	92,6%
1983	29	22	75,8%
1984	14	10	71,4%
1985	29	20	68,9%
1986	34	21	61,7%

TABLEAU 34
Agrégation de sciences physiques - option physique
Statistique générale
(1973-1986)

année	*inscrits*		*admissibles (% par rapport aux inscrits par sexe)*		*admis (% par rapport aux admissibles par sexe)*		*% F dans total admis*
	H	F	H	F	H	F	
1973	650	362	121 (18,6%)	74 (20,4%)	76 (62,8%)	44 (59,4%)	36,6%
*****	****	****	**********	**********	**********	**********	********
1974	545	303	154 (28,2%)	66 (21,8%)	78 (50,6%)	42 (63,6%)	35%
1975	853		149	69	72 (48,3%)	33 (47,8%)	31,4%
1976	1007		140	57	64 (45,7%)	31 (54,4%)	32,6%
1977	977		132	50	67 (50,7%)	23 (46%)	25,5%
1978	864		107	42	40 (37,4%)	28 (66,6%)	41%
1979	728		109	37	51 (46,8%)	17 (46%)	25%
1980	644		102	39	43 (42%)	25 (64%)	36,7%
1981	539		99	39	50 (50,5%)	17 (43,6%)	25,3%
1982	557		88	44	52 (59%)	27 (61,3%)	24,6%
	H	F	H	F	H	F	
1983	378	145	86 (22,7%)	41 (28,2%)	46 (53,5%)	29 (70,7%)	38,6%
1984	339	133	95 (28%)	31 (23,3%)	54 (56,8%)	14 (45%)	20,6%
1985	347	126	116 (33,4%)	44 (35%)	61 (52,6%)	29 (66%)	32,2%
1986	455	164	97 (21,3%)	51 (31%)	48 (49,5%)	34 (66,6%)	41,4%

ÉLÉMENTS CHRONOLOGIQUES

L'enseignement secondaire

1880 Loi Sée

1882 Définition du cursus et des programmes

1897 Révision des programmes

1922 Admission des filles dans les classes terminales des lycées de garçons

1923 Admission des filles dans les classes de première des lycées de garçons et les classes préparatoires aux grandes écoles

1924 Réforme Bérard : assimilation des deux enseignements masculin et féminin

1957 Circulaire sur la coéducation

Les professeurs

1881 Fondation de l'École normale de Sèvres

1884 Agrégation féminine unique de sciences

1885 Première fille agrégée masculine de mathématiques

1894 Deux agrégations scientifiques féminines

1910 Première fille admise rue d'Ulm

1922 Modification des épreuves des deux agrégations scientifiques féminines

1927 Mixité de l'agrégation de sciences naturelles pour le concours 1931

1933 Déléguées de l'enseignement féminin au Conseil supérieur de l'Instruction publique

1938 Début du processus d'unification des concours d'agrégation masculine et féminine de mathématiques et de sciences physiques

1941 Fermeture des concours masculins aux femmes

1948 Fusion des deux Sociétés d'agrégés et d'agrégées

1958 Modification des concours d'agrégation masculine de mathématiques et de sciences physiques pour 1959

1959 Alignement des concours d'agrégation féminine sur les concours masculins pour 1960

1974 Fusion des agrégations masculine et féminine de sciences physiques

1976 Fusion des agrégations masculine et féminine de mathématiques

1985 Fusion des Écoles normales supérieures de la rue d'Ulm et de Sèvres

ÉLÉMENTS BIBLIOGRAPHIQUES

BAUDELOT Christian et ESTABLET Roger, *Allez les filles !*, Paris, Seuil, 1992.

BÉRARD Léon, *Pour la réforme classique de l'enseignement secondaire*, Paris, A. Colin, 1923.

BUSSAC Marie-Noëlle et HERMANN Claudine, « Femmes en physique », *Bulletin de l'Union des physiciens,* n° 809, décembre 1998, p. 1873-1878.

CHARLE Christophe, « Les Femmes dans l'enseignement supérieur. Dynamiques et freins d'une présence 1946-1992 » dans *Avenirs et avant-gardes en France XIX*[e]*-XX*[e] *siècle,* Vincent DUCLERT, Rémi FABRE et Patrick FRIDENSON dir., Paris, La découverte, 1999.

CHERVEL André, *Les Lauréats des concours d'agrégation de l'enseignement secondaire 1821-1950*, Paris, INRP, 1993.

CLAIR Renée dir., *La Formation scientifique des filles - un enseignement au-dessus de tout soupçon ?*, Paris, Éditions Liris-Éditions UNESCO, 1995.

COLLIN Françoise dir., *Le Sexe des sciences,* Paris, Éditions autrement, 1992.

Commission internationale de l'enseignement mathématique, sous-commission française, vol. V : *Enseignement des jeunes filles*, Paris, Hachette, 1911.

CONDORCET Jean-Antoine-Nicolas de, *Premier Mémoire sur l'instruction publique*, Paris, Mille et une nuits, 2002.

CROUZET Paul, *Bachelières ou jeunes filles ?,* Privat-Didier, 1949.

DELAVAULT Huguette, « Quelques réflexions à propos de l'orientation vers les disciplines scientifiques à l'université et en particulier celle des jeunes filles », *Bulletin de l'Union des physiciens,* n° 830, janvier 2001, p. 53-58.

EIRO Ana Maria, « Women in physics : Is a career in physics dependent on gender ? », *Europhysics news,* nov.-dec. 2000, p. 31.

European Commission, *Science education now : A renewed pedagogy for the future of Europe*, European communities, 2007.

FERRAND Michèle, « Les filles, les sciences et la fusion des Écoles normales de Sèvres et d'Ulm », *Bulletin de la Société des amis de l'École normale supérieure,* n° spécial, mars 2005, p. 39-51.

FERRAND Michèle, IMBERT Françoise et MARRY Catherine, *L'Excellence scolaire, une affaire de famille,* Paris, L'Harmattan, 1999.

Femmes et sciences [actes de la journée du 23 novembre 1995, Paris, Palais de l'UNESCO], Paris, Association Science, Technique et Société, 1996.

GONTARD Maurice dir., *Histoire des lycées de Marseille,* Aix-en-Provence, Édisud, 1982.

GRÉARD Octave, *Éducation et instruction. Enseignement secondaire*, Paris, Hachette, 1887.

Haut Conseil de la science et de la technologie, *Avis sur la désaffection des jeunes pour les études scientifiques supérieures*, http ://www.enseignementsup-recherche.gouv.fr/conseil/hcst/avisenergie.pdf

HULIN Nicole, « La section des sciences de l'École normale supérieure. Quelques jalons de son histoire », dans *Livre du bicentenaire de l'École normale supérieure*, Jean-François SIRINELLI, dir., Paris, PUF, 1994, p. 321-349.

———, *L'Enseignement et les sciences. L'exemple français au début du XXe siècle*, Paris, Vuibert, 2005.

———, *L'enseignement secondaire scientifique en France d'un siècle à l'autre - 1802-1980*, Lyon, INRP, 2007.

HULIN Nicole et BILODEAU Bénédicte, « Les premiers doctorats féminins à la faculté des sciences de Paris (1888-1920) », *Archives internationales d'histoire des sciences,* n° 139, vol. 47, 1997, p. 295-315.

JULIA Dominique, *Les Trois Couleurs du tableau noir,* Paris, Belin, 1981.

LAFOSSE-MARIN Marie-Odile et LAGUËS Michel, *Dessine-moi un scientifique,* Paris, Belin, 2007.

La Loi Camille Sée. Documents, rapports et discours relatifs à la loi sur l'enseignement secondaire des jeunes filles, Paris, J. Hetzel et Cie, 1881.

Lycées et collèges de jeunes filles, Paris, Cerf, 1884.

LELIÈVRE Françoise et LELIÈVRE Claude, *Histoire de la scolarisation des filles,* Paris, Nathan, 1991.

LEMAÎTRE Véronique, « Étude du devenir des promotions 1985-1990 », *Bulletin de la Société des amis de l'École normale supérieure,* n° 219, mars 2001, p. 72-74.

MAYEUR Françoise, *L'Enseignement secondaire des jeunes filles sous la Troisième République,* Paris, Presses de la fondation nationale des sciences politiques, 1977.

———, *L'Éducation des filles en France au XIXe siècle*, Paris, Hachette, 1979.

———, « Une école sœur ? Sèvres » dans *Livre du bicentenaire de l'École normale supérieure*, Jean-François SIRINELLI, dir., Paris, PUF, 1994, p. 73-111.

MOSCONI Nicole, *Égalité des sexes en éducation et formation,* Paris, PUF, 1998.

———, « Effets et limites de la mixité scolaire », *Bulletin de la Société des amis de l'École normale supérieure,* n° spécial, mars 2005, p. 30-38.

ROGERS Rebecca dir., *La Mixité dans l'éducation. Enjeux passés et présents*, Lyon, ÉNS éditions, 2004.

SERRE Josiane, « Concours scientifiques de l'ÉNS - résultats des jeunes femmes, élèves des classes préparatoires », *Bulletin de la Société des amis de l'École normale supérieure,* n° 219, mars 2001, p. 68-71.

———, « La fusion des deux Écoles normales supérieures (Ulm et l'ÉNSJF) », *Bulletin de la Société des amis de l'École normale supérieure,* n° spécial, mars 2005, p. 25-29.

SONNEVILLE Madeleine, « Sciences et technologies : pourquoi les filles ? », *Bulletin de l'Union des physiciens,* n° 830, janvier 2001, p. 51-52.

VERNEUIL Yves, *Les Agrégés. Histoire d'une exception française*, Paris, Belin, 2005.

VOUILLOT Françoise dir., *Filles et garçons à l'école : une égalité à construire,* CNDP, 1999.

POSTFACE
par Claudine Hermann

DE LA MIXITÉ DÉCIDÉE À LA MIXITÉ DANS LES FAITS

Plus de deux décennies se sont écoulées depuis les derniers événements décrits par Nicole Hulin : décisions de coéducation dans l'enseignement secondaire des années 1970, fusion de l'École normale supérieure de Saint-Cloud avec l'École normale supérieure de Fontenay-aux-Roses en 1981, fusion de l'École normale supérieure de la rue d'Ulm avec l'École normale supérieure de jeunes filles du boulevard Jourdan (École de Sèvres) en 1985. Qu'en est-il de l'égalité des chances entre filles et garçons dans l'enseignement secondaire aujourd'hui ? Dans cette postface, nous allons donner quelques éléments sur la situation présente, en pleine évolution ces dernières années.

Comme on l'a vu dans les chapitres de ce livre, les interrogations que le monde de l'Éducation nationale se pose relativement à l'enseignement scientifique pour les filles permettent aussi de révéler des malaises profonds de l'enseignement pour les garçons : aujourd'hui la crise dans le recrutement d'étudiants dans les disciplines scientifiques, spécialement en mathématiques et en physique, pose la question de la manière dont ces disciplines, qui attirent actuellement peu les filles, sont enseignées dans le secondaire.

La question de la place des filles et des garçons dans le système éducatif français, en particulier dans l'enseignement secondaire, a été l'objet de plusieurs conventions et prises de positions gouvernementales[1] et elle

---

1. Convention entre le ministère de l'Éducation nationale et le ministère des Droits de la femme, 1984 ; Convention entre le secrétariat d'état chargé des Droits des femmes et le secrétariat d'état chargé de l'Enseignement technique, 14 septembre 1989 ; Convention pour la promotion de l'égalité des chances entre les filles et les garçons, entre les femmes et les hommes dans le système éducatif, *Bulletin officiel de l'Éducation nationale*, n° 10, 9 mars 2000 ; Convention pour la promotion de l'égalité des chances entre les filles et les garçons, entre les femmes et les hommes dans le système éducatif, 2006 : http://media.education.gouv.fr/file/88/9/3889.pdf. Voir aussi la circulaire de rentrée 2007 (2007-011 du 9/1/07), *Bulletin officiel de l'Éducation nationale*, n° 3, 18 janvier 2007, p. 109, disponible à l'adresse : http://www. education.gouv.fr/bo/2007/3/MENE0700047C.htm ; le paragraphe 3.2 « L'égalité entre les filles et les garçons dans le système éducatif » définit la mise en œuvre de la convention 2006.

est maintenant intégrée dans la loi : « Les écoles, les collèges, les lycées [...] contribuent à favoriser la mixité et l'égalité entre les hommes et les femmes, notamment en matière d'orientation. Ils assurent une formation à la connaissance et au respect des droits de la personne ainsi qu'à la compréhension des situations concrètes qui y portent atteinte ». Cet article 121-1 du code de l'éducation reprend l'article 5 de la loi d'orientation et de programme pour l'avenir de l'École du 23 avril 2005 [1].

Cette question fait partie d'un thème plus général, à la fois problème politique et problème de société, qui va de la formation initiale des filles et des garçons jusqu'aux situations et carrières comparées des hommes et des femmes diplômés de l'enseignement supérieur, en particulier en sciences. Ce questionnement est international [2], il concerne particulièrement l'Europe [3]. Le présent ouvrage portant sur la mixité dans l'enseignement secondaire et l'enseignement des sciences, ainsi que sur la formation des enseignantes et enseignants, nous allons, autant que possible, nous limiter à ces sujets.

Nous indiquerons d'abord la situation par sexe du personnel enseignant et d'encadrement de l'Éducation nationale, puis nous consacrerons la suite de cette postface aux questions posées aujourd'hui par la mixité dans le système éducatif. Nous préciserons que les performances scolaires des filles sont au moins aussi bonnes que celles des garçons, avant de mettre en évidence le déséquilibre qui apparaît au niveau de leur

---

Par exemple, discours du ministre de la Recherche Roger-Gérard Schwartzenberg le 26 octobre 2000, Compte rendu du colloque « Sciences et technologies : pourquoi les filles ? », Paris, ASTS, 2001 ; voir sur le site http://www.recherche.gouv.fr/discours/2000/filles.html

1. http://eduscol.education.fr/D0234/accueil.htm

2. « Femmes, science et technologie. Vers un nouveau développement ? », Conférence mondiale sur la science, Budapest, Hongrie, 26 juin-1er juillet, Extraits des débats sur la parité entre hommes et femmes, Paris, UNESCO, 1999. Le rapport d'orientation du Forum mondial de la science de l'OCDE de 2005 sur l'évolution de l'intérêt des jeunes pour les études scientifiques est disponible en français à l'adresse internet : http://www.oecd.org/department/0.2688.fr_2649 _34319_1_1_1_1_1,00.html.

3. Recommandation 1435 (1999), « Place des femmes dans le domaine de la science et de la technologie », extrait de la base de données Office du Conseil de l'Europe, novembre 1999, Assemblée parlementaire du Conseil de l'Europe ; Résolution 1207 (1999), *ibid.* ; Directive n° 559 (1999) sur le même sujet. Communication de la commission européenne « Mobiliser les femmes pour enrichir la Recherche », février 1999 ; voir en particulier les annexes décrivant par pays les initiatives mises en œuvre. Commission européenne, Direction générale de la Recherche, « Politiques scientifiques dans l'Union européenne. Intégrer la dimension du genre, un facteur d'excellence », Rapport du groupe de travail « Femmes et Sciences » du réseau ETAN, Office des publications officielles des Communautés européennes, Luxembourg, 2001 ; voir en particulier le chapitre 6 sur l'éducation des scientifiques, disponible en français sur le site : http://www.cordis.lu/improving/women/documents. Résolution du Conseil sur la science et la société et sur les femmes dans le monde de la science, Conseil de l'Union européenne, 3 juillet 2001, référence 10357/01 RECH 87, disponible à l'adresse : http://register.consilium.eu.int/pdf/fr/01/st10/10357fl.pdf.

orientation et d'indiquer les mesures prises dès les années 1980 pour essayer d'y remédier. Puis nous expliquerons pourquoi le déséquilibre actuel n'est pas satisfaisant ; les responsables de cette situation sont nombreux, comme nous le verrons. Ensuite nous montrerons que les organisations internationales se préoccupent du problème. Enfin nous présenterons quelques initiatives françaises récentes, qu'elles proviennent de ministères, des nouvelles misions parité, de grandes écoles scientifiques, d'associations ou d'entreprises, visant à rétablir une plus grande égalité entre filles et garçons dans le système éducatif, et par voie de conséquence dans la société.

La composition par sexe du personnel enseignant et des cadres de l'Éducation nationale

La place des femmes dans les agrégations scientifiques, dont Nicole Hulin a montré qu'elle ne s'était pas faite facilement, apparaît aujourd'hui comme une évidence. En revanche, il est intéressant d'observer où se trouvent les femmes dans les différents postes de l'Éducation nationale[1]. Si en 2004-2005 les enseignants du primaire étaient à 79% des femmes, elles représentaient 57% des enseignants du second degré, 41% des personnels de direction du second degré, 24% des inspecteurs généraux[2]. Le détail des nominations d'inspectrices générales dans les disciplines scientifiques (mathématiques, physique, chimie, biologie, sciences de la terre) figure dans la conclusion de Nicole Hulin.

Comparaison des performances des filles et des garçons

L'ouvrage *Allez les filles !* de Christian Baudelot et Roger Establet a présenté au grand public en 1992 la situation des filles dans l'enseignement secondaire[3]. Comment résumer mieux que par les titres de quelques chapitres de ce livre la problématique qui a encore cours en 2007 ? :

> « Chap. 1. Plus de bachelières que de bacheliers
> Chap. 4. Mathématiques, l'égalité des compétences
> Chap. 5. Français, la suprématie précoce des filles

---

1. Marie-Françoise Fave-Bonnet, « Women in Educational management in France », *European journal of Education*, n° 96-4, 1996 ; Marlaine Cacouault-Bitaud, « L'éducation nationale, un havre d'égalité ? », *Diplômées*, n° 182, 1997, p. 185 [publication de l'Association Française des Femmes Diplômées des Universités (AFFDU)] ; *Vers la Parité dans les instances de décision ? La place des filles dans une filière de formation des cadres. 1. Les classes préparatoires scientifiques*, Huguette Delavault dir., Demain la Parité et AFFDU, 1997, disponible à l'adresse : http://www.int-evry.fr/demain-la-parite/lyceeauxgrandesecoles.pdf.

2. « Les femmes au ministère de l'Éducation nationale 2004-2005 », Note d'information 06.14 (mai) [http://www.education.gouv.fr/cid2762/les-femmes-au-ministere-de-l-education-nationale-2004-2005.html].

3. Christian Baudelot et Roger Establet, *Allez les filles !*, Paris, Seuil, 1992.

Chap. 6. Les maths au lycée : égalité des compétences, divergence des orientations »

En effet, les filles continuent à obtenir de meilleurs résultats scolaires que les garçons, à être en plus grande proportion dans les lycées généraux (plutôt que dans les lycées professionnels), mais leurs orientations ne traduisent toujours pas leurs capacités [1]. Comme le soulignent les auteurs :

> « Pour autant, la percée des filles n'est pas achevée. "Guerre des sexes" au collège, "vocations" distinctes dans l'enseignement général, verrouillage désuet du technique, orientation inégalitaire dans le supérieur : les chemins de la réussite ne sont pas identiques ; les filles accumulent un capital initial important, les garçons apprennent à mieux négocier le leur dans toutes les compétitions scolaires ».

Orientation des jeunes filles et mesures prises dès les années 1980

Au baccalauréat, les filles se dirigent aujourd'hui plus que les garçons vers les séries générales, et moins qu'eux vers les séries professionnelles [2]. En 2005 elles s'équilibraient dans les trois séries générales avec 14,9% dans la série L (littéraire), 20,4% dans la série ES (économique et sociale), 23,4% dans la série S (scientifique), mais étaient presque absentes des séries STI (sciences et technologies industrielles) et de la série Production du bac professionnel avec respectivement 1,1% et 1,7%.

Au niveau des formations de l'enseignement supérieur, dans les formations de techniciens, les disciplines « féminines », comme le travail social, se sont féminisées ; les disciplines « masculines », comme la mécanique ou l'électronique, sont devenues davantage masculines. Dans les classes préparatoires aux grandes écoles la part des femmes varie beaucoup avec les types de préparation. Elle était, en 2005-2006 et en première année de classe préparatoire, de 54,8% dans les classes économiques et commerciales, de 30,2% dans l'ensemble des sciences (dont 69,3% en Biologie Physique Chimie et Sciences de la Terre, 25% en Mathématiques Physique et Sciences Industrielles), mais de 6,9% en Technologie et Sciences Industrielles, 76,3% en Lettres [3]. Le monde des classes préparatoires et celui des grandes écoles se soucient de la trop faible proportion de jeunes filles des milieux socialement défavorisés, et

---

1. « Filles et garçons à l'École, sur le chemin de l'égalité », Direction générale de l'enseignement scolaire, Direction de l'évaluation, de la prospective et de la performance, ministère de l'Éducation nationale, mars 2007 [http://www.education.gouv.fr/cid4843/filles-et-garcons-a-l-ecole-sur-le-chemin-de-l-egalite.html].

2. Déduit des données de la note précédente.

3. « Les étudiants en classes préparatoires aux grandes écoles - Croissance soutenue des effectifs. Année 2005-2006 », Note d'information 06.23, août 2006 [http://www.education.gouv.fr/cid3832/les-etudiants-en-classes-preparatoires-aux-grandes-ecoles.html].

de filles dans certaines disciplines, un colloque en 2003 a posé des bases de réflexion sur ces questions [1].

Depuis vingt ans on note une augmentation des effectifs globaux des étudiants et, dans ce contexte, à l'Université, certaines facultés se sont féminisées (médecine et droit où les femmes représentent aujourd'hui plus de 60% des étudiants en première année), d'autres sont restées stables comme en sciences où le pourcentage de jeunes femmes parmi les étudiants est passé de 31% en 1981 à 36,6% en 2005 [2]. Deux conventions ont été signées dans les années 1980 entre le ministère de l'Éducation nationale et celui des Droits des femmes (ministère en 1984, secrétariat d'État en 1989) pour diversifier l'orientation des filles et les inciter à entrer dans les carrières scientifiques et techniques, où elles sont trop peu présentes. Ainsi dans son exposé des motifs, la convention de 1984 [3] précise :

> « Considérant que la transformation économique et technologique nécessite une meilleure prise en compte du potentiel intellectuel et professionnel que représentent les jeunes filles, les ministres de l'Éducation nationale et des Droits de la femme font de l'amélioration de l'orientation, de la formation et de l'insertion professionnelle des jeunes filles un de leurs objectifs prioritaires ».

Des objectifs chiffrés sont alors fixés : « Un taux global de 30% de filles devra progressivement être atteint dans celles des formations scientifiques et techniques où elles sont encore nettement minoritaires [...] Le pourcentage des filles en série S (scientifique), actuellement inférieur à 40% sera augmenté ».

Effectivement, en 2007, les taux des filles en série scientifique est de 46% ; beaucoup de ces jeunes filles vont ensuite étudier la médecine, discipline scientifique, mais aussi la gestion ou les lettres, de sorte que le pourcentage des filles dans les études supérieures scientifiques et techniques est nettement plus faible. Pour ce qui est des formations techniques, comme on vient de le voir, le taux des filles n'a pas réussi à décoller dans certaines spécialités.

---

1. « Démocratie, classes préparatoires et grandes écoles », Actes du colloque organisé par l'Union des professeurs de Spéciales avec la participation de la Conférence des grandes écoles et des associations de professeurs de classes préparatoires, Paris, ÉNS, 16 et 17 mai 2003. Voir l'intervention de Christian Baudelot p. 33.

2. Huguette Delavault, Laurence Broze, et Julianne Unterberger, « Les femmes dans les filières de l'enseignement supérieur », Rapport à Francine Demichel, directrice de l'Enseignement supérieur au ministère de l'Éducation nationale, octobre 2000 [http://www.int-evry.fr/demain-la-parite/pdfexposes/ffespdf.pdf]. « Les étudiants inscrits dans 83 universités publiques françaises en 2005 », Note d'information 06.24, août 2006 (http://www.education.gouv.fr/cid3833/les-etudiants-inscrits-dans-les-83-universites-publiques-francaises.html).

3. Cf. note 1, p. 207.

La convention de 1989 [1] faisait « de l'orientation des jeunes filles vers les formations industrielles un de [ses] objectifs prioritaires ». Un des axes était de « faciliter l'insertion professionnelle des jeunes filles munies d'un diplôme technique industriel ». Des campagnes ont été mises en place : celle de 1993, « C'est technique, c'est pour elle », présentait 100 portraits de jeunes femmes, exerçant des métiers techniques inhabituels pour les femmes, dans un livret abondamment illustré vendu en kiosque. Pour des raisons liées à un changement de gouvernement, cette campagne a été rapidement suspendue.

Une action qui a perduré est le « Prix de la Vocation scientifique et technique des filles », qui est présenté sur le dépliant 2007 de la manière suivante [2] :

> « Prix de la Vocation scientifique et technique, pour l'égalité des chances entre filles et garçons : vous êtes élève d'une terminale scientifique, technologique ou professionnelle, dans un établissement public ou privé sous contrat [...] Vous choisissez de vous orienter vers une formation scientifique ou technologique dans laquelle les filles sont peu nombreuses [...] Ce prix vous intéresse ».

Ce prix est attribué conjointement par les rectorats et les délégations régionales aux droits des femmes et à l'égalité à 600 jeunes filles pour la France entière, sur des critères de qualité des résultats scolaires et du projet et, dans de nombreuses régions, d'origine sociale des candidates. Il est actuellement d'une somme de 1000 euro en une fois, et constitue une reconnaissance officielle du choix de la jeune fille, dans un milieu où une telle orientation est inhabituelle. La remise de ces prix est souvent bien relayée par la presse quotidienne régionale.

Certaines régions, comme celle du Nord-Pas-de-Calais, améliorent la dotation ; dans de nombreuses régions, par exemple en Bretagne, Lorraine, Poitou-Charentes..., les structures régionales des droits des femmes, en liaison avec les rectorats, poursuivent continûment des actions variées en faveur de l'orientation scientifique et technique des jeunes filles. Néanmoins sur le plan national, les deux conventions de 1984 et 1989 ont fini par tomber en sommeil, ce qui a suscité la mise en place en 2000, puis en 2006, de nouvelles conventions (voir plus bas).

Pourquoi la non-mixité des orientations pose-t-elle question ?

Les formations dans lesquelles s'orientent traditionnellement les filles donnent un moins bon accès au marché du travail que celles qu'elles délaissent. Ceci est aussi vrai quand on compare entre elles les disciplines scientifiques : les enquêtes de l'Association pour l'emploi des cadres [APEC], montrent que les jeunes diplômées en informatique s'insèrent

---

1. Cf. note 1, p. 207.
2. http://www.femmes-egalite.gouv.fr/grands_dossiers/dossiers/education/pvst.htm.

très facilement sur le marché du travail et, une fois en emploi, y restent ; en revanche la chimie et la biologie font partie du groupe des disciplines pour lesquelles les conditions d'insertion dans le marché du travail sont les plus difficiles [1]. Or, les filles sont majoritaires en biologie mais de l'ordre de 10% en informatique.

Un autre argument est fourni par les directions des ressources humaines des entreprises, qui prônent la complémentarité hommes/femmes dans les équipes de travail, et les talents des femmes pour l'organisation du travail en réseau, de plus en plus appréciée. Les femmes sont ainsi recherchées particulièrement dans les secteurs où elles sont rares.

L'égalité des chances entre filles et garçons dans le système éducatif est liée au problème plus général de la place des femmes dans la société, qui englobe celui de la parité en politique. L'opinion française est devenue plus sensible à ces questions dans le courant des années 1990. Ainsi, le collectif d'associations « Demain la Parité » a considéré qu'un des accès au pouvoir dans notre société est la voie des grandes écoles, en particulier les grandes écoles scientifiques. Il a piloté deux enquêtes, dirigées par la regrettée Huguette Delavault, l'une sur la place des filles dans les classes préparatoires [2] publiée en 1997, la suivante sur les filles dans les écoles d'ingénieurs [3] en 1998. Ces travaux pionniers ont contribué à approfondir la réflexion du monde enseignant, mais aussi des politiques et de l'administration, sur ces questions.

Qui sont les responsables de cette orientation déséquilibrée des jeunes filles ?

La responsabilité de la trop faible orientation des filles vers les voies scientifiques et techniques, en dépit de tous les efforts déployés ces vingt dernières années, est partagée par les différents acteurs : les parents, les éducateurs, les orienteurs, les jeunes eux-mêmes. Nous ne donnons ici que quelques arguments [4].

En ce qui concerne les parents :

> « [Ils] ne nourrissent pas les mêmes ambitions scolaires pour les garçons et pour les filles : envisageant un niveau d'études plus

---

1. « L'insertion professionnelle des jeunes diplômés : promotion 2004 - Situation professionnelle en 2006 de la promotion 2004 », *Les Études de l'emploi cadre,* décembre 2006, APEC, ISBN 2-7336-0517-8.

2. Cf. *Vers la Parité dans les instances de décision ? 1. Les classes préparatoires scientifiques*, Huguette Delavault dir., *op. cit.*

3. *Vers la Parité dans les instances de décision ? La place des filles dans une filière de formation des cadres* - 2. *Les grandes écoles scientifiques,* Huguette Delavault dir., Demain la Parité, 1998, disponible sur le site indiqué note 1, p. 209. Voir sur ce même site la remise à jour de 1999.

4. Pour une analyse plus en profondeur, voir *Filles et garçons à l'école : une égalité à construire,* Françoise Vouillot dir., ministère de l'Éducation nationale, CNDP (coll. « Autrement dit »), 2000.

> élevé pour ces dernières, ils préfèrent une formation technique et scientifique pour les premiers [...] Ces projets scolaires se réfèrent à un modèle éducatif sous-jacent où certaines qualités sont considérées comme autant de facteurs de réussite (dynamisme, sens de l'effort, etc.). Plus marqués dans le cas des garçons, ces modèles donnent l'avantage à des vertus pragmatiques et reflètent un souci d'efficacité, même pour les filles. Le père reste cependant sur ce plan plus fidèle que la mère aux vertus traditionnellement prêtées aux femmes »[1].

Quant aux enseignants, ils ne se comportent pas à l'intérieur de la classe de la même manière avec les garçons et les filles, et cela inconsciemment[2] : il a été démontré qu'ils accordent un temps de parole différent à une fille ou à un garçon ; que des copies scientifiques obtiennent une note différente selon qu'elles portent un nom de fille ou de garçon, les bonnes copies recevant de meilleures notes quand elles portent un nom de garçon, les mauvaises copies étant plus mal notées pour un nom de garçon. En fait le monde éducatif, et certains manuels scolaires, dans leurs contenus, leurs exemples, leurs illustrations, sont imprégnés de préjugés et stéréotypes de la société de leur temps. Lorsque la mixité a été décidée dans l'enseignement entre 1960 et 1980, il n'y a eu aucune préparation ou formation des enseignants, pour leur faire prendre conscience des différences de comportement en classe des filles et des garçons : la mixité a été réalisée de manière « sauvage »...

Les conseillers d'orientation-psychologues ne sont pas tous au fait de l'évolution des métiers et voient encore du cambouis et de la force physique, qui font fuir les jeunes filles, dans des professions techniques dans lesquelles l'ordinateur est devenu l'outil le plus fréquent.

Les adolescents eux-mêmes, à l'âge où se construit leur identité, ne souhaitent pas se distinguer de leurs camarades. On ne peut pas dire que le choix des jeunes est complètement libre, il est très influencé par le poids des préjugés. Pour qu'une fille choisisse une orientation non conformiste, il faut qu'elle soit très douée, ou fortement soutenue par son entourage.

Certains aspects matériels créent des handicaps pour les jeunes filles. Ainsi, les équipements en locaux adaptés pour les filles sont encore très insuffisants dans les lycées professionnels ; dans les grands lycées pari-

---

1. Marie Duru-Bellat et Jean-Pierre Jarousse, « Le masculin et le féminin dans les modèles éducatifs des parents », *Économie et statistique*, n° 293 [Enquête éducation - L'école, les élèves et les parents], 1996, p. 7.

2. Cendrine Marro, « Réussite scolaire en mathématiques et en physique, passage en 1re S : Quelles relations du point de vue des élèves et des enseignants ? », *Revue française de pédagogie*, n° 10, 1995, p. 27-36 ; Nicole Mosconi, Josette Loudet-Verdier, « Inégalités de traitement entre filles et garçons », dans *Variations sur une leçon de mathématiques*, Claudine Blanchard-Laville dir., Paris, L'Harmattan, 1992 ; Claude Zaidman, *La Mixité à l'école primaire*, Paris, L'Harmattan, 1992.

siens possédant des classes préparatoires, les internats de jeunes filles sont récents. Auparavant les garçons étaient logés sur place, alors que le jeunes filles habitaient dans des foyers plus éloignés, ce qui leur faisait perdre du temps et ne devait pas rassurer leur famille !

Initiatives internationales pendant la dernière décennie

Les organisations internationales se préoccupent depuis plusieurs années du double aspect de la place des filles dans le monde éducatif, et de la place des femmes dans le monde de la recherche et de l'ingénierie : le Conseil de l'Europe, qui regroupe 40 pays « de l'Atlantique à l'Oural », a produit une résolution sur la place des femmes en science et en technologie[1] en 1997-1999 ; l'UNESCO a consacré une partie importante de sa conférence à Budapest en 1999 à cette question[2]. Plusieurs directions de l'Union européenne se penchent sur ces questions, que ce soit celle de l'éducation, celle des affaires sociales, à travers le Fonds social européen sous la rubrique de l'égalité des chances entre hommes et femmes, ou celle de la recherche[3]. Lors de la conférence organisée en 2005 à Amsterdam par l'OCDE sur la désaffection pour les sciences, une session était consacrée à la participation insuffisante des femmes et des minorités à ces disciplines[4]. Notons que certains pays européens, comme l'Allemagne, l'Irlande et le Luxembourg, ont fait des expériences pédagogiques de classes non mixtes pour enseigner les sciences aux filles. Les conclusions ne sont pas concordantes.

Initiatives ministérielles en France depuis 2000

La convention pour la promotion de l'égalité des chances entre les filles et les garçons, entre les femmes et les hommes dans le système éducatif, a été signée le 25 février 2000 par la ministre de l'Emploi et de la Solidarité, le ministre de l'Éducation nationale, de la Recherche et de la Technologie, le ministre de l'Agriculture et de la Pêche, d'une part, la ministre déléguée chargée de l'Enseignement scolaire, la secrétaire d'état aux Droits des femmes et à la Formation professionnelle d'autre part[5].

> « Il s'agit aujourd'hui, pour le système éducatif, d'aller plus loin [que les conventions de 1984 et 1989] et de définir une politique globale d'égalité des chances entre sexes en direction de tous les acteurs, du préélémentaire à l'enseignement supérieur, de la formation initiale à la formation tout au long de la vie.

---

1. Cf. Recommandation 1435 (1999), note 3, p. 208.
2. Cf. « Femmes, science et technologie... », note 2, p. 208.
3. Cf. note 3, p. 208.
4. Cf. note 2, p. 208.
5. Cf. Convention pour l'égalité... 2000, note 1, p. 207.

> L'élargissement du choix professionnel des filles et des garçons, la possibilité d'accéder à tous les rôles sociaux, la promotion d'une éducation fondée sur le respect mutuel des deux sexes constituent un enjeu prioritaire, au regard notamment :
> - de la mise en place d'une pédagogie et d'un suivi individualisé des élèves, qui tiennent compte de la diversité de leurs parcours ;
> - des enjeux introduits par le développement des technologies et des perspectives d'emplois ainsi créés ;
> - de la construction d'un système éducatif et d'un marché de l'emploi ouverts sur l'Europe ».

Dans cette convention, les ministres signataires se sont convenus (§3.3) de « valoriser le rôle des femmes dans les enseignements dispensés et assurer leur égalité d'accès aux postes de responsabilités au sein de l'Éducation nationale et de l'enseignement agricole ».

Un avenant, signé le 25 février 2002, a prorogé la durée de cette convention jusqu'au 25 février 2006 et intégré le ministère de la Justice, le ministère de l'Équipement, le ministère des Transports et du Logement ainsi que le ministère de la Culture et de la Communication.

Entre 2000 et 2005 de nombreuses initiatives ponctuelles locales ont été réalisées dans le cadre de cette convention, soutenues par des financements issus à parts égales du Fonds social européen et des ministères français. Pour atteindre une ampleur réellement nationale, des moyens financiers et humains plus importants auraient été nécessaires.

En novembre 2000 un numéro du *Bulletin officiel de l'Éducation nationale* a été consacré à la mixité et son application pratique dans l'enseignement primaire et secondaire[1]. Dans la note introductive à ce numéro, le ministre de l'Éducation nationale Jack Lang précisait :

> « [L'institution scolaire] a aujourd'hui unifié cursus et filières.
> Mais si la scolarisation a joué un rôle essentiel pour l'accès des femmes aux savoirs, si elle a fortement contribué à développer une culture commune à tous, elle ne suffit pas. Aux questions de droit résistent les faits. De trop nombreux freins, des discriminations puissantes existent encore. À l'école se joue autre chose que l'acquisition des seules connaissances. Le respect de l'autre, essentiel à une égalité authentique et concrète des sexes, reste à conquérir.
> L'orientation scolaire est souvent dictée par de fausses représentations des rôles sociaux : elle aboutit à des partages devenus traditionnels, à une division sexuée des savoirs, prélude à celle des métiers. Une certaine image du masculin et du féminin continue à être véhiculée dans et par l'école, malgré les efforts notables entrepris pour modifier les comportements [...]

---

1. « À l'école, au collège et au lycée : de la mixité à l'égalité », *Bulletin officiel de l'Éducation nationale*, hors série n° 10, 2 novembre 2000, p. 1.

> Ce document "À l'école, au collège et au lycée : de la mixité à l'égalité" a été conçu comme un outil au service de l'action pédagogique : il veut éclairer la réflexion et tracer des pistes qui donnent un véritable sens à un travail sur l'égalité des sexes dans les conditions classiques de la mixité scolaire, à partir de situations quotidiennes quelquefois très prosaïques ».

À la même époque le ministre de la Recherche Roger-Gérard Schwartzenberg a proposé aux jeunes filles, le 26 octobre 2000, dans une intervention au colloque « Sciences et technologies : Pourquoi les filles ? », de s'orienter vers les métiers de la recherche, qui devraient offrir de nombreuses opportunités, compte tenu des nombreux départs en retraite prévus dans les prochaines années. Il envisageait cinq actions concrètes, dont deux concernaient directement l'enseignement secondaire :

> « – améliorer, en liaison avec le ministère de l'Éducation nationale, l'information et l'orientation vers les études supérieures scientifiques, en agissant en amont dans le système scolaire (écoles et surtout collèges et lycées) [...] ;
> – relancer l'opération 1 000 classes/1 000 chercheurs. Il serait très utile de relancer cette opération, qui consiste pour les chercheurs à se rendre dans les classes d'enseignement secondaire pour informer les élèves sur la recherche et les métiers de la recherche. Je souhaite que ces 1 000 chercheurs soient pour moitié des femmes, afin que les jeunes puissent constater très concrètement que les métiers de la recherche sont ouverts aux femmes comme aux hommes ».

La Convention pour la promotion de l'égalité des chances entre les filles et les garçons, entre les femmes et les hommes dans le système éducatif a été renouvelée en 2006 pour cinq ans. Elle est signée par le ministère de l'Emploi, de la Cohésion sociale et du Logement, le ministère de l'Éducation nationale, de l'Enseignement supérieur et de la Recherche, le ministère de la Justice, le ministère des Transports, le ministère de l'Équipement, du Tourisme et de la Mer, le ministère de l'Agiculture et de la Pêche, le ministère de la Culture et de la Communication, le ministère délégué à la Cohésion sociale et à la Parité et le ministère délégué à l'Enseignement supérieur et à la Recherche [1].

Le premier chapitre de la convention 2006 a pour titre « Améliorer l'orientation scolaire et professionnelle des filles et des garçons pour une meilleure insertion dans l'emploi », et le paragraphe 1.3, « Promouvoir auprès des filles les filières et les métiers des domaines scientifiques et technologiques porteurs d'emplois », propose de :

---

1. Cf. Convention pour l'égalité... 2006, note 1, p. 207.

> « – développer des actions et des outils de communication (plaquettes, CD-Rom, colloques, expositions, journées portes ouvertes...) à destination des filles, notamment dans le cadre de la Fête de la science ;
> – renforcer l'information sur les aides encourageant l'orientation des filles vers ces filières et métiers, tel que le Prix de la vocation scientifique et technique des filles ou le Prix Irène Joliot-Curie, et valoriser le parcours des lauréates ;
> – mettre en place des actions de coopération avec le monde professionnel sous forme notamment de stages, de tutorats, de journées portes ouvertes, afin de développer et valoriser la place et le rôle des femmes dans les secteurs scientifiques et techniques ;
> – poursuivre le travail de promotion des filières et des métiers liés aux technologies de l'information et de la communication ;
> – définir au niveau local, en lien avec les Régions, les objectifs de progression de la part des filles dans les filières de l'apprentissage ainsi que les mesures associées ».

Par ailleurs, la loi organique relative aux lois de finances fixe un objectif chiffré : 20% de filles de plus en 2010 dans les terminales scientifiques et techniques. Cet objectif désigne un résultat symbolique en termes d'orientation [1].

Enfin, en 2007, Le Haut Conseil de la Science et de la Technologie, dont la mission est de conseiller le président de la République, a rendu un rapport sur la crise des vocations scientifiques [2]. La question de la place des filles et des garçons en sciences y fait l'objet de remarques et recommandations particulières.

Les missions Parité du ministère de la Recherche et du CNRS

En 2001, sous l'impulsion des travaux effectués à la Direction générale Recherche de l'Union européenne et dans un contexte gouvernemental favorable, ont été créées en France deux Missions, l'une au ministère de la Recherche et l'autre au CNRS, destinées à promouvoir les femmes dans les métiers scientifiques et par voie de conséquence à agir pour attirer les filles vers les formations scientifiques et techniques. En Allemagne ou en Grande Bretagne, des structures analogues existaient déjà depuis cinq à dix ans.

Au ministère de la Recherche, la Mission pour la parité dans les métiers scientifiques et techniques, maintenant intitulée « Mission pour la parité dans la recherche et l'enseignement supérieur » [3], a produit des livres blancs sur la place des femmes dans la recherche publique, dans la recherche privée, a organisé un colloque sur la place des femmes dans les

---

1. *Ibid.*
2. http://www.enseignementsup-recherche.gouv.fr/conseil/hcst/avisvocation.pdf.
3. http:/www.recherche.gouv.fr/parite.

études et les métiers des technologies de l'information et de la communication, et soutenu des actions de promotion des sciences auprès des jeunes filles menées par des associations (voir plus bas). Cette mission est chargée de l'organisation du Prix Irène Joliot-Curie, destiné à promouvoir la place des femmes dans la recherche et la technologie en France. À cette fin, le Prix, créé en 2001 et mis en œuvre en partenariat avec la Fondation d'entreprise EADS depuis sa seconde édition, met en lumière les carrières exemplaires des femmes de science alliant excellence et dynamisme, qui constituent des modèles encore trop rares pour les jeunes.

La Mission pour la place des femmes au CNRS [1] est rattachée auprès de la direction générale, preuve de la volonté de l'institution d'agir dans le domaine. Produire et analyser des données sexuées, identifier les facteurs qui bloquent la carrière des femmes, faire évoluer les représentations et les perceptions de la femme dans la recherche, développer une « culture » du genre par des actions de formation, agir pour l'égalité par une représentation plus équilibrée des femmes et des hommes dans les instances d'évaluation, telles sont les champs d'action prioritaires de la Mission. Elle s'attache aussi à développer des actions pédagogiques en direction des jeunes et est présente sur tous les chantiers qui permettent d'attirer les filles dans les filières scientifiques.

Les actions des grandes écoles scientifiques

Les difficultés liées à la fusion des École normales supérieures masculines et féminines, citées par Nicole Hulin à la fin du chapitre IX, n'ont pas trouvé de solution. Depuis la fusion des Écoles normales supérieures de la rue d'Ulm et de Sèvres en l'École normale supérieure, le pourcentage de jeunes filles qui entrent à cette École s'est maintenu aux environs de 15% en physique-chimie, soit un peu inférieur au pourcentage de jeunes filles dans les classes qui préparent à ce concours, il est resté inférieur à 10% en mathématiques. Ces pourcentages correspondent à des effectifs beaucoup plus faibles que ceux des filles reçues précédemment à l'École normale supérieure de Sèvres : en ajoutant les reçus de 1985 – dernière année de concours séparés – à Ulm et à Sèvres, on obtient 33% de filles au concours mathématiques-physique, 42% en physique-chimie, 55% en biologie [2].

Les grandes écoles scientifiques cherchent à convaincre les lycéennes de s'orienter vers les voies scientifiques de l'enseignement supérieur, au travers de plaquettes illustrées, présentant des jeunes femmes scientifiques. De nombreux documents ont été produits, comme « Les filles, avenir de la science », réalisé en 1996 par l'École polytechnique et l'École normale supérieure, ou bien encore « Le projet de ma vie : réussir

---

1. http://www.cnrs.fr/mission-femmes.

2. Michèle Ferrand, Françoise Imbert, Catherine Marry, *L'Excellence scolaire, une affaire de famille,* Paris, L'Harmattan, 1999.

en devenant ingénieur ; femme ingénieur, femme de sciences » de la Conférence des directeurs d'écoles et formations d'ingénieurs (2000). Des manifestations variées ont lieu à l'initiative d'écoles individuelles ou regroupées par région : ainsi, en janvier 2007 le colloque « L'ambition féminine » a été organisé par l'École supérieure des sciences et technologies de l'ingénieur de Nancy [ESSTIN] conjointement avec l'université Henri Poincaré de Nancy, en mars 2007 dans plusieurs régions de France des écoles d'ingénieurs ont participé aux opérations « Ingénieure : un avenir au féminin » organisées par la Conférence des grandes écoles.

Le rôle des Associations

La création de l'Association « Femmes et Mathématiques » [1] a été décidée à la suite de la chute du recrutement féminin dans les différentes Écoles normales supérieures à la fin des années 1980. Cette association réalise des études sur la situation des mathématiciennes, mène de nombreuses actions auprès des scolaires avec, par exemple, en 2001 une exposition de portraits de femmes formées en mathématiques qui exercent des métiers variés.

Quant à l'Association française des femmes diplômées des universités [AFFDU] [2] elle a proposé, dès 1991, des maquettes de programmes de formation des maîtres à la mixité [3]. Notons que dans le cadre de la convention de février 2000 (voir plus haut), l'Institut universitaire de formation des maîtres [IUFM] de Lyon ainsi que celui de Toulouse ont été pilotes pour la mise en place de telles formations pour les futurs enseignants.

De son côté l'Association française des femmes ingénieurs [FI] [4] a pour objectifs de « faire connaître le métier d'ingénieur au féminin ; contribuer à la promotion des femmes exerçant la profession d'ingénieur ; développer la coopération avec les femmes occupant des postes de responsabilité ». Elle a réalisé, dès la fin des années 1990, un kit conférence pour les interventions de ses membres auprès des lycéens : on y présente le métier d'ingénieur en général et celui de femme ingénieure en particulier.

Enfin, l'Association « Femmes et Sciences » [5], créée fin 2000, a parmi ses objectifs celui de « promouvoir l'image des sciences chez les femmes et l'image des femmes dans les sciences ; d'inciter les jeunes filles à s'engager dans les carrières scientifiques et techniques ». Cette associa-

---

1. http://www.femmes-et-maths.fr.

2. Association Française des Femmes Diplômées des Universités [AFFDU], 4 rue de Chevreuse, 75006 Paris [Site http://www.int-evry.fr/affdu].

3. « La formation du personnel de l'enseignement secondaire à l'égalité des chances entre filles et garçons », *Diplômées*, n° 158, septembre 1991.

4. http://www.femmes-ingenieurs.org.

5. http://www.int-evry.fr/femmes_et_sciences.

tion organise chaque année un colloque au cours duquel sont étudiés les différents aspects de la relation entre l'éducation des filles et leur insertion équilibrée dans la société, ainsi que les blocages qui les empêchent de participer en nombre et au plus haut niveau aux postes à responsabilités. Elle cherche, en particulier, à favoriser la place des filles et des femmes dans les sciences et les techniques à tous les niveaux de postes.

Des membres des associations « Femmes et Mathématiques », « Femmes Ingénieurs » et « Femmes et Sciences » interviennent conjointement dans les collèges et dans les lycées pour témoigner de leur métier passionnant et de la possibilité de mener, en parallèle avec celui-ci, une vie personnelle riche. Elles ont créé ensemble, avec le soutien de la Mission parité du ministère de la Recherche, le site www.elles-en-sciences.org qui s'adresse aux jeunes filles, aux parents et aux enseignants, et cherche à fournir des témoignages et des exemples pour attirer les jeunes filles vers les sciences.

L'intérêt des entreprises

Récemment, des groupements professionnels (bâtiment, union des industries et métiers de la métallurgie UIMM), craignant de ne pas recruter suffisamment dans un contexte de départs en retraite massifs des baby-boomers, ont également lancé des campagnes à l'intention des jeunes filles (« Industrielle »). Des entreprises de transport (PSA, SNCF, EADS, Dassault...) ont créé l'association « Elles bougent ! » [1], qui fait la promotion du métier d'ingénieure au féminin dans leur secteur : outre une communication à l'intention des jeunes filles, cette association a mis en place un système de « marrainage » entre professionnelles et jeunes filles.

La nouvelle fondation de culture scientifique « C.Génial » [2], créée par cinq grandes entreprises industrielles (AREVA, EADS, France Télécom, Schlumberger, SNCF) avec le soutien du ministère de la Recherche, a pour vocation de renforcer le rôle positif des sciences et des techniques pour la société, de revaloriser la démarche scientifique auprès des élèves, avec une attention particulière pour les jeunes filles, de promouvoir la diversité des métiers scientifiques et techniques de l'industrie et d'informer sur les parcours professionnels possibles.

*
* *

Nicole Hulin a montré quels efforts il a fallu déployer pour unifier les enseignements secondaires masculin et féminin, et réaliser la mixité dans les établissements scolaires. Or, des faits récents amènent à réfléchir sur l'idée de mixité dans l'enseignement secondaire : la violence dans cer-

1. http://www.ellesbougent.com.
2. http://www.cgenial.org.

tains collèges a conduit certains à se poser la question du bien-fondé de la mixité dans de telles conditions : des établissements pour filles leur permettraient-elles d'étudier dans de meilleures conditions ?

Par ailleurs, les circonstances amènent les politiques à s'intéresser particulièrement aux orientations des filles dans l'enseignement supérieur. En effet, la désaffection pour les études scientifiques, qui touche maintenant la France après avoir atteint les autres pays occidentaux (en particulier les États-Unis, l'Allemagne), pousse à chercher de nouveaux publics pour ces filières. En Allemagne, après avoir facilité la délivrance de permis de séjour et cartes de travail pour les ingénieurs et informaticiens turcs ou indiens, il a été envisagé de faire appel au vivier sous-utilisé des filles. Pour les attirer vers les études supérieures techniques, des cycles pilotes avec certains cours réservés aux étudiantes ont été mis en place. Cette idée d'attirer davantage les filles dans des filières où elles sont encore peu présentes, en leur proposant des programmes particuliers, comportant par exemple des humanités à côté des cours scientifiques traditionnels, n'a pas beaucoup d'adeptes en France.

Dans les grandes écoles d'ingénieurs, où le pourcentage de jeunes filles n'augmente plus tellement, et où tout le monde se sent concerné par cette situation, très peu se disent favorables aux quotas. Il faut remarquer que la situation qui avait cours dans les Écoles normales supérieures avant la fusion, avec des places réservées pour les filles était équivalente à des quotas ; les élèves des Écoles normales supérieures de jeunes filles recrutées dans les années 1960-1970 ont fait des carrières dans l'enseignement supérieur et la recherche tout à fait comparables à celles de leurs camarades des Écoles normales supérieures masculines. Or, aujourd'hui statistiquement très peu d'entre elles seraient admises dans les Écoles normales supérieures mixtes. Cela pose la question, taboue, de l'adéquation entre la forme des épreuves du concours et les qualités que l'on souhaite sélectionner pour la vie professionnelle ultérieure.

Notons le début d'actions communes des écoles d'ingénieurs au niveau de la Conférence des grandes écoles. Notons aussi un intérêt croissant des entreprises pour des recrutements diversifiés et en particulier féminins, qui les a poussées à mettre en place des incitations pour les jeunes, et en particulier les jeunes filles, à se diriger vers les formations scientifiques et techniques. Ceci vient compenser en partie l'affaiblissement du discours et des initiatives institutionnelles dans ce domaine.

Laisser le taux des filles augmenter de lui-même dans les formations scientifiques et techniques a déjà été fait, on a vu que la progression est extrêmement lente (des extrapolations laissent espérer une égalité avec les garçons dans une centaine d'années...), ou même nulle dans certains secteurs. En tout cas on doit se poser la question d'une compensation des handicaps subis par les filles. Des « mesures positives » devraient être prises de manière raisonnable, en tenant compte à chaque niveau du pourcentage de filles ou de femmes dans le vivier des candidats. À ce titre l'expérience, menée part l'Institut d'études politiques de Paris (Sciences Po) à partir de 2001, de proposer une voie d'accès particulière pour les élèves issus de lycées en Zone d'éducation prioritaire est intéressante ; si elle va contre l'égalité entre tous les candidats, elle a le mérite de poser clairement un problème (ici celui de l'inégalité sociale) qui ne peut se résoudre de lui-même. Des variantes du type « Une grande école, pourquoi pas moi ? » initiées par l'ESSEC en 2002, cherchent à donner hors du temps scolaire des éléments de culture générale et plus généralement des codes de la société à des jeunes de milieu défavorisé pour leur permettre d'accéder aux grandes écoles. Les jeunes filles y sont souvent majoritaires.

Pour réaliser, en particulier dans les domaines scientifiques et techniques, les objectifs d'égalité entre filles et garçons dans le système éducatif initiés par Jules Ferry, et prévus en 1924 lors de l'unification des cursus secondaires masculin et féminin, des actions volontaristes doivent être mises en place de manière concertée par les institutions, les associations, les entreprises. La société a tout à y gagner.

Index des noms cités

Les chiffres renvoient aux pages ; « n » = notes.

LISTE DES TABLEAUX

TABLE DES MATIÈRES

Deuxième partie
LE RECRUTEMENT DES PROFESSEURS
L'AGRÉGATION

Collection « Histoire des Sciences Humaines »

dirigée par Claude BLANCKAERT

Fortes désormais de plusieurs siècles d'histoire, les sciences humaines ont conquis une solide légitimité et s'imposent dans le monde intellectuel contemporain. Elles portent pourtant témoignage d'hétérogénéités profondes. Au plan institutionnel, la division toujours croissante du travail et la concurrence universitaire poussent à l'éclatement des paradigmes dans la plupart des disciplines. Au plan cognitif, les mutations intellectuelles des vingt dernières années ainsi que les transformations objectives des sociétés post-industrielles remettent parfois en cause des certitudes qui paraissaient inébranlables.

Du fait de ces évolutions qui les enrichissent et les épuisent en même temps, les sciences humaines ressentent et ressentiront de plus en plus un besoin de cohérence et de meilleure connaissance d'elles-mêmes. Et telle est la vertu de l'histoire que de permettre de mieux comprendre la logique de ces changements dans leurs composantes théoriques et pratiques.

S'appuyant sur un domaine de recherche historiographique en pleine expansion en France et à l'étranger, cette collection doit favoriser le développement de ce champ de connaissances. Face à des mémoires disciplinaires trop souvent orientées par des héritages inquestionnés et par les conflits du présent, elle fera prévaloir la rigueur documentaire et la réflexivité historique.

Ouvrages parus

L. Mucchielli (dir.), *Histoire de la criminologie française*, 1994.

J. Schlanger, *Les métaphores de l'organisme*, 1995.

A.-M. Drouin-Hans, *La communication non-verbale avant la lettre*, 1995.

S.-A. Leterrier, *L'institution des sciences morales, 1795-1850*, 1995.

M. Borlandi et L. Mucchielli (dir.), *La sociologie et sa méthode*, 1995.

C. Blanckaert (dir.), *Le terrain des sciences humaines. Instructions et enquêtes (XVIIIe-XXe siècle)*, 1996.

L. Marco (dir.), *Les revues d'économie politique en France. Genèse et actualité (1751-1994)*, 1996.

P. Riviale, *Un siècle d'archéologie française au Pérou (1821-1914)*, 1996.

M.-C. Robic, A.-M. Briend, M. Rössler (dir.), *Géographes face au monde. L'union géographique internationale et les congrès internationaux de géographie*, 1996.

P. Petitier, *La géographie de Michelet. Territoire et modèles naturels dans les premières œuvres de Michelet*, 1997.

O. Martin, *La mesure de l'esprit. Origines et développements de la psychométrie 1900-1950*, 1997.

N. Coye, *La préhistoire en parole et en acte. Méthodes et enjeux de la pratique archéologique (1830-1950)*, 1997.

J. Carroy, N. Richard (dir.), *La découverte et ses récits en sciences humaines*, 1998.

P. Rauchs, *Louis II de Bavière et ses psychiatres. Les garde-fous du roi*, 1998.

L. Baridon, M. Guédron, *Corps et arts. Physionomies et physiologies dans les arts visuels*, 1999.

C. Blanckaert *L. Blondiaux, L. Loty, M. Renneville, N. Richard* (dir.), *L'histoire des sciences de l'homme. Trajectoire, enjeux et questions vives*, 1999.

A. et J. Ducros (dir.), *L'homme préhistorique. Images et imaginaire*, 2000.

C. Blanckaert (dir.), *Les politiques de l'anthropologie. Discours et pratiques en France (1860-1940)*, 2001.

M. Huteau, *Psychologie, psychiatrie et société sous la Troisième République. La biocratie d'Édouard Toulouse (1865-1947)*, 2002.

J. Rabasa, *L'invention de l'Amérique. Historiographie espagnole et formation de l'eurocentrisme*, 2002.

S. Moussa (dir.), *L'idée de « race » dans les sciences humaines et la littérature (XVIIIe-XIXe siècle)*, 2003.

F. Tinland, *L'homme sauvage.* Homo ferus et Homo sylvestris, *de l'animal à l'homme*, 2003.

M.-A. Kaeser, *L'univers du préhistorien. Science, foi et politique dans l'œuvre et la vie d'Édouard Desor (1811-1882)*, 2004.

C. Blanckaert, *La nature de la société. Organicisme et sciences sociales au XIXe siècle*, 2004.

S. Collini et A. Vannoni (éd.), *Les instructions scientifiques pour les voyageurs (XVIIe-XIXe siècle)*, 2005.

H. Blais et I. Laboulais (dir.), *Géographies plurielles. Les sciences géographiques au moment de l'émergence des sciences humaines (1750-1850)*, 2006.

Buffon, *De l'homme*, Présentation par M. Duchet, Postface par C. Blanckaert, 2006.

L'HARMATTAN, ITALIA
Via Degli Artisti 15 ; 10124 Torino

L'HARMATTAN HONGRIE
Könyvesbolt ; Kossuth L. u. 14-16
1053 Budapest

L'HARMATTAN BURKINA FASO
Rue 15.167 Route du Pô Patte d'oie
12 BP 226
Ouagadougou 12
(00226) 50 37 54 36

ESPACE L'HARMATTAN KINSHASA
Faculté des Sciences Sociales,
Politiques et Administratives
BP243, KIN XI ; Université de Kinshasa

L'HARMATTAN GUINÉE
Almamya Rue KA 028
En face du restaurant le cèdre
OKB agency BP 3470 Conakry
(00224) 60 20 85 08
harmattanguinee@yahoo.fr

L'HARMATTAN CÔTE D'IVOIRE
M. Etien N'dah Ahmon
Résidence Karl / cité des arts
Abidjan-Cocody 03 BP 1588 Abidjan 03
(00225) 05 77 87 31

L'HARMATTAN MAURITANIE
Espace El Kettab du livre francophone
N° 472 avenue Palais des Congrès
BP 316 Nouakchott
(00222) 63 25 980

L'HARMATTAN CAMEROUN
BP 11486
Yaoundé
(00237) 458 67 00
(00237) 976 61 66
harmattancam@yahoo.fr

639678 - Février 2016
Achevé d'imprimer par

1livre.com
du rêve à la réalité !

www.ingramcontent.com/pod-product-compliance
Lightning Source LLC
LaVergne TN
LVHW011012061026
849535LV00006B/1847